中国区域环境保护丛书

河 北 环 境 保 护 丛 书

河北环境污染防治

《河北环境保护丛书》编委会　编著

中国环境科学出版社・北京

图书在版编目（CIP）数据

河北环境污染防治/《河北环境保护丛书》编委会编著. —北京：中国环境科学出版社，2011.9
（中国区域环境保护丛书. 河北环境保护丛书）
ISBN 978-7-5111-0652-0

Ⅰ. ①河… Ⅱ. ①河… Ⅲ. ①环境污染—污染防治—概况—河北省 Ⅳ. ①X508.222

中国版本图书馆 CIP 数据核字（2011）第 143413 号

责任编辑 周 煜 吴振峰 仉 凡 刘思佳
责任校对 尹 芳
封面设计 玄石至上

出版发行 中国环境科学出版社
（100062 北京东城区广渠门内大街 16 号）
网 址：http://www.cesp.com.cn
联系电话：010-67112765（总编室）
发行热线：010-67125803，010-67113405（传真）
印 刷 北京中科印刷有限公司
经 销 各地新华书店
版 次 2011 年 9 月第 1 版
印 次 2011 年 9 月第 1 次印刷
开 本 787×960 1/16
印 张 25.5
字 数 330 千字
定 价 64.00 元

《中国区域环境保护丛书》

《中国区域环境保护丛书》

《河北环境保护丛书》

《河北环境污染防治》

总序

继承历史，不断创新，努力探索中国环保新道路

环境保护事业在中国伴随着改革开放的进程已经走过了30多年的历史，这30多年来，几代环保人经过艰苦卓绝的探索、奋斗，使我国的环境保护事业从无到有，从小到大，从弱到强，从默默无闻到进入国家经济政治社会生活的主干线、主战场和大舞台，我们的环保人创造了属于自己的辉煌历史。

毛泽东说过，“看历史，就会看到前途”，“马克思主义者是善于学习历史的”。从过去的30几年，我们能切实感受到环境保护事业的发展壮大，更切实感受到环境保护事业的美好前景和未来；作为继往开来的环保人，我们同样感受着我们这一代环保人必须承担起的历史责任。我们必须继承前辈们的优良传统，继承他们积累的丰富经验，根据新的形势、新的任务、新的要求，在探索中国环保新道路的征程中奋力前行，全面开创环境保护的新局面。

可以说，中国环境保护的历史就是不断探索中国环保新道路的历史。上个世纪70年代初，立足于工业化起步和局部地区环境污染有所显现的现实，我们开始探索避免走先污染后治理的环保道路。特别是改革开放30多年来，付出了艰辛的努力，在新道路的探索中，环

保事业不断发展，探索重点与时俱进，国家环保机构也实现了“三次跨越”。在1973年第一次全国环保会议上提出的“全面规划、合理布局、综合利用、化害为利、依靠群众、大家动手、保护环境、造福人民”的32字方针的基础上，上个世纪80年代确立了环境保护的基本国策地位，明确了“预防为主防治结合，谁污染谁治理，强化环境管理”的三大政策体系，制定了八项环境管理制度，向环境管理要效益。进入90年代后，提出由污染防治为主转向污染防治和生态保护并重；由末端治理转向源头和全过程控制，实行清洁生产，推动循环经济；由分散的点源治理转向区域流域环境综合整治和依靠产业结构调整；由浓度控制转向浓度控制与总量控制相结合，开始集中治理流域性区域性环境污染。步入“十一五”以来，我们按照历史性转变的要求，确立了全面推进、重点突破的工作思路，提出从国家宏观战略层面解决环境问题，从再生产全过程制定环境经济政策，让不堪重负的江河湖泊休养生息，努力促进环境与经济的高度融合，积极实践以保护环境优化经济增长的路子。这一系列重大决策部署和环保系统坚持不懈的努力，大大推进了探索环保新道路的历程，积累了丰富的经验。历任环保部门的老领导都是探索中国环保新道路的先行者，几代环保人都是探索中国环保新道路的实践者。

历史是宝贵的财富，继承历史才能创造未来。探索中国环保新道路必须继承几代环保人积累下来的宝贵财富。有了继承才有创新，因为每一个创新都是对过去实践经验的总结和升华。因此，学习和掌握环境保护的历史，既是我们工作的需要，也是我们作为环保人的责任。

《中国区域环境保护丛书》（以下简称《丛书》）的编纂出版为我们了解、学习环境保护的历史提供了独特的平台。《丛书》是2008年在我国实施改革开放30周年和我国环境保护工作开创35周年之际启动的一项重大环境文化建设工程，第一次从区域环境的角度，对我国环境保护的历史进行了全面系统的总结、归纳和梳理，充分展现了30多年来我国各省市自治区环境保护工作取得的卓越成就，展现了环境保护事业不断发展壮大的历史，展现了几代环保人不懈奋斗和追求的历程。

要继续探索中国环保新道路，继承是基础，创新是动力。当前，积极探索中国环保新道路，已经成为环保系统的普遍共识和自觉行动。我们要努力用新的理念深化对环境保护的认识，用新的视野把握环境保护事业发展的机遇，用新的实践推动环境保护取得更大的实际成效，用新的体制机制保障环境保护的持续推进，用新的思路谋划环境保护的未来。以环境保护优化经济发展，以环境友好促进社会和谐，以环境文化丰富精神文明，为经济社会全面协调可持续发展作出更大贡献。

环境保护新道路是一个海纳百川、崇尚实践、高度开放的系统工程，是一个不断丰富、不断发展、不断提高的过程，在探索的道路上需要所有环保人前赴后继，永不停息。当前，新的探索已经起步，前进的路途坎坷不平。越是身处逆境，越是形势复杂，越要无所畏惧，越要勇于创新。要以海洋一样博大的胸怀，给那些勇于探索、大胆实践的地方、单位、个人，创造更加宽松的环境，提供施展才华的舞台，让他们轻装上阵、纵横驰骋。要继承30多年来探索环境保护新道路实践的伟大成果，借鉴人类社会一切保护环境的有益经验，站在新的历史起点上，大胆实践，不断创新，将中国环境保护新道路的探索推向一个新的阶段！

环境保护部部长

《中国区域环境保护丛书》总编委会主任

周生贤

二〇一一年六月

序

保护环境是我国的一项基本国策，关系现代化建设的全局和长远发展。多年来，河北省委、省政府高度重视环境保护工作，按照党中央、国务院决策部署，把建设生态文明作为全面建设小康社会的重要目标，把改善环境质量作为落实科学发展观、构建和谐社会的重要内容，把推进污染减排作为调整经济结构、转变发展方式的重要手段，采取了一系列重大措施，取得了令人鼓舞的成绩。特别是“十一五”期间，面对污染减排严峻形势，河北各地各有关部门不断加大环境保护工作力度，加强政策和机制创新，加强环境管理和环境执法，加强环境科技的推广应用，形成了一整套符合河北实际的有效做法，积累了丰富经验，取得了丰硕成果，为“十二五”环境保护工作奠定了坚实基础。

当前，环境保护已经进入一个新的历史时期，既面临大有可为的难得机遇，又面临攻坚克难的诸多挑战和压力。河北历史形成的产业和能源结构偏重，污染排放总量偏大，生态环境比较脆弱，环境保护工作任重而道远。“十二五”期间，各地各有关部门必须把环境保护工作摆在更加突出的战略位置，紧紧围绕科学发展这一主题、加快转变发展方式这条主线，以环境质量再上新台阶为目标，统筹协调环境与发展、开发与保护、城市与农村的关系，加大污染减排力度，着力解决突出环境问题，努力在新的起点上实现更大作为。

值此“十二五”开局之年，环境保护部组织编纂的《中国区域环境保护丛书》中的《河北环境保护丛书》正式出版，这是我省环境文化建设的一项重大工程，也是强化环保科技平台建设的重要内容。该丛书第一次全面系统地归纳总结了河北环境状况和环境保护工作，具有很强的资料性和历史价值，是宣传环境保护、普及环保知识、开展环保教育的很好的实用工具书和重要历史文献，对于加强环保队伍建设、提高全社会环保意识、推进环保事业加快发展，必将起到积极而深远的促进作用。希望各级领导干部和广大环保工作者认真学习研究，不断提高环境保护政策理论水平和实践能力，以开拓创新、真抓实干的精神，推动我省环境保护事业不断取得新的更大的成就。

河北省人民政府副省长　张杰辉

编者的话

河北省地处华北平原的北部，中环首都北京和北方重要商埠天津市，北与辽宁、内蒙古为邻，西靠山西，南与河南、山东接壤，东临渤海，总面积 187 693 平方千米，自古即是京畿要地。近年来，在省委省政府的正确领导下，河北全省各级环保部门坚持以科学发展观为统领，着力治理水、大气、固体废物等方面的污染，扎实推进污染物减排，强化生态环境保护与建设，环保工作取得了一定的成效，全省环境质量得到明显改善。

本书在充分调研河北省污染及环保治理现状的基础上，首先对河北省目前的污染源构成及其分布情况、环境污染现状和发展趋势以及所面临的污染防治主要问题进行了概述，然后从工业污染防治、农业污染防治、大气污染防治、水污染防治、固体废物污染防治、物理性污染防治、突发性环境事件应对以及清洁生产与循环经济等几个主要方面进行了专题介绍。为了充分反映河北省目前的污染治理技术水平，一些重点技术以实例的形式进行了介绍。

编　者

2011 年 5 月

目录

第一章　绪论

第一节　污染防治工作历程

河北的环境保护工作起步于 20 世纪 70 年代初。1972 年官厅水库由于上游工厂大量污水排放发生了死鱼事件，震惊全国，政府部门意识到了环境问题的严重。同年，河北省成立了该省第一个环保机构——河北省“三废”（废水、废气、废渣）管理办公室，标志着河北省环境保护工作正式起步。1973 年 12 月全省第一次环境保护会议决定将“三废”管理办公室改称为河北省革命委员会环境保护办公室。会后，张家口、保定等地、市，相继成立了环境保护办公室。张家口地、市围绕着官厅水库的水质保护，保定地、市围绕着白洋淀的水质保护，进行了污染治理工作。由此，拉开了河北省保护环境、清除污染工作的序幕。1975 年在保定市进行了排污收费试点，河北省成为全国最早开展排污收费的省份之一。1979 年 7 月，河北省革命委员会决定成立直属省革委的河北省环境保护局，各地、市（县）的环境管理、检测机构也先后建立起来，形成了省、地、市三级环境管理体系。1983 年 7 月的机构改革中，河北省环境保护局被降格为处级局。1986 年 12 月，调整成立了河北省环境保护局，然而其机构规格偏低，不适应环境保护工作需要的状况，但这种情况一直延续到 1991 年。1989 年，为了适应日益重要的环境科研和环境监测工作，省环保研究所与省环境监测中心站分离，单独建所建站，1999 年“河北省环境保护研究所”更名为“河北省环境科学研究院”。

一、1979 年至 1991 年期间

河北省进行了全面环境管理，开始建立起了环境保护科学管理制度，先后制定和颁布了环境保护的规定、办法等共计 23 种；各地、市结合当地的实际情况先后制定了环境保护的规定、管理办法 41 种。同期，全省环境污染治理有了较大进展，在废水污染治理、城市大气污染防治等方面有了较大改善，为建设良好的投资环境、生产和生活环境奠定了初步基础。环境保护科学研究、环境监测、环境宣传教育成果明显。但这一时期由于环保机构规格偏低，制约着全省环境保护工作的组织协调，以及污染治理投资不足，“六五”计划期间控制环境污染的目标没有完全实现，大气、水质环境质量指标达不到国家规定标准。特别是水资源环境污染，给工农业生产和人民身体健康带来严重损失和危害。污染和破坏生态环境的现象仍未得到解决。

二、1992 年至 2000 年期间

随着河北省经济、社会的发展，城市建设的加快，人口的大量增加，环境污染问题愈加严重，矛盾日益突出，环境保护问题越来越多的引起各级政府的注意，环境保护力度逐年加强。1992 年 3 月，河北省委、省政府决定将河北省环境保护局由省建委的委属局改为由省建委归口领导的副厅级机构。1994 年 11 月，将河北省环境保护局调整为省政府工作机构，在省政府的领导下，依照国家和省有关法律法规，统一监督管理全省环境保护工作，防治污染和其他公害，保护和改善生活环境与生态环境，促进经济和社会持续协调、健康发展。编制 65 人。随着环境保护意识的加强，环保工作进一步得到重视，1997 年 5 月，河北省环境

保护局经省委省政府决定，升格为厅级单位。同期，河北省各地、市环保局都得到了不同程度的重视，机构规格得到提升，开始逐步适应环境保护工作的需要。

这一时期，河北各级政府领导进一步重视环境规划问题，加强了环境规划工作，制定了《河北省环境保护“九五”计划和 2010 年远景规划》、《河北省环境保护与社会经济协调发展的对策纲要——1995—2010 年碧水、蓝天、绿地计划》、《“九五”后三年和 2010 年河北省环保产业发展规划》等综合性环保规划。

同期，河北省的环境法制建设逐步得到加强。河北地方环境保护法规《河北省环境保护条例》于 1994 年发布实施，这是全国首部地方环境保护条例，为保护和改善生活环境与生态环境，防治污染和其他环境公害，贯彻科学发展观，坚持环境建设与经济建设、城乡建设同步规划、同步实施、同步发展的原则，为实现环境效益与经济效益、社会效益的统一提供了法律依据。根据环境保护工作的实际需要，河北省人大和省政府先后制定、颁布了《河北省大气污染防治条例》、《河北省水污染防治条例》、《河北省建设项目环境保护管理条例》、《河北省农业环境保护条例》、《河北省白洋淀水体环境保护管理规定》、《河北省爱国卫生条例》等一批地方性环保法规和政府规章共计 19 种；各地、市结合当地实际情况先后制定环境保护的规定、管理办法 10 种，从环境保护的各个领域依法控制污染，加强环境管理。环境执法工作在这一时期也得到了加强，1993 年河北省开始连续六年开展环保执法大检查，全省共实施检查 15 962 次，检查企业 17 719 家，查处违法案件 3 000 多件，解决了一大批环境热点、难点问题，执法不严、违法不究的现象得到明显改善。

1992 年至 2000 年，河北省各级政府和各部门在政策、投入、制度建设等方面加强了对工业污染防治、管理和协调。全省积极引进先进工艺技术，淘汰能耗、物耗高，污染严重的工艺设备，进一步促进了工业污染的防治。1996 年根据《国务院关于环境保护若干问题的决定》，河北省对严重污染环境的15种小型企业采取限期取缔、关闭、停产措施，大力推进老污染源治理，至1996年底，查清全省列入取缔、关闭、停产企业10 413家，并全部予以取缔或关停，削减废水排放量1.8亿吨，废气排放量207亿米^3，固体废物排放量37万吨。在2000年的“一控双达标”工作中，又有27 060家企业治理达标或被强制关停，大幅度减少了污染物排放，促进了产业结构调整和企业的二次创业，促进了产品、产业结构调整和乡镇企业的二次创业。1996和1998年先后两次开展了全省工业污染源调查，基本掌握了全省工业污染的情况，为全面防治工业污染、制订政策打下基础。这一时期，河北省启动了“环保形象工程”建设，发展集中供热，淘汰治理小锅炉，到2000年，全省共消灭黑烟囱2.3万根以上，城镇建成区、风景名胜区以及国道两侧可视范围内烟囱冒黑烟现象基本消失；在白洋淀等重点流域污染综合治理先后通过国家或省验收。

三、“十五”期间

进入21世纪，河北加快了改革开放和现代化建设的步伐，“十五”期间是河北省经济快速发展的五年，城市化进程加快，能源消耗量不断增加，随着污染治理设施的不断完善，管理措施的不断科学、严格，污染加剧的势头得到遏制。2000年3月27日，发布《河北省人民政府关于省政府机构设置的通知》（冀政[2000]13号），河北省环境保护局调整为省政府直属机构。

一是坚持环境影响评价制度和“三同时”制度，深化建设项目环保审批改革，依法批准建设项目38 657项。落实污染物排放总量控制制度，在重点行业和重点企业实行排污许可证制度。依法关停淘汰落后生产能力、工艺和设备，集中整治水泥、造纸、制革、板材、丝网电镀五大类25个工业密集区环境污染。推行清洁生产，完成煤炭、电力、冶金、制药、石化、轻工、建材等七个重点行业及石家庄、唐山、邯郸市300多家企业的清洁生产审核，建成冀衡集团、西柏坡发电有限责任公司和石家庄市物资回收总公司等一批循环经济试点。保定钞票纸厂被命名为国家环境友好企业，石家庄钢铁责任有限公司等100家企业建成河北省环保先进企业。

二是积极推进城市环境综合整治和基础设施建设，大力调整产业和能源结构，优化城市工业布局，有力地促进了城市环境质量的改善。建成城市污水处理厂35座，城市污水集中处理率达49.25%，流经城市的河段水质有所好转。建成无害化垃圾处理厂15座，生活垃圾处理率达41.92%。设区城市区域环境噪声平均等效声级分布在51.9～57.0分贝，保持基本稳定。设区城市燃气普及率93.29%，集中供热面积17 229.4万平方米。廊坊市被命名为国家环保模范城市和国家ISO 14000示范区，秦皇岛市基本达到国家环保模范城市指标要求，迁安市建成省级环保模范城，保定、唐山市通过省级环保模范城验收。

三是认真落实《海河流域水污染防治“十五”计划》和《渤海碧海行动计划》，加快水污染防治重点工程项目建设，加强重点流域污染源环境监管，初步遏制了水环境恶化的势头。全省饮用水水质稳定，作为城市集中式地表饮用水水源地的14座大中型水库，除富营养化指标总氮、总磷外，均达到饮用水水源地水质标准。全省七大水系中三类和好于三类的河流断面比例为31.3%，较2000年上升8.5个百分点；五类和劣五类水质河流断面比例为53.0%，较2000年降低9.1个百分点。地下水水环境质量总体稳定，秦皇岛、保定水质优良。海域水环境质量基本保持良好状态，大部分海域符合清洁和较清洁海域水质标准，秦皇岛近岸海域水质达到一类标准。

四是按照重要生态功能区抢救性保护、重点资源开发区强制性保护和生态良好区积极性保护的要求，努力实施“三北”防护林、太行山绿化、退耕还林还草、21世纪首都水资源保护、京津风沙源及水土流失治理等生态建设工程，缓解了生态环境恶化的趋势。发布实施《河北生态省建设规划纲要》，河北省成为全国生态省建设试点。新增 5 个国家级自然保护区、14 个省级自然保护区，自然保护区面积占国土面积的 2.48%。36 个县（市）被列为国家生态示范区建设试点，其中 5 个通过验收。燕郊镇、莲子镇、冀州镇建成国家级环境优美乡镇，栾城县城等 20 个城镇建成省级环境优美城镇。狠抓秸秆综合利用工作，秸秆综合利用率达到 60%，基本解决露天焚烧问题。

五是环境法制向体系化方向发展，共制定了 22 项地方环保法规、规章和技术标准。《河北省大气污染防治条例》、《河北省水污染防治条例实施细则》、《河北省实施〈中华人民共和国固体废物污染环境防治法〉办法》、《河北省电磁辐射环境保护管理办法》、《河北省放射性污染防治管理办法》、《河北省环境监测管理办法》等地方性环境保护法规先后实施，修订了《河北省环境保护条例》。随着环境保护工作的发展和进步，2003 年河北省政府制定了《河北省环境保护行政处罚办法（试行）》，适用于河北省各级环境保护行政主管部门。该办法的实施保障了各级环境保护行政主管部门正确行使行政处罚权，提高了行政处罚效率。同期，各地、市制定环境保护规定、管理办法 17 种。各种环境保护法律和法规陆续颁布实施，河北省人大、省政府依据国家法律建立的相应地方保护环境法规和行政规章，使环境管理有法可依，有章可循，把环保工作推进了一大步。

六是加大环境执法力度，深入开展环保专项治理，检查各类企业 12.5 万家，取缔关闭违法企业 2 359 家，停产治理企业 440 家，限期治理企业 679 家，省、市环保部门挂牌督办环境违法案件 505 件，依法依纪追究相关责任人 60 人，解决了一批危害群众健康的突出环境问题。坚持环境污染有奖举报制度，开通了环保省长热线电话和“12369”环保热线电话，完善了“举报、信访、稽查”三位一体的办案机制，办理群众来信来访 65 585 件（次）。

七是继续推进环保机构建设，11 个设区市和 171 个县（市、区）建立了具有独立执法资格的环境保护部门，环保系统人员总数达到 1.26 万人。制定实施《河北省人民政府关于建设环境保护“四大体系”的实施意见》，环境保护能力逐步提高。安装自动监测仪器 344 台（套），完成 3 个水质自动监测站和 11 个设区市空气自动监测站建设，初步建立了适应省情的环境监测网络体系。完成了省、市两级环保“公务专网”建设，全省环保系统政府门户网站体系初步形成。成立了河北省环境执法监察局，10 个设区市环境监察机构标准化建设通过验收，基本形成环境污染监控体系框架。建成国家环境保护制药废水污染控制工程技术中心、省污染防治生物技术重点实验室、水环境重点实验室、生态环境监测重点实验室等多项科技平台。总体上看，“十五”期间，河北省委、省政府高度重视环境保护，大力实施可持续发展战略，加强监督管理，有效治理污染。各级环保部门围绕经济结构调整主线，突出省辖城市大气环境综合治理、重点流域水污染防治和环京津生态环境保护，使河北在经济持续、快速增长的情况下，主要工业污染物的排放量没有相应成倍增长，城乡环境质量严重恶化的趋势基本得到控制，局部地区环境质量有所改善。

四、“十一五”期间

1. 污染减排取得突破性进展

2007 年，河北省首创提出“双三十”节能减排示范工程，制定了 30 个重点县（市、区）和 30 家重点企业节能减排目标考核实施方案。按照国家污染减排任务目标和省委、省政府的部署要求，以“双三十”节能减排示范工程为龙头，进一步加大了污染减排工作力度。一是继续强力推进工程减排。全省脱硫机组装机总容量达 3 145.9 万千瓦，脱硫机组装机率为 98.4%，已经提前 14 个月完成了国家下达的机组脱硫任务。全省建设污水处理厂 180 座，建成运行 174 座，城市（含县城）污水处理率达到了75%。二是更加重视管理减排。强化了电力企业燃煤发电机组脱硫设施和城镇污水处理厂设施运行环境监督管理，印发了燃煤发电机组脱硫电价管理办法，并召开了燃煤电厂脱硫设施运行调度会。三是建立了定期监测通报制度。30个重点县（市、区）全部建成空气自动监测站，从2009年4月开始，对“双三十”县（市、区）主要河流跨界断面水质、空气质量点位监测结果每月一通报，对“双三十”重点企业排污达标情况每季度一通报。根据现场检查情况，对7家问题严重的城镇污水处理厂实施了污染减排预警。据环保部核定，2009年河北省化学需氧量比上年削减3.47万吨，削减率5.74%（高于全国2.47个百分点），列全国第二位，累计完成“十一五”总任务的91.34%；二氧化硫削减9.15万吨，削减率6.81%（高于全国2.31个百分点），列全国第五位，累计完成“十一五”总任务的108.07%。“双三十”单位减排化学需氧量1.77万吨、二氧化硫12.24万吨，分别占年度减排目标的240.9%、198.3%，有15个县（市、区）和17家企业两项主要污染物提前完成三年承诺目标。

2. 城市环境空气质量持续改善

认真落实城镇面貌三年大变样环保行动计划，深化城市环境综合整治，突出了重污染企业搬迁、基础设施和治污工程项目建设。目前完成了44家企业改造搬迁、278项污染减排项目建设、56项基础设施项目建设任务，促进了城市环境空气质量的持续改善。2009年，全省11个设区城市空气二级以上天数平均达到334天，较上年增加10天；综合污染指数平均为1.93，较上年降低了10.23%；二氧化硫、可吸入颗粒物、二氧化氮全年平均值分别比上年下降14.8%、6.9%、6.7%。省会石家庄市空气二级以上天数达到317天，较上年增加16天，综合污染指数为2.24，较上年降低了3.86%。秦皇岛、廊坊、承德、沧州、衡水、邢台、保定、张家口等8个设区城市环境空气质量达到国家二级标准，较上年增加3个。

3. 重点流域水污染治理取得新进展

在全省七大水系全面实行了生态补偿制度，大力实施重点流域和饮用水水源地保护与治理计划，全面提速城镇污水处理厂、垃圾处理场等环境基础设施建设，有效地推进了重点流域水污染治理。2009年，全省七大水系中，三类和好于三类水质的断面比例为42.4%，较上年上升了9.1个百分点，劣五类水质断面比例为41.7%，较上年下降了4.2个百分点。重点监控断面化学需氧量平均浓度大幅下降，七大水系化学需氧量平均浓度较上年下降了26.2%，氨氮平均浓度较上年下降了15.9%。子牙河水系化学需氧量平均浓度较上年下降了32.4%，氨氮平均浓度较上年下降了9.9%。

4. 农村和生态环境保护不断深入

出台了落实“以奖促治”政策加快解决农村突出环境问题的实施意见，编制了农村环境综合整治规划，启动了“百乡千村”环境综合整治三年行动计划，优先选择位于环境敏感和重点区域的1 000个行政村作为试点，以重点保障农村饮水安全，防治农村生活污水、垃圾和畜禽养殖污染等内容为主，集中实施环境综合整治。生态示范区、优美城镇创建等工作取得丰硕成果。2009年又有6个县（市）达到国家级生态示范区验收标准，8个乡镇达到国家环境优美乡镇标准，15个城镇达到省级环境优美城镇要求，7个村庄达到国家级生态村标准。新建驼梁国家级自然保护区和承德北大山省级自然保护区。

5. 环境执法监管力度进一步加大

认真落实“三严”执法要求，连续七年开展了“整治违法排污企业保障群众健康”环保专项行动，对全省钢铁行业产能和排污状况进行了全面核查，认真排查了造纸行业、重点流域重点企业、涉重金属行业环境守法情况，以及建设项目环评、“三同时”执行情况，组织开展了“北京护城河”环境执法检查。在促进产业结构调整和发展方式转变方面，加强了环评审批把关。

6. 政策机制创新成效明显

一是出台减排条例。2009 年 5 月，在全国率先颁布实施了《河北省减少污染物排放条例》，填补了污染减排专项立法的空白。二是实施区域禁（限）批。出台了《河北省区域禁（限）批建设项目实施意见（试行）》，分设区市明确了生态功能区定位、区域禁止和限制建设项目类型以及环境敏感区建设项目管理要求。三是全面推行生态补偿。从 2009 年 4 月开始，在全省七大水系 201 个断面全面实行水质目标考核与财政挂钩的生态补偿制度，截至 2009 年 12 月底共扣缴生态补偿金 3 570 万元。河北省被环保部确定为全国省级全流域生态补偿试点。四是深化绿色信贷。人民银行石家庄中心支行、省银监局和省环保厅联合出台了河北省绿色信贷政策效果评价办法，对各商业银行绿色信贷政策执行情况首次进行了评价，并向社会公布结果，突出强调了信贷项目审批中的环保“一票否决”。五是提高排污收费标准。2009 年 7 月，将二氧化硫、化学需氧量排污费征收标准提高到每千克 1.26 元和 1.4 元，进一步调动了企业治污减排积极性。

“十一五”期间，通过实施减排措施，大幅度推进治污工程建设，河北全省主要污染物化学需氧量和二氧化硫排放基本得到控制，环境恶化趋势得到一定程度缓解，但总体环境形势依然严峻。以化学需氧量为代表的水体有机污染尚未解决，部分水域富营养化问题突出；酸雨污染未得到有效缓解，二氧化硫、氮氧化物等转化形成的细颗粒物污染加重，光化学烟雾频繁发生，许多城市和区域呈现复合型大气污染的严峻态势。因此，环境保护形势依然严峻。

第二节　污染源及其分布情况

1973 年，在环境保护机构建立前，河北省个别地、市级的卫生防疫、城市建设等部门做过一些零星的污染源监测和调查工作。1973—1978 年，各地、市环保部门根据工作需要，自发地进行了工业污染源调查。河北省 1980—1982 年开始第一次污染源调查，在 1986 年进行了第二次污染源调查，1996 年开始了第三次工业污染源调查。2007 年，为贯彻落实科学发展观，加强环境监督管理，了解各类企事业单位与环境有关的基本信息，建立健全各类重点污染源档案和各级污染源信息数据库，为制定经济社会政策提供依据。根据《国务院关于开展第一次全国污染源普查的通知》（国发[2006]36 号）和《河北省人民政府关于做好第一次全省污染源普查工作的通知》（冀政[2007]42 号）精神，河北省污染源普查于 2008 年初开展，普查标准时点为 2007 年 12 月 31 日，时期为 2007 年度。普查工作分三个阶段进行，2007 年为普查准备阶段，各地建立各级普查机构，制定普查方案，落实普查经费，开展污染源产排系数监测，搞好污染源普查员培训。2008 年是全面普查阶段。2009 年是普查总结发布阶段。主要对全省范围内的工业污染源、农业污染源、生活污染源和集中式污染治理设施等四类污染源及治理设施进行普查。两年多来，全省共完成普查工业源 79 942 家，农业源 316 925 万家，生活源 52 601 家，集中式污染治理设施 183 家。

一、工业污染源

工业污染源主要普查《国民经济行业分类》第二产业中除建筑业（含 4 个行业）外 39 个行业中的所有产业活动单位。工业源普查对象划分为重点污染源和一般污染源，分别进行详细调查和简要调查。

重点污染源范围是：①有重金属、危险废物、放射性物质排放的所有产业活动单位；②11 个重污染行业（造纸及纸制品业、农副食品加工业、化学原料及化学制品制造业、纺织业、黑色金属冶炼及压延加工业、食品制造业、电力/热力的生产和供应业、皮革毛皮羽毛（绒）及其制品业、石油加工/炼焦及核燃料加工业、非金属矿物制品业、有色金属冶炼及压延加工业）中的所有产业活动单位；③16 个重点行业（饮料制造业、医药制造业、化学纤维制造业、交通运输设备制造业、煤炭开采和洗选业、有色金属矿采选业、木材加工及木竹藤棕草制品业、石油和天然气开采业、通用设备制造业、黑色金属矿采选业、非金属矿采选业、纺织服装/鞋/帽制造业、水的生产和供应业、金属制品业、专用设备制造业、计算机及其他电子设备制造业）中规模以上企业。一般污染源是指工业源中除重点污染源以外的工业企业。

1. 工业污染源的区域分布

表 1-1　2009 年河北省工业污染源分布表

城市	工业源个数/个	百分比/%
石家庄	11 919	14.91
沧州	10 528	13.17
承德	2 552	3.19
廊坊	9 370	11.72
邢台	5 498	6.88
张家口	2 245	2.81
保定	16 168	20.22
唐山	10 915	13.65
衡水	4 272	5.34
邯郸	4 498	5.63
秦皇岛	1 977	2.47
合计	79 942	100

2. 工业污染源行业分布

表 1-2　河北省工业源主要行业分布情况表

行业	指标名称	企业总数/个	百分比/%
采矿业	煤炭开采和洗选业	629	0.86
	石油和天然气开采业	7	0.01
	黑色金属矿采选业	4 905	6.71
	有色金属矿采选业	106	0.15
	非金属矿采选业	1 890	2.59
	其他采矿业	160	0.22
制造业	农副食品加工业	3 414	4.67
	食品制造业	892	1.22
	饮料制造业	349	0.48
	纺织业	5 954	8.14
	纺织服装、鞋、帽、制造业	846	1.16
	皮革、毛皮、羽毛（绒）及其制品业	3 065	4.19
	木材加工及木、竹、藤、棕、草制品业	2 012	2.75
	家具制造业	1 386	1.90
	造纸及纸制品业	1 929	2.64
	印刷业和记录媒介的复印	878	1.20
	文教体育用品制造业	186	0.25
	石油加工、炼焦及核燃料加工业	116	0.16
	化学原料及化学制品制造业	2 385	3.26
	医药制造业	279	0.38
	化学纤维制造业	113	0.15
	橡胶制品业	976	1.34
	塑料制品业	3 772	5.16
	非金属矿物制品业	11 562	15.82
	黑色金属冶炼及压延加工业	1 370	1.87
	有色金属冶炼及压延加工业	765	1.05
	金属制品业	6 453	8.83
	通用设备制造业	7 932	10.85
	专用设备制造业	1 487	2.03
	交通运输设备制造业	2 086	2.85
	电气机械及器材制造业	1 163	1.59
	通信设备、计算机及其他电子设备制造业	405	0.55

<table>
<tr><th>行业</th><th>指标名称</th><th>企业总数/个</th><th>百分比/%</th></tr>
<tr><td rowspan="3">制造业</td><td>仪器仪表及文化、办公用机械制造业</td><td>91</td><td>0.12</td></tr>
<tr><td>工艺品及其他制造业</td><td>490</td><td>0.67</td></tr>
<tr><td>废弃资源和废旧材料回收加工业</td><td>2 550</td><td>3.49</td></tr>
<tr><td rowspan="3">电气、燃气及水的生产和供应业</td><td>电力、热力的生产和供应业</td><td rowspan="3">225</td><td rowspan="3">0.31</td></tr>
<tr><td>燃气生产和供应业</td></tr>
<tr><td>水的生产和供应业</td></tr>
<tr><td>农、林、牧、渔业</td><td>农业服务业</td><td>273</td><td>0.37</td></tr>
<tr><td></td><td>合计</td><td>73 101</td><td>100</td></tr>
</table>

由表 1-2 可知，河北全省污染源主要集中在制造业和采矿业中，其中非金属矿物制品业污染源数量最多，占主要行业的 15.82%，其次为通用设备制造业、金属制品业、纺织业、黑色金属矿采选业分别占总主要行业的 10.85%、8.83%、8.14%、6.71%。

二、农业污染源

农业源普查的对象和范围是：种植业污染源主要针对粮食作物、经济作物和蔬菜作物的生产区开展肥料、农药和农膜污染调查；畜禽养殖业污染源以规模化养殖为对象，针对猪、奶牛、肉牛、蛋鸡和肉鸡养殖过程中产生的畜禽粪便和污水开展调查；水产养殖业污染源以池塘养殖、网箱养殖等为对象，针对鱼、虾、贝、蟹规模化养殖过程中产生的污染开展调查。种植业污染源普查以乡镇或规模化农场为基本单位实施，并进行入户调查，调查按平原区县 0.6%、高原和山区县 0.8%的比例入户调查。畜禽、水产养殖业对达到一定规模的养殖场、养殖专业户全部进行入户调查。全省共普查农业污染源 213 888 个。

农村环境污染点多、面广、情况复杂。据 2009 年河北省环境保护年鉴，2007 年全省农用化肥施用量为 311.87 万吨，农药施用量为 83 520 吨，农用塑料薄膜使用量为 113 687 吨。2007 年末，全省生猪存栏 3 122.41 万头、家禽存栏 65 167.02 万只、牛存栏 871.1 万头。畜牧业以散养户居多，规模化养殖率低，清粪方式以干清和水冲为主，致使畜禽粪便成为主要污染源。全省有 5 457 万农村人口，年产生活垃圾 1 360 多万吨（以每人每年产生 0.25 吨计算）。受自然原因和污染因素影响，一些地区的农村饮用水水源地还不能达到饮用水标准。有些地方的农村饮用水水源地也没有得到有效保护，水库类饮用水水源地总氮指标超标。

三、生活污染源

生活污染源主要普查第三产业中有污染物排放的单位和城镇居民生活污染。第三产业普查范围主要是具有一定规模的住宿业、餐饮业、居民服务和其他服务业（包括洗染、理发及美容保健、洗浴、摄影扩印、汽车与摩托车维修与保养业）、医院、具有独立燃烧设施的机关事业单位、机动车、民用核技术利用和大型电磁辐射设施使用单位。城镇居民生活污染普查以城市市区、县城、建制镇为单位（不包括村庄和集镇）进行生活能源消耗量和生活污水、生活垃圾排放量的调查。

全省共普查生活污染源 52 601 个，主要来自餐饮业，占全部生活污染源的 46.02%，其次为独立燃烧设施、理发及美容保健服务业及住宿业，分别占总生活污染源的 15.98%、15.80%、6.05%。具体的分布情况见表 1-3。

表 1-3　河北省生活源基本情况汇总表

序号	名称	个数/个	百分比/%
1	住宿业	3 233	6.05
2	餐饮业	24 206	46.02
3	洗染服务业	326	0.62
	理发及美容保健服务业	8 312	15.80
	洗浴服务业	2 745	5.22
	摄影扩印服务业	363	0.69
	洗车业	2 326	4.42

序号	名称	个数/个	百分比/%
4	医院	1 680	3.19
5	独立燃烧设施	8 407	15.98
6	城镇居民生活源	994	1.89
7	机动车污染源	9	0.02
	合计	52 601	100

四、集中式污染治理设施普查

集中式污染治理设施普查范围是城镇污水处理厂、垃圾处理厂（场）和危险废物处置厂等。

普查结果显示，全省集中式污染治理设施共有 183 座，其中污水处理厂所占比例最大，近 50%，且主要是二级以上污水处理设施。各地区中保定、石家庄及唐山建设集中式污染治理设施最多，均在 30 座以上，邢台、张家口、沧州及衡水市最少，均在 10 座以下。具体情况如表 1-4 所示。

表 1-4　河北省集中式污染治理数量情况统计表

地区	污水处理厂	垃圾填埋厂	医疗废物处置场	危险废物处置厂	合计/座	百分比/%
衡水	3	1	0	0	4	2.19
唐山	13	16	3	0	32	17.49
秦皇岛	7	4	1	3	15	8.20
邢台	5	2	0	0	7	3.83
石家庄	21	11	1	1	34	18.58
承德	1	11	0	0	12	6.56
张家口	3	3	0	0	6	3.28
沧州	4	4	1	0	9	6.93
廊坊	6	9	1	1	17	9.30
邯郸	9	2	1	0	12	6.56
保定	19	14	1	1	35	19.13
合计	91	77	9	6	183	100
百分比/%	49.73	42.08	4.92	3.28	100	—

第三节 环境污染现状和发展趋势

2009 年，河北省空气质量优良天数平均为 334 天，较 2008 年增加了 10 天。空气综合污染指数平均为 1.93，较 2008 年下降 10.23%。全省七大水系Ⅰ～Ⅲ类水质比例为 42.4%，较 2008 年提高了 9.1 个百分点；劣Ⅴ类水质比例为 42.7%，较 2008 年降低了 4.2 个百分点。主要污染化学需氧量的平均浓度，较 2008 年下降 26.2%；氨氮的平均浓度，较 2008 年下降 15.9%。近岸海域水质总体为良。声环境质量基本持平，生活噪声和交通噪声是影响城市声环境的主要噪声源。全省生态环境质量总体评价为一般，但承德、秦皇岛两个城市生态环境质量评价为良。

一、空气环境质量

1. 达到或好于Ⅱ级的优良天数

2003 年至 2009 年，全省平均达到或好于Ⅱ级的优良天数逐步增加，从 2003 年的 250 天上升到 2009 年的 334 天。比 2005 年（“十五”末）增加了 39 天，比 2008 年增加了 10 天（见图 1-1）。

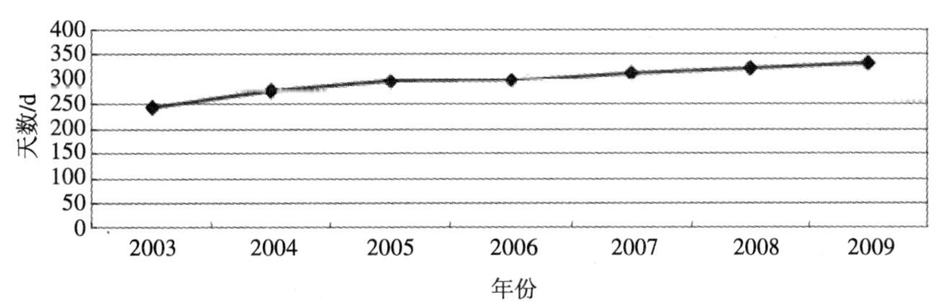

图 1-1 2003—2009 年河北省平均达到或好于Ⅱ级的优良天数

2. 主要污染物浓度变化情况

全省污染物浓度总体呈下降趋势。可吸入颗粒物浓度，与 2005 年（“十五”末）相比降低 18.2%，与 2008 年相比降低 6.9%，张家口、秦皇岛、廊坊、唐山、邢台、保定、承德、沧州和衡水 9 个城市达到国家二级标准；二氧化硫浓度，与 2005 年（“十五”末）相比降低 42.5%，与 2008 年相比降低 14.8%，沧州、衡水、秦皇岛、石家庄、秦皇岛、保定、邢台、廊坊、邯郸和承德 10 个城市达到国家二级标准；二氧化氮浓度持平，11 个设区市均达到国家二级标准（见图 1-2）。

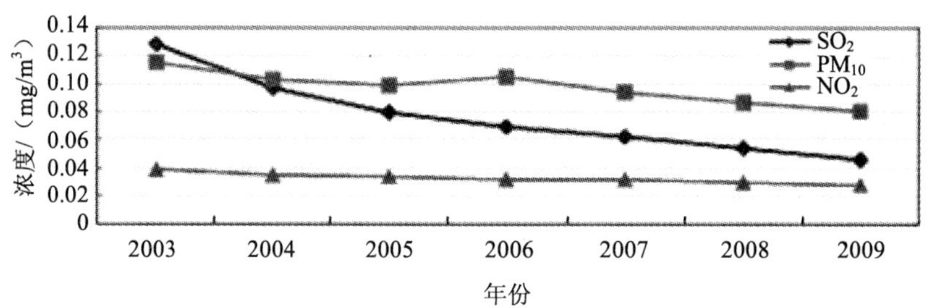

图 1-2　2003—2009 年河北省主要污染物平均浓度变化情况

3. 酸雨污染状况

全省共获得 556 个雨水样本，pH 范围在 3.76～8.45，最低值出现在承德市。全省酸雨发生频率为 6.1%。秦皇岛、承德、保定和石家庄共出现 34 次酸性降水，其他城市未出现酸雨。与 2008 年相比，酸雨频率上升了 3.7 个百分点，出现酸雨的城市数量、酸雨频率以及酸雨的强度均有所增加（见图 1-3）。

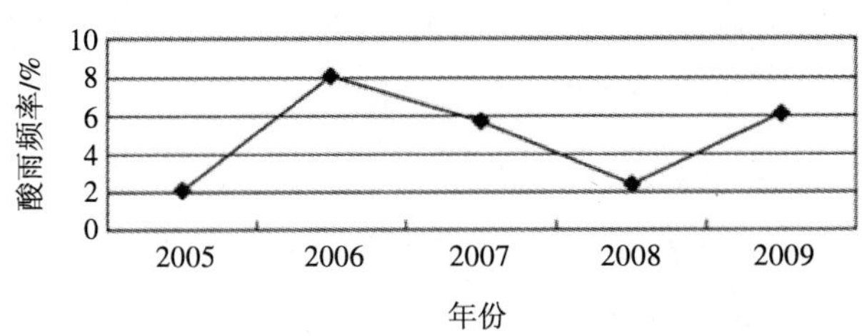

图 1-3 2005—2009 年河北省酸雨发生频率变化趋势

4. 废气中主要污染物排放量

2009 年，二氧化硫排放量为 125.35 万吨，较 2008 年下降了 6.81%，其中工业排放量为 104.29 万吨，生活排放量为 21.06 万吨；烟尘排放量为 51.83 万吨，较 2008 年下降了 8.78%，其中工业排放量为 32.95 万吨，生活排放量为 18.88 万吨；工业粉尘排放量为 42.70 万吨，较 2008 年下降了 15.84%（见表 1-5）。

表 1-5 河北省近年废气中主要污染物排放量

年份/年	二氧化硫排放量/万 t			烟尘排放量/万 t			工业粉尘排放量/万 t
	合计	工业	生活	合计	工业	生活	
2005	149.57	128.14	21.43	73.23	55.98	17.25	71.30
2006	154.55	132.57	21.98	72.32	55.31	17.01	64.57
2007	149.25	129.44	19.81	62.31	46.42	15.89	53.21
2008	134.51	115.87	18.64	56.82	39.64	17.18	50.74
2009	125.35	104.29	21.06	51.83	32.95	18.88	42.70

二、水环境质量

1. 河流水质状况

七大水系总体为中度污染，41.7%断面水质为劣Ⅴ类，33.3%断面水质好于Ⅲ类（2008 年）。七大水系中，滦河水系和永定河水系为轻度污染，大清河水系为中度污染，北三河水系、漳卫南运河水系、子牙河水系和黑龙港运东水系为重度污染。其中，子牙河水系和黑龙港运东水系多项污染物超标，主要污染物指标为氨氮、化学需氧量、总磷、挥发酚、生化需氧量和高锰酸盐指数（见图 1-4、图 1-5）。

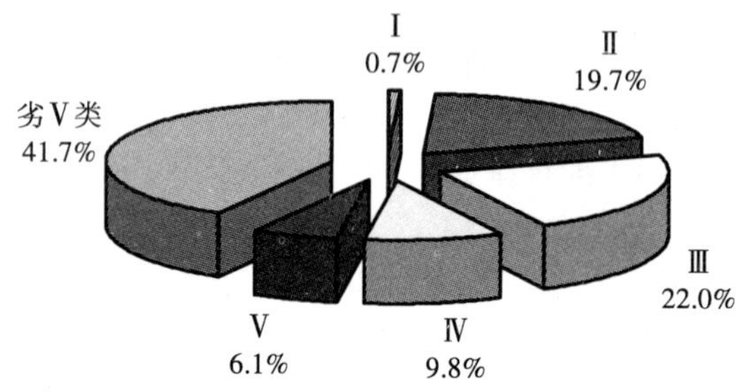

图 1-4　2009 年河北省河流水质类别比例

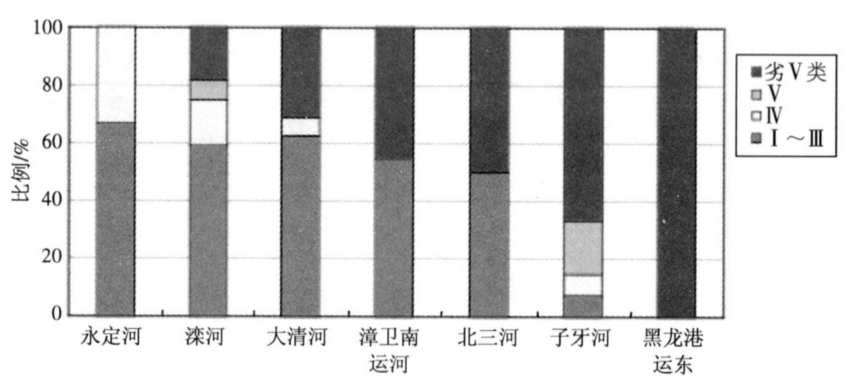

图 1-5　2009 年河北省七大水系水质类别比例

2. 省界断面水质

河北省与北京、天津、山东、山西和河南相邻，共有 38 个省界断面，其中包括19个入境断面和19个出境断面，出境断面水质好于入境断面水质。19个出境断面中入北京、天津的水质较好，基本能够满足功能区要求。19个入境断面中山西来水水质较好，河南、北京来水较差，山东来水最差，污染物浓度高。

3. 湖库淀水质

2009年河北省对13座水库和白洋淀、衡水湖进行了监测（保定龙门水库干库，未监测）。不计总氮、总磷两项富营养化指标，13座水库水质达到了Ⅱ类水质标准。白洋淀水质为轻度污染。12.5%的断面水质为劣Ⅴ类，87.5%的断面水质为Ⅳ类，水质较上年有所好转，富营养化程度也有所降低，主要污染物指标为化学需氧量、高锰酸盐指数和氨氮。衡水湖水质为Ⅲ类，达到功能区划要求（见表1-6）。

表1-6 2009年河北省湖库淀水质状况表

所属城市	湖库名称	水质类别	水质状况	富营养化程度
唐山	陡河水库	Ⅱ	优	中度
唐山	邱庄水库	Ⅱ	优	中度
秦皇岛	石河水库	Ⅱ	优	中度
秦皇岛	洋河水库	Ⅱ	优	中度
保定	王快水库	Ⅱ	优	中度
保定	西大洋水库	Ⅱ	优	中度
保定	安格庄水库	Ⅱ	优	中度
石家庄	岗南水库	Ⅱ	优	中度
石家庄	黄壁庄水库	Ⅱ	优	中度
邢台	临城水库	Ⅱ	优	中度
邢台	朱庄水库	Ⅱ	优	中度
邯郸	岳城水库	Ⅱ	优	轻度
衡水	衡水湖	Ⅲ	良好	轻度
保定	白洋淀	Ⅳ	轻度污染	轻度
邯郸	东武仕水库	Ⅱ	优	中度

4. 近岸海域海水水质

全省近岸海域总体水质为良。唐山市近岸海域水质为良；秦皇岛市近岸海域水质为优；沧州市近岸海域水质为轻度污染，主要污染物为无机氮，主要污染物指标为化学需氧量。

5. 地下水

水质：邢台、唐山、秦皇岛、廊坊、保定、衡水、张家口 7 个城市地下水水质良好；石家庄总硬度超标；邯郸、承德、沧州（浅水）水质较差；沧州（深水）因地质因素，氟化物超标。全省主要超标的监测指标为总硬度、硫酸盐、氟化物、氨氮。

水资源：根据全省地下水资源评价成果，河北省地下水天然补给资源总量为 170.26×10^{8} 米^{3}/年。按矿化度划分，小于 1 克/升的淡水天然补给资源量为 131.60×10^{8} 米^{3}/年，1～3 克/升的微咸水天然补给资源量为 31.98×10^{8} 米^{3}/年，3～5 克/升的半咸水天然补给资源量为 6.68×10^{8} 米^{3}/年。全省地下水可开采资源量为 $119.864\ 2\times10^{8}$ 米^{3}/年，其中石家庄、保定较为丰富。

6. 废水和主要污染物排放量

2009 年，全省废水排放总量为 24.50 亿吨；化学需氧量排放量为 57.01 万吨；氨氮排放量为 5.58 万吨（见表 1-7）。

表 1-7　河北省近年废水和主要污染物排放量

年份/年	废水排放量/（亿 t）			化学需氧量排放量/（万 t）			氨氮排放量/（万 t）		
	合计	工业	生活	合计	工业	生活	合计	工业	生活
2005	20.85	12.45	8.04	66.06	38.93	27.14			
2006	22.23	13.03	9.19	68.78	35.82	32.96	6.78	3.18	3.60
2007	22.29	12.35	9.94	66.74	32.83	33.91	6.05	2.36	3.69
2008	23.47	12.12	11.35	60.48	24.87	35.61			
2009	24.50	10.97	13.53	57.01	20.04	36.97	5.58	1.74	3.84

三、声环境质量

1．城市区域环境噪声

2009 年 10 个设区市区域声环境较好。区域环境噪声平均等效声级分布在 48.7～53.8 分贝，面积加权平均值是 51.3 分贝，与 2008 年相比基本持平（见图 1-6）。

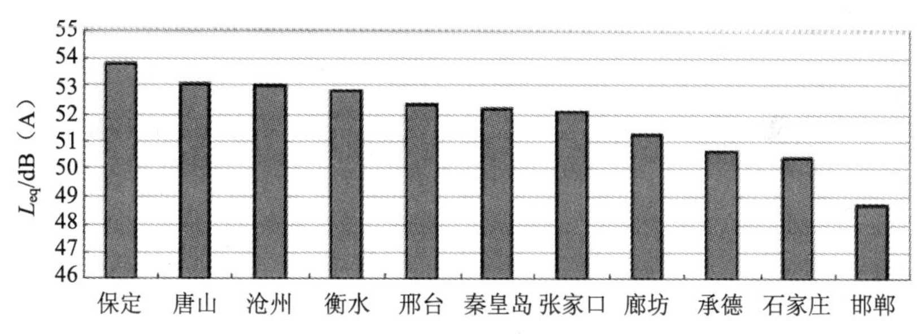

图 1-6　2009 年河北省区域环境噪声状况

2．城市交通噪声

全省 11 个设区市平均等效声级分布在 62.4～68.0 分贝，全部达到国家标准。全省道路交通噪声长度加权平均等效声级为 66.4 分贝，其中 11 个城市道路交通声质量为好（≤68.0 分贝）（见图 1-7）。

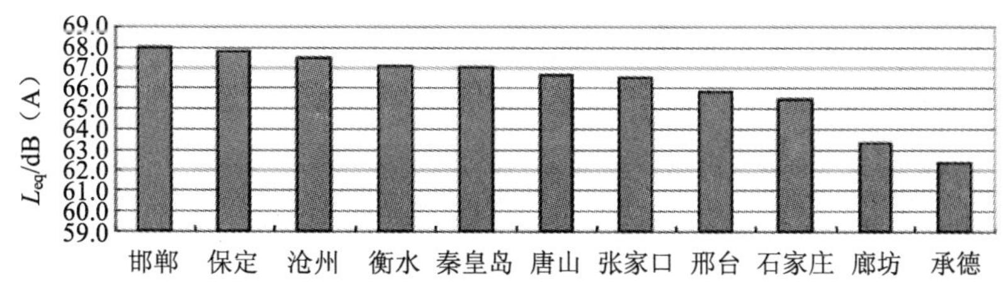

图 1-7　2009 年河北省城市交通噪声状况

3. 城市环境噪声源构成

2009 年影响城市区域环境的噪声源主要分为生活噪声、交通噪声、工业噪声、施工噪声和其他噪声五类，分别占 45.2%、32.7%、12.3%、5.2%和 4.7%。影响面广的噪声源是生活噪声和交通噪声，两者之和占了 77.9%。污染强度大的噪声源是交通噪声。

四、工业固体废弃物

2009 年，全省工业固体废弃物产生量为 21 961.54 万吨；工业固体废弃物排放量为 30.46 万吨；工业固体废弃物综合利用率为 71.06%（见表 1-8）。

表 1-8 近年来河北省工业固废产生及处理情况

年份	产生量/（万 t）	排放量/（万 t）	综合利用量/（万 t）	综合利用率/%
2006	14 229.2	41.9	8 850.4	61.68
2007	18 688.3	38.9	11 625.8	61.62
2008	19 769.3	38.9	11 625.8	61.62
2009	21 961.54	30.46		71.06

五、自然生态环境

全省土地调查总面积 282 650 791.2 亩[①]，按一级地类统计：农用地占 69.43%；建设用地占 9.52%；未利用地占 21.05%。2008 年河北省地表水资源量约为 67.07 亿米^3，水资源总量约为 167.98 亿米^3。全省森林覆盖率达到 23.25%。该省人均有林地面积 0.73 亩，为全国平均水平的 1/3。人均活立木蓄积 1.28 米^3，为全国平均水平的 1/8。截至 2008 年底，

① 1 亩=1/15 公顷。

全省森林公园总数已达71处，总经营面积3.27万公顷，其中国家级森林公园26处，经营面积1.88万公顷。初步形成了以国家级森林公园为主体、省级森林公园为基础、布局合理的森林旅游体系框架。

1. 生态环境质量状况

全省生态环境质量总体评价为一般。承德、秦皇岛和张家口三个城市生态环境质量评价为良。其余八个城市生态环境质量评价为一般。

2. 耕地与施肥

河北省耕地质量总体水平不高，75%的耕地为中低产田，耕地资源人均不足0.1公顷，低于全国人均水平。2009年农用化肥施用量（折纯）为316.1万吨（氮肥153万吨、磷肥47.4万吨、钾肥26.3万吨、复合肥89.4万吨）；农药使用量为86 486吨；农用塑料薄膜使用量为118 919吨。全省农药、化肥、地膜的使用量呈上升趋势。

3. 气候

2009年，全省年平均气温为12.0℃，比常年偏高0.6℃，但较2008年偏低0.2℃。冬、春、夏季气温偏高，暖冬、暖春现象明显；全省年降水量为528.4毫米，较常年偏多7.3毫米，属正常年份。年内降水量时空分布不均，冬、春、秋三季降水偏多，夏季偏少，冬、春、夏、秋各季降水分别占全年降水量的2.7%、14.9%、61.1%、21.3%；降水量大于500毫米的地区主要集中在中南部和冀东平原地区；全省平均年日照时数为2 465.3小时，较常年偏少132.6小时，属偏少年份。冬、秋两季日照时数比常年偏少，春、夏两季日照接近常年。

4. 水资源

2009年河北全省平均降水量为459.8毫米，比上年增加97.8毫米，比多年平均值少 71.9 毫米，属偏枯年份。地表水资源量为 39.69 亿米^3，水资源总量约为 130.45 亿米^3。

2010 年初省辖大、中型水库蓄水 25.04 亿米^3，比 2009 年初蓄水量减少 5.57 亿米^3。2010 年初白洋淀蓄水量为 1.24 亿米^3，比 2009 年初蓄水量减少 0.13 亿米^3。

5. 城市绿化

2009 年，该省 11 个设区市新增绿地 3 716.3 公顷，完成植树 1 143 万株，建成省级园林式单位 126 个、省级园林式小区 74 个、省级园林式街道 52 条，新增游园 112 个、片林 106 个，建成河北省五星级公园 2 个、四星级公园 2 个、三星级公园 17 个、优秀游园 11 个。

6. 水土保持

全省共审批小型以上水保方案 477 个，开展监督检查 1 882 次，检查开发建设项目 1 676 个，验收开发建设项目 100 个。实施返还治理示范工程 10 个，示范工程面积 143.84 公顷。全年共完成治理水土流失面积 2 086 平方千米，比上年增加 20%，实施生态修复保护面积 356 平方千米。

7. 森林资源

到 2009 年底，全省郁闭度达到 0.20 以上的有林地面积为 4 341 258 公顷，国家特别规定的灌木林面积 22 141 公顷，一般灌木林面积 1 091 644 公顷；郁闭度为 0.10～0.19 的疏林地面积 106 362 公顷；未成林造林地面积 833 191 公顷；苗圃地面积 45 330 公顷。全省森林覆盖率达到 23.25%。活立木总蓄积量为 10 226 万立方米。河北省人均有林地面积 0.048 7 公顷，为全国平均水平的 1/3。人均活立木蓄积 1.28 立方米，为全国平均水平的 1/8。

8. 生物多样性

河北省有高等植物 204 科、940 属，2 800 多种。国家二级保护野生植物有黄檗、水曲柳、珊瑚菜等 6 种。全省有陆生脊椎动物 530 多种，占全国总数的四分之一，其中鸟类 400 余种，兽类 90 余种，两栖爬行类 30 多种。受到保护的野生动物 460 多种，其中国家一级保护野生动物 17 种，国家二级保护野生动物 73 种，省重点保护野生动物 126 种。

六、农村环境

近年来，河北省通过文明生态村建设实施农村小康环保行动计划，按照社会主义新农村建设的总体要求，结合村庄改造和环境优美乡（城）镇、生态示范区等创建活动，通过环境整治，实施硬化道路，净化街院，绿化村庄，改水、改厕、建沼气池等措施，推进了农村环境建设，农村人居环境脏、乱、差的状况正在逐步改善。河北省以发展县域特色主导产业为重点，积极推进农业产业化、现代化和新农村建设，取得显著的成绩。但随着农村经济的发展，农村环境污染问题也日益突出。

农村环境污染按污染成因划分，可分为内源型污染和外源型污染。内源型污染是指农村居民在日常生产生活中产生的污染，主要包括农业生产活动造成的面源污染、乡镇企业和集约化养殖场造成的点源污染以及农民聚居点的生活污染；外源型污染是指城市转嫁到农村的污染，主要包括污染源由城市转移到农村的城市污水、垃圾等。

1. 农业生产活动造成严重污染

河北省农村的内源型环境污染中，农业生产活动造成的面源污染在绝大多数地区已成为该省环境污染最重要的因素。农业生产活动造成的面源污染主要包括化肥、农药污染和地膜残留污染。

（1）化肥农药污染。2007 年全省农用化肥施用量为 311.87 万吨，农药施用量为 83 520 吨。单位面积施肥量远超过发达国家为防止化肥对土壤和水体造成危害而设置的 22.5 吨/千米^2 的安全上限；单位面积农药施用量比发达国家高出十几倍。通常化肥约 30%～40%、农药约 10%～20%能被作物吸收利用，其余则通过农田排灌、地表径流等方式进入地表水体，引起地表水体富营养化，并进而渗入地下，严重污染地下水水质。

（2）地膜污染。2005 和 2006 年，河北省地膜使用量分别为 60 314 吨、60 908 吨，地膜覆盖面积分别达 103.696 万公顷、104.940 万公顷。地膜属于高分子化合物，熔融指数高，极难降解，既不受微生物侵蚀，也不能自行分解，降解周期一般为 200～300 年，降解过程中还会溶出有毒物质。据统计，我国的地膜年残留率高于 40%，即近 1/2 的地膜残留在土壤中。随着残余地膜的逐年增加，若不能及时回收，必然造成难以解决的污染危害，对农业可持续发展构成严重威胁。目前残存地膜对土壤的污染已开始显现，影响了农作物的生长发育。在该省部分棉花主产区，严重的地膜残留已成为影响农业生产和生活的一个重要因素。

（3）秸秆焚烧污染。秸秆焚烧会产生大量 CO_2 和浓烟，导致能见度下降，影响交通；破坏土壤有机质，导致土壤板结；同时还存在火灾安全隐患。河北省不少地区秸秆的利用水平和还田率较低，秸秆就地焚烧现象普遍存在，严重污染了水体和空气，成为近年来该省农村环境污染恶化的重要原因之一。

2. 养殖业污染严重

集约化养殖场的点源污染是河北省农村内源型污染的一个重要方面。近年来，随着城乡人民生活水平的提高，肉类消费需求量大增，使得农村畜禽养殖业迅速发展，规模不断扩大。据 2002 年原国家环保总局对全国 23 个省市（包括河北）的调查，90%的规模化养殖场未进行环境影响评价，60%的养殖场缺乏必要的污染防治措施。2007 年末，全省生猪存栏 3 122.41 万头、家禽存栏 65 167.02 万只、牛存栏 871.1 万头。畜牧业以散养户居多，规模化养殖率低，畜禽粪便的还田率仅 30%～50%，清粪方式以干清和水冲为主，大量畜禽粪便、废弃物和废水直接排入附近的河道、沟渠、水体和农田，严重污染农村的生态环境。

3．工业污染严重

乡镇企业的点源污染是河北省农村内源型污染的又一个重要方面，在有些地区甚至成为最主要的影响因素。改革开放以来，该省乡镇企业数量剧增，截止到 2006 年，已达 129.3 万家。这些企业集中于纺织、造纸、食品加工、印染、制药、冶炼、煤炭、制革、机械加工、化工、电镀、建材等领域，属能耗大、效益差、环境污染严重的企业，且布局分散、规模小、技术含量低、经营粗放，90%以上的企业无污水处理系统，其余的即使有污水处理设施，也多是处理能力不足，或出于成本考虑而使污水处理设备闲置。工业企业将生产过程中产生的大量废水不经处理就随意直接排向河沟、水库和农田，造成严重的水体污染和土壤污染，同时大量杂乱堆放的工业固体废物、生活垃圾也对农村环境造成污染。

4．生活污染

农民聚居点的生活污染也是农村内源污染的重要来源之一。改革开放以来，河北省农村居民的生活水平有了较大提高，但生活方式却改变不大。截至 2007 年，全省有 5 457 万农村人口，年产生活垃圾 1 360 多万吨（以每人每年产生 0.25 吨计算）。由于环境基础设施建设的严重滞后，大量生活垃圾露天堆放，其渗滤液、病毒细菌等直接污染地表水、地下水和周围环境；大量生活污水直接排入田间、河流或湖泊，严重污染农业生产和生活环境。在农村地区，居民居住更为分散，环境意识更差。由于财力有限，更不可能统一处理生活污染物，结果生活垃圾随意倾倒，生活污水随处泼洒。调查显示，该省农村聚居点除大气污染指标外，其余环境要素指标均劣于城市。

5．尾气污染

不断增加的农业机械和交通工具以及农村的盲目集聚化，也对农村生态环境产生不可小觑的污染。近几年来，随着农民收入水平的提高，河北省拖拉机、二轮摩托、三轮摩托、农用车等机动车辆已在农村逐渐普及，这些车辆排放的大量尾气废气，对空气造成严重的污染。

6．城市向农村转移的污染

河北省农村环境的外源型污染，主要有 2 类：城市生活污染向农村转移；工业污染向农村转移。

（1）城市生活污染向农村转移。城市生活污染向农村转移属于点源污染向农村的延伸。据统计，2008 年，河北省废水排放量为 23.47 亿吨（其中，工业废水排放量 12.12 亿吨，生活污水排放量 11.35 亿吨），化学需氧量排放量为 60.48 万吨（其中，工业排放量 24.87 万吨，生活排放量 35.61 万吨），工业固体废物排放量为 60.84 万吨。而城市污水和垃圾无害化处理率分别为 77.59%、57.15%，工业固体废物的综合利用率为 64.14%。即 2008 年该省有 1/3 以上的污水直接排入城郊的田地、沟渠和附近的水体，严重污染附近农田和水体。例如，该省白洋淀水质为重度污染，12.5%的断面水质为劣Ⅴ类，37.5%的断面水质为Ⅴ类，50.0%的断面水质为Ⅳ类；漳河邯郸段目前已变成了污水河道，失去了灌溉功能，邯郸漳滏河灌区现已成为污水灌区。1/2 以上未经处理的城市垃圾和近 40%工业固体废物（且每年以 10%的速度递增）填埋或堆放于郊外农村，占用和污染耕地，严重影响了周围农村居民的健康和生活。

（2）工业污染向农村转移。工业污染向农村转移则属于典型的点源污染转移。近年来，河北省城市污染控制力度加大，一些污染严重的企业被强行关闭，被迫从城区撤退，进入城乡结合部或农村。其排放的大量未经处理的工业三废对农村空气、水源以及农田土壤都造成较大的影响，已成为该省一些农村环境污染的重要源头之一。

七、辐射环境

全省辐射环境国控网监测表明：陆地γ辐射空气吸收剂量率瞬时值在 56.6～78.9 纳戈/时，γ辐射空气吸收剂量率连续监测平均值为 87.6 纳戈/时，均为天然本底辐射水平；土壤、水体放射性核素和空气气溶胶、沉降物总α、总β放射性水平监测表明，未发现人工放射性核素污染。电磁辐射监测表明，广播、电视发射设施和高压输变电设施附近，局部环境电磁辐射水平偏高。监测表明，该省放射源、射线装置和电磁辐射污染源周围环境辐射水平符合相关标准限值要求，未发现辐射污染。

截至 2008 年 12 月 31 日，全省共有放射源 6 077 枚；根据 2008 年电磁辐射设备（设施）申报登记统计，全省广播电台 149 座，通信、雷达及导航设备类发射站 10 座，发射台 16 个，移动通信基站 15 797 座，工、科、医类电磁设备 176 台（套），高压交流架空输电线路共计 1 468 条，全长 30 500 余千米。变电站 632 座。

八、城市建设

为贯彻落实《中共河北省委、河北省人民政府关于实施“十项民心工程”的通知》（冀发[2003]26 号）精神，扎实推进全省环境保护工作，加快改善人居生态环境，大力推行清洁生产，发展循环经济，促进河北省经济社会全面协调可持续发展，2004 年省政府决定开展环境保护模范城市、生态示范区、环境优美城镇、环保先进企业和绿色单位创建活动（简称“五个创建”活动），“五个创建”活动是河北省政府 2004 年“十项民心工程”的“治污绿化工程”的重要组成部分。经过努力，廊坊市建成了国家环保模范城市，实现了河北省国家环保模范城市零的突破；保定钞票纸厂、保定英利新能源公司被命名为国家环境友好企业；石家庄印钞厂等 7 家企业被命名为首批“河北省环境友好企业”。廊坊、秦皇岛、迁安市被省政府命名为河北省环境保护模范城市。秦皇岛市通过了国家创模技术评估；迁安市通过了环保部组织的创模规划评审。

为贯彻落实《国务院关于落实科学发展观加强环境保护的决定》精神，进一步加强城市环境保护工作，切实改善城市环境质量，促进城市环境与经济社会的协调发展，2006 年河北省政府决定“十一五”期间在全省所有设区城市全面开展城市环境综合整治定量考核工作（简称“城考”）。按照《“十一五”城市环境综合整治定量考核指标实施细则》和《全国城市环境综合整治定量考核管理工作规定》，积极组织开展城市环境综合整治定量考核工作，河北省 5 个国家重点城市城考指标排名均较 2006 年度有所前移。同时，全省 22 个县级城市的城考工作也全面正式开展。

近年来，河北省城镇化取得了较快发展，每年以 1.5 个百分点以上的速度提升，去年达到了 40.25%，与全国的水平（44.9%）不断缩小。但是，城镇的承载能力、辐射带动能力却明确不足，多数缺乏活力、实力、竞争力。特别是反映城镇面貌上，虽然纵向看取得了明显改善，但横向与先进省市相比，与经济社会发展和群众改善生活条件的期盼相比，仍然存在较大差距，已经成为实现又好又快发展的重要制约因素之一。针对这些突出矛盾和问题，2008 年河北省委、省政府明确提出：以城镇面貌三年大变样为抓手推进城镇化进程，增强城镇的承载能力和辐射带动能力（简称“三年大变样”）。“三年大变样”是民心工程、民生工程，为指导该活动的深入开展，加强工作考核，同年河北省建设厅颁布了《河北省城镇面貌“三年大变样”基本目标》，从城市环境质量明显改善、城市承载能力显著提高、城市居住条件大为改观、城市现代魅力初步显现、城市管理水平大幅度提升五个方面对“三年大变样”目标的实现提出了量化考核标准。工程实施两年多，河北全省累计完成市政基础设施投资 1 205 亿元，相当于前 5 年投资的总和。全省谋划实施了

156 项重点工程，涵盖大型公共建筑、重大基础设施、园林绿化和滨水环境建设、重要功能片区建设、主要街道景观整治等五大类，城市功能得到明显提升、人民生活得到明显改善。

2008 年全省设区市城市公用基础设施水平达到：供水普及率 99.97%，污水处理率 77.59%；垃圾无害化处理率 57.15%；燃气普及率 97.11%；人均拥有道路面积 14.49 平方米；人均公园绿地面积 9.49 平方米；建成区绿地率、绿化覆盖率分别达到 32.22%、38.71%；每万人拥有公交车辆 9.79 标台。

第四节 污染防治的主要问题

河北省是一个环绕京津的经济大省、资源大省和工业大省，也是一个环保任务十分繁重的大省。长期以来，产业结构偏重，产品结构偏低，能源结构不合理，二氧化硫、化学需氧量等排放量大，全省环境污染结构型、复合型、压缩型特点突出。特别是随着全省工业化、城镇化、信息化、经济全球化进程的加快，环境保护与经济发展的矛盾将更加尖锐，污染减排和环境保护面临的形势将更加严峻。“十一五”期间通过实施减排措施，大幅度推进治污工程建设，全省主要污染物化学需氧量和二氧化硫排放基本得到控制，环境恶化趋势得到一定程度缓解，但总体环境形势依然严峻。以化学需氧量为代表的水体有机污染尚未解决，部分水域富营养化问题突出；酸雨污染未得到有效缓解，二氧化硫、氮氧化物等转化形成的细颗粒物污染加重；光化学烟雾频繁发生，许多城市和区域呈现复合型大气污染的严峻态势。因此，环境保护的形势依然严峻。

一是主要污染物排放量大，总量减排任务艰巨。近年来，河北省在污染减排上做了大量工作，上了一批治污项目，但是边削减、边增长的问题比较突出。目前，河北省污染物排放总量处于较高水平，原因是该省的产业结构、能源结构偏重，经济增长方式比较粗放，结构性污染问题没有得到根本改变。据统计显示，该省的造纸、化工、制药、纺织、食品加工五个行业化学需氧量排放量贡献率为67%，电力、冶金、建材、化工等行业二氧化硫排放量贡献率为78%。上述行业的结构调整和增长方式转变需要一个过程，这就增加了总量减排的难度。

二是环境基础设施建设滞后，治理支撑能力不足。目前，全省共建成42座集中污水处理厂，污水处理能力仅占污水排放总量的60%。由于管网不完善和一些政策不配套，现有污水处理厂多数不能达产达标，污水实际处理率更低，如子牙河水系污水集中处理率仅为45%。全省建成15座生活垃圾无害化处理厂，垃圾无害化处理率仅为42%。因此，相当一部分污水、垃圾没有得到有效处理，直接向环境排放。

三是污染事件呈上升趋势，环境风险居高不下。近年来，群众的环境投诉和环境信访事件居高不下，每年受理群众环境信访问题近1.5万件（次）。一些企业受利益驱动，违法排污严重。有的企业处于环境敏感区，污水排放没有去向；河流没有天然径流，失去自净能力，污水长期积存在河道或坑洼地带，严重威胁着地下水安全。电磁辐射、危险废物、土壤污染等新的环境问题日益显现。可以说，河北省已进入环境污染高峰期和突发事件高发期。近年来，发生的白洋淀死鱼、大沙河煤焦油污染、赤城铁选矿尾矿砂污染等一系列事件，给河北省的环境安全敲响了警钟。

四是环保能力严重不足，执法监管手段薄弱。在一些地方，环保执法不到位，特别是基层环保部门的监测监察能力严重不足。全省136个县（市）中，有27个没有环境监测站。兼有监测站的县（市）中，有1/4没有通过标准化计量认证。全省绝大多数县（市）的监测项目，只能达到国家要求项目的20%。环境监察机构的交通工具、取证设备严重短缺。在现场环境监管上，不少地方只能“废水靠看、废气靠闻、噪声靠听”。

第二章　大气污染防治

早在1988年11月召开的河北省环境保护委员会第一次会议上，已将大气污染防治列为环保工作重点，并制定了随后五年的环境目标。为防治大气污染，保护和改善生活环境和生态环境，保护人体健康，促进社会主义现代化建设事业的发展，根据《中华人民共和国大气污染防治法》等有关法律、法规的规定，结合该省实际，河北省第八届人民代表大会常务委员会第二十三次会议于1996年11月3日通过并公布实施了《河北省大气污染防治条例》。近几年，河北省紧紧围绕改善大气环境质量这一目标，以创建环保模范城市为抓手，积极实施城市大气环境综合整治，取得了比较明显的成效。一是积极调整能源结构，加快推进天然气等清洁能源的利用步伐。二是大力发展集中供热，对城区内新建燃煤锅炉实行严格审批。三是淘汰取缔低吨位分散燃煤锅炉，对超标排污锅炉实施治理改造。城区基本消除了烟囱冒黑烟现象。四是实施煤炭管制，大力推广洁净煤。五是积极实施“退二进三”，减轻城市污染负荷。六是加强机动车尾气治理，控制城市扬尘污染。通过采取以上整治措施，全省城市大气环境质量呈现出逐年改善的良好势头。

尽管如此，目前河北省的城市大气环境质量仍然不容乐观，形势十分严峻，存在的问题主要有：一是城市大气环境容量有限。该省多数城市处于北方干旱和半干旱地区，降水少，风沙大，绿化覆盖率低，大气环境容量相对较小。根据环境容量测算初步结果，该省多数城市的大气污染物排放水平已远远超过自身环境容量，如石家庄市的二氧化硫、PM_{10}的实际年排放量分别为 7.7 万吨和 4.6 万吨，测算出的容量为 4.2 万吨和 2.1 万吨，分别超 3.5 万吨和 2.5 万吨。邯郸市的二氧化硫、PM_{10}的实际年排放量分别为 8.6 万吨和 4.4 万吨，测算出的环境容量为 2.8 万吨和 2.2 万吨，分别超 5.8 万吨和 2.2 万吨。随着经济的快速发展，排污量还将逐年增加，环境现状已不堪重负。再加上这些城市治理污染方面历史欠账较多，要使污染物排放量很快降下来需要付出加倍的努力；二是能源结构和产业结构以及规划布局不合理。该省大部分城市的能源消耗以煤炭为主，所占比例达 80%以上，清洁能源使用率仅为 10%左右。多数城市能耗高、污染重的行业如钢铁、热电、焦化、水泥等所占比重较大。有的城市功能定位和规划布局先天不足、后天失调，功能分区不合理、不明确，居住、文教和工业区混杂现象比较普遍，个别污染严重的企业甚至建在了城市主导风向的上风向，污染物直接排向城市上空。煤烟型污染和城市结构型污染交织在一起，给大气污染整治增加了很大难度；三是人民的环境需求与大气环境质量现状相矛盾。目前该省大部分城市的环境质量与广大人民群众日益增长的环境需求相差较大，尽快改善城市空气质量已成为社会各界关心的热门话题。全省污染举报和群众来信来访，有一半以上是关于大气环境污染的，这反映了改善大气环境质量已是人民群众的迫切需要。

第一节　烟气污染控制

河北省从 1985 年底开展建设无烟一条街活动，全省九个省辖市都规划了试点街道。此外省环保局还在邯郸市召开无黑烟街现场会，总结和推广了邯郸联片采暖，改造窑炉消烟除尘，推广应用型煤和建设中华大街无烟一条街的经验。到 1988 年底已在无烟一条街的基础上，逐步建成 55 个城镇烟尘控制区，控制面积达 2 555 万平方米，较有效地控制了烟尘污染。

为进一步推进全省大气污染防治工作，改善环境空气质量，让人民群众呼吸上新鲜清洁的空气，实现科学发展、和谐发展的战略目标，围绕实施《河北省环境保护“十一五”规划》、《河北省节能减排综合性工作方案》、《河北省“十一五”二氧化硫总量削减目标责任书》和《第29届奥运会北京空气质量保障措施》，依据《中华人民共和国大气污染防治法》等有关环保法律法规，以改善城镇环境空气质量、保障奥运会顺利进行、促进经济发展方式转变、提升河北对外形象和改善投资环境为目标，坚持“远近结合、突出重点”的工作原则，通过强化环境执法，整治超标排污，促使一批排气设施限期治理达标；通过淘汰落后工艺设备，规范排气行为，促使一批排气设施限期淘汰废弃；通过优化产业结构，调整能源结构，促使一批排气设施得到整顿改造；通过优化工业布局，加快供暖供气基础设施建设，促使全省排气设施总量减少；通过加强日常环境管理，建立长效管理机制，基本解决排气烟囱超标排污和随意设置的问题，促使环境空气质量进一步改善。河北省政府于2007年12月印发了《河北省烟气排放设施综合治理攻坚行动方案》(办字[2007]135号)。烟气排放设施主要是指企事业单位固定污染源燃煤锅炉、工业炉窑排放烟气和工艺废气的排气筒。实施范围包括：城镇建成区及近郊(建成区外1千米以内)、排放大气污染物的工业集中区（冶炼类、建材类、化工类等)、高速公路和国道、省道两侧及风景名胜区、旅游区周边可视范围内（约1千米）和高度15米及以上的其他分散烟气排放设施。按照“着眼近期、兼顾长远、多措并举、重点突破、阶段实施、标本兼治”的原则，全省烟气排放设施综合治理工作分两个阶段实施：第一阶段（近期）从2008年初到2008年6月底，在完成烟气排放设施摸底调查的基础上，逐地区、逐单位、逐烟囱制定烟气排放设施整治方案，取缔城镇建成区集中供热范围的分散供热燃煤锅炉，拆除1 160根废弃烟囱，限期治理不达标的烟气排放设施，逾期不达标的一律停产治理或停止使用。确保到 2008 年 6 月底前，全省所有烟气排放设施主要污染物排放达到国家规定标准，为 2008 年北京奥运会提供良好的空气质量保障。第二阶段（远期）从 2008 年 7 月至 2010 年底，全面实施综合治理措施，通过实施污染减排工程，加大能源结构调整力度，大力发展集中供热供气，以及对 27 个工业密集区的治理整顿等措施，全省城镇建成区及近郊、高速公路和国道、省道两侧以及风景名胜区、旅游区周边可视范围内烟气排放设施数量明显减少，烟气排放设施主要污染物排放总量达标，列为全国环保重点城市环境空气质量达到国家二级标准，其他城市环境空气质量明显改善。

综合治理措施从限期治理超标烟气排放设施、加快淘汰高能耗高污染燃煤锅炉、着力落实污染减排工程项目、强化煤炭管制措施、加快能源结构调整、实行严格的总量控制制度等六方面进行。

一是以电厂脱硫工程为重点，加快推进治污工程建设。不断加大重点治污工程项目建设推进力度，特别是以电厂脱硫工程为重点，全面加快城镇污水处理厂、垃圾处理场建设步伐，并将任务进行细化分解，明确工程内容、完成时限、责任单位、督导单位。实行环保、发改、建设、电力等多部门联动机制，加强检查调度，坚持定期通报。

二是以加强重点企业监管为龙头，加快淘汰落后产能。对 726 家省重点监管企业实行环境信用分级管理，2008 年 6 月底前，全省重点企业全部实现污染在线监控。按照《第 29 届奥运会北京空气质量保障措施》、国家发改委《产业结构调整指导目录》和《河北省关停小火电机组实施方案》要求，对高能耗、重污染、工艺落后的钢铁、水泥、土焦和小火电企业，特别是北京奥运会空气质量保障（以下简称奥保）重点市的落后产能实施坚决淘汰。

三是以“三严”执法为抓手，坚决实施奥运期间停产、限产管理。为保障奥保目标的完成，河北省决定把 2008 年作为“强化环境执法年”，并出台了以“三严”为重点的加强环境执法的意见。严厉查处环境违法行为，不断加大现场监督检查力度；严格审批新建项目，对新建限制类和允许类项目的污染物排放实施“减二增一”，对鼓励类项目实施“减一增一”；严肃追究环境监管失职责任，建立环保后督察制度。通过强化严格执法监督，确保在奥运会赛事期间全省 42 家排污企业关停、临时停产、限产限排措施目标的坚决实现。

四是以烟气排放设施综合治理为突破，力保空气综合质量。省政府印发了《河北省烟气排放设施综合治理攻坚行动方案》，分两个阶段，组织开展“拔除烟囱、净化蓝天”活动。逐步取缔城镇建成区集中供热范围内分散的燃煤供热锅炉，对未达标的烟气排放设施进行限期治理，逾期不达标的一律停产治理或停止使用。2008 年 6 月底前，将全部取缔城镇建成区集中供热范围的分散供热燃煤锅炉，共计拆除 1 160 根废弃烟囱，限期治理不达标的烟气排放设施，力争全省所有烟囱达标排放，为北京奥运创造良好的空气环境。2009 年，河北省推进城镇建成区集中供热范围内分散的燃煤供热锅炉取缔拆除工作，各设区市取缔改造燃煤锅炉 1 697 台。

五是以加强环境立法为基础，为实现奥运保障综合目标提供法制保障。河北省人大决定将《河北省污染减少排放条例》作为河北省 2008 年立法第一题。此外，为加强环境保护提供系统全面的法律保障，河北省人大 2008 年制定和完善了《河北省土壤污染防治条例》、《河北省排放污染物许可证管理条例》、《河北省循环经济促进条例》、《河北省环境监测管理条例》等一系列相关法律法规。同时，针对突出环境问题及各项法律法规的执行与落实，组织多层面、多主题、多视角的人大代表环境执法检查。河北省将通过加强立法，强化监督，严格执法的综合实施，破解环境执法难题，推动环境问题的解决，坚决实现奥运保障目标。

通过强化综合治理，河北省涉奥地区环境空气质量明显改善。从 2008 年 1 月 1 日到 9 月 20 日，全省 11 个设区市空气质量二级以上天数平均为 244 天，占总天数的 92.4%。从 8 月 1 日至 9 月 20 日，石家庄等 7 个涉奥设区市全部为二级以上天气，其中一级天数平均达到了 28 天，占 55%，较去年同期增加 12 天，增长 75%。特别是奥运会举办的 17 天中，有 12 天为一级天气，占 70.6%，较去年同期增加 7 天，增长 140%。奥运会和残奥会期间，全省空气质量明显改善，11 个设区城市环境空气综合污染指数平均为 1.22，同比下降 14.4%；二氧化硫、可吸入颗粒物、二氧化氮浓度平均值同比分别下降 17.6%、14.5%和 8.3%。

工程实例：

1．烟气脱硫技术

以河北西柏坡发电有限责任公司 3#、4#机组脱硫技改工程为例。

（1）工程概况。

河北西柏坡发电有限责任公司于 1983 年开始筹建，一期工程装机容量为 2×300 兆瓦，1#和 2#机组分别于 1993 年、1994 年投产；二期工程装机总容量为 2×300 兆瓦（2×1 025 吨/时），其 3#和 4#机组于 1998 年和 1999 年投产，安装有双室三电场除尘器，除尘效率为 99%。该工程为二期工程 3#、4#机组脱硫技改工程，建设地点位于河北西柏坡发电有限责任公司厂区内。

①项目主要建设内容。该工程为电厂 3#、4#机组的脱硫技改工程，新建 2×1 025 吨/时（2×300 兆瓦）锅炉脱硫装置，拟采用石灰石（石灰）-石膏湿法脱硫工艺，一炉一塔，吸收塔相应配套设置循环浆液泵房、氧化风机房、工艺水箱及脱硫电控楼等。安装与环保部门联网的烟气排放连续监控仪器。

②项目主要设备及性能。目前石灰石（石灰）-石膏湿法脱硫工艺已十分成熟，运行经验较多，同时环保部和国家经贸委、科技部公布的《燃煤二氧化硫排放污染防治技术政策》也指出“燃用含硫量≥2%的煤的机组或大容量机组（200 兆瓦）的电厂锅炉建设烟气脱硫设施时，宜

优先考虑采用“湿式石灰石-石膏法工艺”。

（2）主要设备。见表 2-1。

表 2-1　脱硫主要设备表

序号	名称	规格型号	单位	数量
一	烟气系统			
1	烟道	碳钢，厚度 6mm		
2	增压风机系统	动调轴流风机		
3	增压风机及辅助设备	Q=1 720 705m³/h △P=1 910Pa（BMCR 工况）	台	2
	非金属膨胀节	5.7m（W）*×5.6m（H）*	个	2
	原烟气膨胀节	3.7m（W）×8.62m（H）	个	2
	需防腐烟气膨胀节	4.5m（W）×6.0m（H）	个	2
		φ5.8m	个	2
4	挡板门			
	旁路挡板	电动双挡板 4 500×9 050（内）， 电机功率 2.2kW	个	2
	FGD 原烟气挡板	电动双挡板 5 700×5 600， 电机功率 2.2kW	个	2
	FGD 净烟气板	电动双挡 6 000×4 500， 电机功率 2.2kW	个	2
	挡板密封风机	Q=7 352m³/h，P=2 541Pa	台	2
	密封风电加热器	N=90kW	台	1
5	临时烟囱	碳钢，厚度=6mm	吨	134
二	吸收塔系统			
1	吸收塔	φ12m×32.90m（H） 浆池容积：1 174 m³	座	2
	重量（包括塔体、平台扶梯、人孔门、检查门、法兰、溢流管以及所需连接件等）	材料：Q235	吨	520
2	喷淋管道			
	喷淋主管道	DN1 000 材质：碳钢内外衬胶	根	6
	喷淋支管道	DN350～DN150 材料：FRP	层	6

* W 指设备宽度，H 指设备高度，下同。

序号	名称	规格型号	单位	数量
3	悬浮管道	DN150～DN400 材料：FRP	层	2
4	氧化空气管道	DN200，材料 FRP	层	2
5	塔内合金钢			
	入口烟道	C276	吨	4.0
	螺栓、螺母及结构件	合金钢	吨	2
6	喷嘴			
	双向喷嘴	空心锥型， 材料：SiC	个	382
	单向喷嘴	空心锥型， 材料：SiC	个	202
7	脉冲悬浮系统喷嘴	材料：SiC	个	14
8	氧化风降温喷嘴	材料：1.4401	个	12
9	吸收塔脉冲悬浮	离心式 Q=1 070m³/h	台	4
	泵	H=23.5m		
10	吸收塔浆液循环泵 A	离心式 Q=6 510m³/h H=19.9m	台	2
	吸收塔浆液循环泵 B	离心式 Q=6 510m³/h H=21.9m	台	2
	吸收塔浆液循环泵 C	离心式 Q=6 510m³/h H=23.9m	台	2
11	氧化风机	罗茨风机 Q=10 500Nm³/h △P=80kPa	台	4
12	石膏排出泵	离心式 Q=125m³/h H=30m	台	4
13	除雾器	两级，材质：PP	套	2
三	石灰石浆液制备系统			
1	公用区石灰石浆液输送泵	离心式， Q=45m³/h，H=25m	台	2
2	石灰石浆液箱	钢制ϕ7.5m×8m（H） V=300m³	个	1
3	石灰石浆液箱搅拌器	顶进式，全金属 N=22kW	个	1

序号	名称	规格型号	单位	数量
4	石灰石浆液泵	离心式， Q=60m^3/h，H=30m	台	4
5	密度计给料泵	离心式 Q=5m^3/h　H=10m	台	1
四	石膏脱水系统			
1	石膏旋流站			
2	石膏浆液缓冲箱			
3	真空皮带脱水机	处理能力 55.8t/h（10%含水率）	台	1
4	真空泵	水环式 310m^3/min×−66.7kPAG （−500mmHg）	台	1
5	滤液罐	钢制 ϕ2.2m×3.6m（H）	个	1
6	回收水泵	立式泵 Q=275m^3/h　H=40m	台	2
7	滤布冲洗水箱	钢制，V=7m^3 ϕ2.0m×2.3m（H）	个	1
8	滤布冲洗水泵	离心式 Q=20m^3/h　H=45m	台	2
9	滤饼冲洗水箱		个	1
10	滤饼冲洗水泵		台	1
11	皮带输送机		台	1
12	废水旋流站	Q=7.5m^3/h	台	1
五	工艺水系统			
1	工业水箱	钢制，V=30m^3 ϕ3.5×3.5m（H）	个	1
2	工业水泵	离心式 Q=40m^3/h H=45m	台	2
3	工艺水箱	钢制，V=80m^3 ϕ4.5×5.0m（H）	个	1
4	工艺水泵	离心式 Q=180m^3/h H=55m	台	2
5	除雾器冲洗水泵	离心式 Q=135m^3/h H=60m	台	4
六	浆液排放系统			
1	事故浆液池	有效容积 V=1 300m^3	个	1

序号	名称	规格型号	单位	数量
2	事故浆液箱脉冲悬浮管道	DN150～DN400 材料：FRP	层	1
3	事故浆液箱脉冲悬浮系统喷嘴	材料：SiC	个	6
4	事故浆液返回泵	离心式 Q=950m^3/h H=27m	台	2
5	吸收塔区排水池	混凝土 3m（W）×3m（L）*×3m（H）	个	2
6	吸收塔区排水池搅拌器	顶进式，全金属 N=5.5kW	台	2
7	吸收塔区排水池泵	立式泵 Q=60m^3/h　H=25m	台	2
七	压缩空气系统			
1	仪用储气罐	V=3m^3		
八	检修起吊设施			
1	综合泵房检修电动葫芦	10t，N=11kW	台	2
2	增压风机转子检修电动葫芦	10t，N=11kW	台	2
3	增压风机电机检修电动葫芦	20t，N=18.5kW	台	2
4	石膏脱水检修电动葫芦			2
5	公用区石灰石输送泵电动葫芦			1
九	其他			
1	管道、阀门			
	碳钢管		t	40
	衬胶管		t	165
	不锈钢管		t	1
	国产阀门		套	1
	进口阀门		套	1
2	保温、油漆			
	保温材料	岩棉	m^3	700
	保护层材料		m^2	7200
	油漆		t	5
3	防腐			
	衬胶		套	1
	玻璃鳞片		套	1
	玻璃钢		套	1

* L 指设备长度。

（3）主要原辅材料。

根据厂方提供的现有工程煤质资料，3#、4#机组锅炉煤质为：低位发热量 24 690 千焦/千克；灰分 21.51%；硫分 2.05%；耗煤量 1 227 600ffa。

河北西柏坡发电有限责任公司在建一套 4×300 兆瓦亚临界机组及 4×600 兆瓦超临界机组的烟气脱硫石灰石制粉工程，已考虑了二期工程脱硫的需要，为该工程建有直径 13 米、高 32.5 米，体积 2 000 米^{3}的石灰石粉仓 2 个。该工程仅需采购石灰石原料进厂破碎即可。

该工程需生石灰粉约 39 600 吨/年，石灰石原料由鹿泉市盛达石料加工厂和井陉县翟家庄采石厂供给。

（4）给排水。

脱硫工艺用水主要用于石灰石浆液制备、工艺损耗补充、石膏脱水系统冲洗、脱硫场地冲洗、风机机泵体轴承冷却、空调及采样用水等。该项目用水量为 120 米^3/时，其中脱硫工艺用水 100 米^3/时，以循环排污水为水源；设备冷却水 20 米^3/时，以其他电厂工艺水为水源。

二期主体工程设有独立的生活、消防用水系统，能够满足该工程的需要。

该工程排水采用雨污分流制，脱硫废水量为 10 米^3/时，主要污染因子为 pH、COD、SS 等，排入厂内脱硫废水处理系统，处理达到《污水综合排放标准》（GB 8978—96）中表 4 一级标准后，回用至电厂一、二期工程水力除灰系统，用作冲灰水，不外排。

脱硫废水处理系统为全厂共用，系统出水按 66 米^3/时设计，按两列式布置。脱硫排放的废水依次进入中和箱、沉降箱、絮凝箱，经过化学反应和絮凝剂作用后，进入澄清/浓缩箱，最后通过盐酸加药由清水泵抽出后回用。

生活污水为 1.8 米^3/天，经厂内生活污水处理站生化处理、消毒后，达到《污水综合排放标准》（GB 8978—96）中表 4 一级标准后送入除灰动力泵清水箱，供除灰池水泵冲灰使用，不外排。

（5）工程结论。

湿法烟气脱硫技术是目前较为成熟的火电厂烟气脱硫技术，该技术已在国内多家火电厂投入使用，运行脱硫效率可达95%以上。该工程脱硫效率以＞90%计。

该工程脱硫系统主要由吸收塔及相应配套的循环浆液泵房、氧化风机房、工艺水箱及脱硫电控楼等组成。

该工程进行脱硫改造前的 SO_2 排放量为 42 140.13 吨/年，脱硫改造后二氧化硫排放量降低为 4 214.01 吨/年，消减量为 37 926.12 吨/年。

该工程进行脱硫改造前的烟尘排放量为 2 497.12 吨/年，该工程完成后，烟尘排放量降低为 1 248.56 吨/年，消减量为 1 248.56 吨/年。

该工程产生噪声的设备主要有：各类风机、泵系统等，噪声约为85 分贝。

该工程固体废物为石膏，主要成分为 $CaSO_4$，产生量约为 92 400 吨/年，全部综合利用。

2．烟气除尘技术

以鹿泉市曲寨水泥有限公司 4 000 吨/天熟料水泥生产线带纯低温余热发电项目为例（见表 2-2，图 2-1～图 2-4）。

原料粉磨与废气采用一台ϕ4.6×（8.5+3.5）米中卸式烘干磨，系统产量为 170 吨/时，利用窑尾预热器排出的废气余热作为生料磨的烘干热源。原料在生料磨内被烘干和粉磨，磨出的物料由空气输送斜槽、斗式提升机送入组合机，选出的粗料返回磨机继续粉磨。

组合式选粉机排出的废气由排风机送窑尾废气处理系统，磨好的生料经收集后由空气输送斜槽、提升机送生料均化库。

表 2-2　鹿泉市曲寨水泥有限公司 4 000 吨/天熟料水泥生产线纯低温余热发电项目废气治理措施一览表

<table>
<tr><th rowspan="2">废气污染源名称</th><th rowspan="2">污染物</th><th colspan="2">治理设施</th><th rowspan="2">投资/万元</th><th rowspan="2" colspan="2">指标</th><th rowspan="2">执行标准</th></tr>
<tr><th>名称</th><th>排气筒高度/m</th></tr>
<tr><td rowspan="6">回转窑窑尾/原料粉磨</td><td rowspan="2">烟尘</td><td rowspan="6">1 台袋除尘</td><td rowspan="6">105</td><td rowspan="6">332</td><td>排放浓度</td><td>50 mg/m^3</td><td rowspan="18">《水泥厂大气污染物排放标准》（GB 4915—2004）表 2 标准</td></tr>
<tr><td>吨成品排放量</td><td>0.15 kg/t</td></tr>
<tr><td rowspan="2">SO_2</td><td>排放浓度</td><td>400 mg/m^3</td></tr>
<tr><td>吨成品排放量</td><td>0.60 kg/t</td></tr>
<tr><td rowspan="2">NO_x</td><td>排放浓度</td><td>800 mg/m^3</td></tr>
<tr><td>吨成品排放量</td><td>2.40 kg/t</td></tr>
<tr><td>回转窑窑头</td><td rowspan="2">粉尘</td><td>1 台袋除尘</td><td>40</td><td>215</td><td>排放浓度</td><td>50 mg/m^3</td></tr>
<tr><td>煤粉制备</td><td>1 台袋除尘</td><td>35</td><td>31</td><td>吨成品排放量</td><td>0.15 kg/t</td></tr>
<tr><td>石灰石破碎</td><td rowspan="10">粉尘</td><td>1 台袋除尘</td><td>15</td><td>11</td><td rowspan="5">排放浓度</td><td rowspan="5">30 mg/m^3</td></tr>
<tr><td>石灰石预均化</td><td>2 台袋除尘</td><td>15</td><td>22</td></tr>
<tr><td>原料联合储库</td><td>2 台袋除尘</td><td>15</td><td>28</td></tr>
<tr><td>生料均化库</td><td>1 台袋除尘</td><td>65</td><td>11</td></tr>
<tr><td>生料入窑喂料</td><td>1 台袋除尘</td><td>15</td><td>11</td></tr>
<tr><td>熟料储存</td><td>3 台袋除尘</td><td>15</td><td>33</td><td rowspan="5">吨成品排放量</td><td rowspan="5">0.024 kg/t</td></tr>
<tr><td>熟料输送</td><td>1 台袋除尘</td><td>45</td><td>11</td></tr>
<tr><td>煤预均化与输送</td><td>2 台袋除尘</td><td>15</td><td>22</td></tr>
<tr><td>熟料散装</td><td>2 台袋除尘</td><td>27</td><td>22</td></tr>
<tr><td>水泥配料站</td><td>5 台袋除尘</td><td>30</td><td>55</td></tr>
</table>

图 2-1　石灰石预均化堆场

图 2-2　窑头废气处理

图 2-3　窑尾废气处理

图 2-4 水泥配料站

第二节 机动车尾气污染控制

机动车被称作污染物排放的移动源，其排放是目前增长最快的空气污染源，对大气污染的贡献值越来越大，已经达到了不可忽视的地步。2009 年环境监测显示，全国 113 个环保重点城市中三分之一的城市空气质量不达标，很多城市尤其是大中城市空气污染已经呈现出煤烟型和汽车尾气复合型污染的特点。同时，我国一些地区酸雨、灰霾和光化学烟雾等区域性大气污染问题频繁发生，部分地区甚至出现了每年 200 多天的灰霾天气，这些问题的产生都与机动车排放的氮氧化物、细颗粒物等污染物直接相关。

随着经济的快速发展和城市化水平的不断提高，河北省机动车数量迅速增加。据河北省车管部门公布的数据显示，截至 2010 年 9 月 30 日，河北省机动车保有量为 1 293.9 万辆，其中汽车 690.3 万辆，摩托车 431 万辆。私家汽车保有量 442.1 万辆，与 2009 年同期相比，汽车保有量增长 15.67%。机动车尾气污染已成为河北省城市空气污染的主要污染源之一。因而，控制机动车尾气排放刻不容缓。近年来，河北省采取了多项举措对其进行污染控制。

按照国家有关机动车尾气排放的相关环保法律、规章及管理体制，河北省相继出台了多部地方性法规，逐步形成了机动车环保检验制度、机动车环保定期检验机构委托制度等。

《河北省环境监测管理办法》（河北省人民政府令[2001]20 号）第十条规定："从事机动车尾气检测的机构必须取得省环境保护行政主管部门核发的机动车尾气检测资质证书，并按照资质证书的规定，从事机动车尾气排放的初检、年度检测和监督性抽查活动"。

为规范机动车环保检验合格标志的管理，省环保厅制定了《河北省实行机动车环保检验合格标志分标管理实施方案》。此方案将从 2009 年 9 月 1 日起执行，原环保检验合格标志停止使用，将统一发放新的环保检验合格标志。该省机动车环保检验合格标志分黄色标志和绿色标志两种，由省环保厅按环保部统一标志样式组织印制。在绿、黄标范围界定上，装用点燃式发动机汽车达到国Ⅰ及以上标准的、装用压燃式发动机汽车达到国Ⅲ及以上标准的，核发绿色环保检验合格标志。摩托车和轻便摩托车达到国Ⅲ及以上标准的，核发绿色环保检验合格标志。未达到上述标准的机动车，核发黄色环保检验合格标志。

《河北省城镇面貌三年大变样环保行动计划》（办字[2008]126 号），在重点工作第一款第五条规定："强化机动车尾气污染监管。严格执行机动车尾气检测和合格证制度（绿标制度）"。

为加强奥运会期间进京车辆管理，制定奥运期间进京车辆管制预案，在 11 个设区市设置了进京车辆尾气检测点，对所有进京车辆进行奥运标志管理，严防不达标车辆进京或上路行驶。奥运期间，河北省共监测进京车辆 79 946 辆，发放进京车辆环保标志共计 72 586 个，对不符合进京要求的 7 360 辆车，全部禁止进京行驶。印发《关于上报河北省奥运期间进京车辆环保检测机构名单的函》（冀环控函[2008]140 号），上报环境保护部备案。

国家城考以及河北省城考要求机动车环保定期检测率≥80%，由省级环保部门委托的机动车环保检验机构完成。

2010 年 7 月 1 日起，《邯郸市机动车排气污染防治条例》正式颁布实施，该条例是河北省首个专门针对机动车排气污染防治的地方性法规，为河北省机动车污染防治奠定了法律基础。

车用燃料环保管理，包括以下三方面的内容。

一是推广使用车用乙醇汽油。2004 年初，国家发展和改革委员会、公安部、财政部、商务部、国家税务总局、原国家环境保护总局、国家工商行政管理总局、国家质量监督检验检疫总局等部门联合以发改工业[2004]230 号文件通知的形式，下发了关于《车用乙醇汽油扩大试点方案》和《车用乙醇扩大试点工作的实施细则》。这是目前燃料乙醇推广应用的主要政策依据。

2005 年 2 月，河北省政府下发了关于《河北省车用乙醇汽油推广工作方案》和《河北省车用乙醇汽油推广工作实施细则》的通知。根据国家发展和改革委员会、公安部、财政部、商务部、国家税务总局、原国家环境保护总局、国家工商行政管理总局、国家质量监督检验检疫总局等八部委《关于印发〈车用乙醇汽油扩大试点方案〉和〈车用乙醇汽油扩大试点工作实施细则〉的通知》（发改工业[2004]230 号）的要求，到 2005 年底，在河北省石家庄、保定、邢台、邯郸、沧州、衡水 6 市要基本实现车用乙醇汽油替代其他汽油。

二是车用汽油清洁剂环保管理。2001 年，河北省保定市为减少机动车排气污染，环保、工商、技术监督三部门联合发出通知，要求全市机动车和燃油经营单位推广使用国家环保局认可的燃油清洁剂。

三是组织开展加油站、储油库、油罐车油气污染治理。为做好 2008 年奥运会空气质量保障工作，防治成品油在储、运、销过程中产生的油气污染，按照国务院批复的《第 29 届奥运会北京空气质量保障措施》和省政府办公厅《关于印发〈河北省迎奥运空气质量保障实施方案〉的通知》（办字[2007]123 号），河北省环境保护局对中石化河北石油分公司、中油河北销售分公司、中油冀东销售分公司所属石家庄、唐山、廊坊、保定市及其所辖县级市建成区范围内的加油站、储油库、油罐车排放油气污染下达了《关于对河北省涉奥地区加油站、储油库、油罐车油气污染进行限期治理的通知》（冀环控[2008]37 号）。截至 2008 年 6 月 30 日，列入治理范围的加油站、储油库、油罐车除停产外基本完成油气治理任务。河北省环境保护局对未按期完成治理任务的 2 座加油站和 4 座储油库下达了《关于责令逾期未完成油气治理任务的加油站、储油库停止营业和使用的通知》（冀环控[2008]393 号），使其在 2008 年 9 月 20 日前完成。

组织开展汽车维修行业二氟二氯甲烷（CFC-12）制冷剂回收利用工作：

为保护大气臭氧层，切实履行《关于消耗臭氧层物质的蒙特利尔议定书》和《中国消耗臭氧层物质逐步淘汰国家方案》，经各市推荐，并得到环境保护部批准，石家庄开发区振头乡汽车大修厂等 18 家单位接受利用蒙特利尔议定书多边基金采购的制冷剂回收利用设备。2008 年 7 月 26 日，河北省环境保护局召开二氟二氯甲烷（CFC-12）制冷剂回收再充注设备的分发仪式，18 家接收单位代表和省内有关新闻单位参加了分发仪式。

第三节　城市扬尘污染控制

城市扬尘主要来源于建筑施工扬尘、交通道路扬尘、裸露地面扬尘、堆场扬尘等。扬尘是造成城市颗粒物污染严重的主要原因之一。我国 2000 年 9 月 1 日开始实施的新修订的《大气污染防治法》中新增了防治城市扬尘污染的条款（第 43 条），2001 年 3 月原国家环保总局会同建设部下发了《关于控制城市扬尘污染的指导意见》，要求进一步加强城市扬尘污染控制。

坚持以科学发展观为指导，以“点状监督、量化管理、严格标准、责任考核”为主要管理手段，针对扬尘污染特点，深入开展环境综合整治，有效改善环境空气质量。为防治扬尘污染，进一步改善大气环境质量，河北省建设厅先后下发了《关于加强城市沿街烧烤治理和二次扬尘控制的通知》（冀建城[2000]360 号）和《关于加强奥运期间城市扬尘管理的通知》（冀建城[2008]482 号）。石家庄市政府于 2008 年率先下发了《石家庄市扬尘污染综合整治专项行动方案》（石政办发[2008]110 号）（以下简称“方案”），全市对建筑施工扬尘、拆迁施工扬尘、交通道路扬尘、裸露地面扬尘、堆场扬尘 5 类扬尘污染进行综合整治。

一、报批建设项目先交环评报告

对建筑施工扬尘，“方案”指出：建设单位向建设、规划、土地、工商行政管理等部门办理建设项目审批手续时，应当报送环境影响报告的批准文件或登记证明，否则有关部门不得办理审批手续；遇有 4 级以上大风天气预报或市政府发布空气质量预警时，不得进行土方作业，同时覆网防尘；城区管线工程施工应采用顶管式施工法，不得破损路面；市区二环路内及高新技术产业开发区禁止现场搅拌，水泥、石灰粉等建筑材料存放在库房内或者严密遮盖，沙、石、土方等散体材料须覆盖，场内装卸、搬运物料应遮盖、封闭或洒水，不得凌空抛掷、抛撒。

此外，建设工程施工现场应设置稳固整齐的围挡，围挡高度不低于 1.8 米，其中建筑工程施工现场临主干道围挡高度不低于 4 米。

二、风力 4 级以上停止拆除作业

“风力达 4 级以上时，应停止拆除作业”。对拆迁施工扬尘，“方案”要求机械拆除必须辅以持续加压洒水或喷淋措施，以抑制扬尘飞散；拆除工程完成后，垃圾渣土应在拆除后 3 日内清运完毕，拆除场地应在 5 日内设置硬质围挡，当年不能开工建设的，应采取临时绿化等措施防止扬尘，场地标明临时绿化标牌。

三、市区主干道每天洒水 3 次以上

交通道路扬尘方面，要求对市区及城市周边破损道路及时修补，减轻因路面颠簸造成的物料抛撒和地面扬尘污染；加强城市道路吸扫和冲刷，实施高效清洁的清扫作业方式。采取吸尘、洒水、清扫一体化作业方式，对市政道路定期保洁，市区主干道每天洒水 3 次以上，每周冲洗 1 次，其他街道每天洒水 1 次。

提高道路机械化清扫率，市区二环路以内道路机械化清扫率达到 90%以上。4 级及以上大风天气停止人工清扫作业。运输煤焦、砂石、土方、渣土等易产生扬尘污染物料的车辆，应当使用封闭货箱或者采用其他方式封盖严密，避免在运输过程中因物料遗撒或泄漏而产生扬尘。

四、城市裸露地面全部绿化或硬化

裸露地面扬尘方面，要求对城市裸露地面全部绿化或硬化，对长期未能开发建设的裸地，应按照相关规定进行处理；在实施绿化工程时，应采取围挡等降尘措施，4 级以上大风天气，禁止土地平整、换土、原土过筛等作业，土地平整后，一周内要进行建植工作。土地整理工作已结束，未进行建植工程期间，每天要洒水 1～2 次，如遇 4 级以上大风天气，必须及时洒水防尘或加以覆盖；植树树穴挖出的坑土，要加以整理或拍实；如遇特殊情况无法建植，要加以覆盖，确保不扬尘。学校裸露操场应改为塑胶跑道，操场中央铺设人工草坪或硬化，操场周围采取绿化、硬化措施。

五、堆场物料作业在密闭条件下进行

堆场扬尘方面，要求物料输送和少量的搅拌、粉碎、筛分等作业活动在密闭条件下进行；堆场露天装卸作业时，应采取洒水或喷淋稳定剂

等抑尘措施。对于长期堆放的废弃物（电厂灰、工业粉尘、废渣、矿渣等），可在堆场表面及四周种植植物，通过植物生长来固定废弃物堆，减少风蚀起尘；对于露天堆场的坡面、场坪、路面及货运堆场、采石采矿场所等，可采取覆绿、铺装、硬化、定期喷洒抑尘剂或稳定剂等措施。

第四节　恶臭与挥发性有机气体污染防治

随着人们生活水平和环境意识的提高，影响人类健康的挥发性有机物（VOCs）与恶臭气体问题正逐渐引起关注和重视。日本的公害诉讼中，恶臭污染在七种典型公害（大气污染、水污染、土壤污染、噪声污染、振动污染、地面污染、恶臭污染）中仅次于噪声污染而居于第二位。美国专家指出，对于恶臭不必说哪种有害哪种无害，单单是其存在就构成了公害。异味恶臭污染事件已成为造成环境纠纷的主要原因之一。

目前，河北省的恶臭与 VOCs 气体污染源主要来自于制药行业、化工行业、城市污水处理站以及餐饮业油烟等。以制药行业为例，在化学药物和半合成药物的合成、生物发酵、溶剂的贮存提取运输、溶媒回收、产品提纯干燥及废水处理等过程中会产生各类 VOCs 与恶臭等污染物。其中常含有烃类化合物（芳烃、烷烃、烯烃、苯系物）、含氧有机化合物（醇、酮、有机酸等）、含氮化合物（如胺类、酰胺、吲哚类、吡啶）、含硫化合物（如硫化氢、硫醇类、硫醚类）和卤素及衍生物（如氯气、卤代烃）等，研究监测表明，已发现人们凭嗅觉能感受到的恶臭物质有 4 000 余种。这些 VOCs 与恶臭气体物质不仅给人的感觉器官以刺激，使人感到不愉快和厌恶，并且 VOCs 的成分复杂，大多具有毒性，部分是致癌物，如氯乙烯、苯、多环芳烃、甲醛等。而所含有的有毒有害物质如硫化氢、硫醇类、酚类等可直接危害人体的健康。

河北省省会石家庄市是全国知名的“药都”，拥有各类制药企业200多家。分布在市区周边众多的制药企业是困扰市民恶臭污染的重要来源。《石家庄市大气污染防治条例》（2000年11月27日，以下简称《条例》）。明确规定，向大气排放恶臭气体的制药、化工、橡胶等排污单位，应当采取措施治理恶臭污染；经治理仍不能达到国家排放标准的，由所在地人民政府依照职责责令关闭产生污染的设施。对于日益严重的饭店油烟污染问题，《条例》规定，禁止在石家庄市市区居民住宅楼内新建、改建、扩建产生油烟污染的饮食服务经营项目，已有的由所在地环境保护行政主管部门报同级人民政府责令限期治理；达不到国家标准的，责令停业。对于擅自在居民住宅楼内新建、改建、扩建饮食服务经营项目的，责令限期搬迁，并处两万元以下罚款。

工程实例：

以石家庄维生药业有限公司污水处理中心异味治理及沼气脱硫工程为例。

1. 工程的意义和必要性

石家庄维生药业有限公司所排放的废水，为制药行业典型废水。其有机物含量高，且废水的成分复杂，致使该企业的水解酸化池和调节池均产生大量的恶臭气体，给周围的环境带来污染，给周围居民的身体健康造成危害。厌氧处理产生的沼气含硫浓度较高，对燃烧设备及管道造成严重腐蚀。该治理工程可使恶臭气体及沼气得到有效治理，大大减轻了对环境的污染，为企业树立良好的企业形象，为创造一个蓝天、白云、清水、绿地的生态环境作出自己的贡献。图2-5为污水处理流程过程中产生异味的节点。

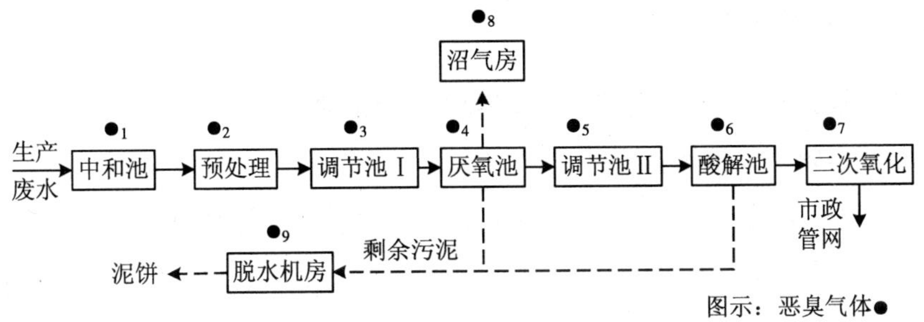

图 2-5　污水处理流程图

2．现场环境监测

2006 年 8 月 18—22 日，通过现场监测，硫化氢主要浓度见表 2-3。

表 2-3　现场监测各点恶臭气体的环境浓度

监测点	恶臭气体	污染物含量/（mg/m^3）
办公楼前	硫化氢	20
厌氧池	硫化氢	300
水解酸化	硫化氢	100
预处理	硫化氢	50
二次氧化池	硫化氢	230
调节池Ⅰ	硫化氢	110
调节池Ⅱ	硫化氢	230
带滤机房	硫化氢	110

注：硫化氢厂界浓度（二级现有）：0.10 mg/m^3。

由表 2-3 可见，水处理中心场区周围环境中硫化氢浓度均已超过相关标准，污染较为严重，更体现出该工程的必要性。

3. 设计参数

设计气量 = 密闭空间气体容积×换气次数；

密闭空间气体容积：7 005 米^3；

换气次数：3 次/时（密闭设备要求有良好的密闭性）；

设计气量：7 005×3=21 015 米^3/时，设计中按 2.2×10^4 米^3/时计算；

设计浓度：1 000 毫克/米^3。

4. 设计目标

恶臭气体经净化处理后，最终出口处硫化氢和臭气等主要污染物达到《恶臭污染物排放标准》（GB 14554—93）中表 1 的恶臭污染物厂界二级标准值，表 2 恶臭污染物排放标准作为控制目标，即：

H_2S 厂界浓度：0.10 毫克/米^3；

H_2S 排放量（排气筒高度 25 米）：0.9 千克/时；

H_2S 排放浓度：20 毫克/米^3。

5. 工艺流程简介

结合该厂恶臭气体中主要成分为硫化氢，且硫化氢含量高的特点，采用“生物碱洗+干法吸附”的二级净化处理工艺。

（1）生物碱洗塔：

在该设计中，气体为空气和恶臭气体的混合气，菌种以好氧菌属较多。池壁上会有少量硫粒析出，生物脱硫过程中自养型硫杆菌属中的排硫杆菌及那不勒硫杆菌占多数，另外有部分兼性自养和异养菌来降解流动水中的葡萄糖。脱硫菌的适宜温度范围为 5～45℃。

碱洗的主要原理是利用碱液与气体中的 H_2S 进行反应使气体得以净化，吸收液可用 NaOH、$NaCO_3$ 或废碱液，吸收后废液可返回好氧水处理系统，在该系统内，硫化钠将被氧化成硫酸盐形式排出。

碱液吸收塔运行参数：

2 个生物碱洗塔碱液循环总量 100 米^3/时，单塔喷淋密度 13 米^3/（米^2·时），消耗 NaOH 为 677.6 千克/天，折合 30%NaOH 溶液为 2 258 千克/天。

运行控制参数，当 pH 下降到 9 时（约 2 小时），先从循环池排废吸收液 225 千克至好氧水处理系统，再向循环池加 30%NaOH 溶液 225 千克，使 pH 升高至 13。

（2）吸附塔：

吸附塔进一步对恶臭气体进行净化，以保证出口处气体能稳定地达标排放。该装置在流程中起关键性作用。结合该厂恶臭气体特点（恶臭成分主要为硫化氢），吸附塔中的吸附剂选用 SW 型高效除臭剂。该除臭剂是一种新型高效气体净化剂，主要活性组分为水合氧化铁，其具有较大的比表面积，且可与恶臭气体中硫化氢发生反应。SW 型高效除臭剂脱硫、再生原理如下：

脱硫：$Fe_2O_3 \cdot H_2O + 3H_2S = Fe_2S_3 \cdot H_2O + 3H_2O$

再生：$2Fe_2S_3 \cdot H_2O + 3O_2 = 2Fe_2O_3 \cdot H_2O + 6S$

若气体中的氧分子数与硫化氢的分子数之比适宜时，上述脱硫、再生反应可部分实现连续再生。SW 型高效除臭剂性状见表 2-4。

表 2-4　SW 型高效除臭剂性状

	条状	粉末状
外形	ϕ5×（6～15）mm 黄色、褐红色条状固体	黄色、褐红色粉末状固体
堆密度	700～800 kg/m^3	1 000～1 200 kg/m^3
孔隙率	30%～50%	40%～60%
pH	8～10	8～10
单位压损	≤100 Pa/m	1 200～1 300 Pa/m
累计工作硫容	≥30%	≥40%

SW 型高效除臭剂操作、使用条件：

空速：常压下 150～350/时，空速的选择，根据气体中 H_2S 含量、压力以及净化后 H_2S 的允许含量而定，若含量高，操作压力低，则空速低些；反之空速则大些；

线速度：0.1～0.3 米/秒（空塔）；

温度：以 20～40℃为宜；

除臭剂水分：以 10%为宜，利于气体中 H_2S 向除臭剂表面扩散；

pH：除臭剂的活性和 pH 有关，本产品 pH 为 8～10，一般在使用过程中不必加碱。若处理酸性气体含量大的气体时，要在除臭剂再生 2 次后，适当喷洒氨水和碱液以保证 pH 在 8 以上；

装填高度：床层高度一般以<1 米为宜。

（3）脱水器：

脱水器的原理是利用气体输送中弯头部位产生的离心力将气体中的液滴去除，目的是将碱洗生物塔出口气中的水分脱除，以保证吸附塔的正常操作。

6. 处理效果

恶臭气体处理装置各单元处理效果如表 2-5 所示。

表 2-5 恶臭气体处理装置各单元处理效果

主要处理工段	总进口	生物碱洗塔	吸附塔	总出口
进气浓度/（mg/m^3）	1 000	1 000	200	—
出气浓度/（mg/m^3）	—	200	20	20
去除率/%	—	80	90	98

废气处理工程建成后，恶臭气体处理能力为 22 000 米^3/时，处理后满足《恶臭污染物排放标准》（GB 14554—93），日去除恶臭气体为 517 千克/天，具有明显的环境效益。该工程实施后，可使石家庄维生药业有

限公司恶臭气体污染得到彻底解决，同时改善了周围居民的环境质量，极大提升了石家庄维生药业有限公司的社会形象，为石家庄维生药业有限公司的发展打下了良好的基础。

7．沼气排空燃烧系统

（1）沼气燃烧系统：

污水厌氧池产生沼气主要由 CH_4 和 H_2S 等组分组成，直接对空排放，甲烷的温室气体效应是二氧化碳的 21 倍，造成了大气的二次污染。目前只有沼气燃气锅炉，但仍有约 500～800 米^3/时的沼气需要放空排放。建议配置气体放散燃烧装置，将不能利用的沼气进行燃烧排放、无害化处理。

（2）工艺参数：

最大放散量：1 000 米^3/时（标准状况下）；现场温度：–30～50℃。

第五节　大气综合性污染防治

近年来，河北省紧紧围绕改善大气环境质量这一目标，以创建环保模范城市为抓手，积极实施城市大气环境综合整治，主要从以下几个方面着手进行大气综合性污染防治。

一、制定出切实可行的城市环境质量达标实施方案

认真组织城市大气环境容量测算工作，在摸清污染底数和污染症结的基础上，研究制定城市大气环境质量限期达标实施方案，确定合理的改善目标和分阶段目标，提出确保达标的具体措施和重点治理项目。石家庄于 2008 年制定完成了《石家庄市空气环境质量达标工作方案》（石政办发[2008]109 号）。

二、改善能源结构，大力推广清洁能源

研究制定煤炭加工、销售和使用的具体管理办法，明确管制的范围、标准和惩罚措施，大力推广使用低硫分、低灰分的优质煤。按照《中华人民共和国大气污染防治法》的规定，在城市区域内组织划定禁止销售、使用国家规定的高污染燃料的禁燃区，禁燃区内的所有单位和个人要限期停止销售和燃用高污染燃料。加快推广使用天然气等清洁能源，提高清洁能源的消费比例。结合本地实际，制定鼓励使用清洁能源的优惠政策，推动能源结构的调整，减少煤炭消耗总量，降低城市燃煤污染。

三、大力发展集中供热

提高集中供热率和覆盖面，逐步淘汰分散取暖燃煤锅炉。在现有集中供热能够覆盖的范围内，原有的燃煤供热锅炉如没有特殊原因必须拆除，新建燃煤供热锅炉一律不再批准。要合理布置集中供热站点，集中供热设施必须按照环保要求达标排放。

四、加快城市二氧化硫污染治理

凡位于城市建成区内的二氧化硫排放大户，特别是热电企业，要在2005年底前完成烟气脱硫治理任务。划为二氧化硫控制区的城市，要严格按照《河北省两控区二氧化硫污染防治实施计划》要求，按时完成脱硫项目，确保2005年全省两控区内二氧化硫排放量比2000年减少20%，城市空气二氧化硫浓度达到国家二级标准。

五、全面提升城市管理水平

结合实际，组织制定防治各类扬尘污染的环境管理规定，明确管理标准及惩戒措施，做到有章可循，有法可依。建设行政主管部门要加强

现场执法，对城区内的各类建筑工地进行不定期巡查，发现未达到环保要求的工地，应责令其停工整顿；对扬尘污染严重、治理措施不力的施工单位取消其在城区的施工资格。各市要普遍推广使用道路机械化清扫，逐步减少手工清扫。道路及两侧裸露地面要实施硬化、绿化和美化。进入城区的所有易撒尘的运输车辆，要全部遮盖，实行封闭运输。位于市区的煤场、矿场、料堆、灰堆要采取严格的抑制扬尘措施，做到密闭、半密闭堆放或喷洒覆盖剂。城市垃圾要做到及时清运，逐步实施无害化集中处置，严禁乱堆乱放。

六、切实重视机动车尾气污染防治工作

逐步建立机动车尾气年检、抽测机制，提高机动车尾气检测能力和手段，加大对尾气排放不合格车辆的治理力度。对不合格车辆实施强制报废，环保不达标车辆禁止上路行驶。积极推行双燃料汽车，加快双燃料汽车的改装步伐，并配套建设机动车加气站。要科学合理地疏导交通，减少交通堵塞，减轻汽车尾气污染。2005 年底前，各市机动车尾气年检率和抽测合格率要分别达到 90%和 80%以上。

七、优化调整城市布局

将城市布局的优化调整作为防治大气污染的一项重要手段，按照建设生态型人居城市的要求，扩展城市环境空间，增加城市环境容量，重新审视和完善城市总体规划。通过调整产业结构，优化工业布局，实施“退二进三”，实现城市功能的合理定位。加快城市生态环境建设，实施城市“大环境绿化”，大力推进城郊及城区周边绿化，构建绿色生态屏障。各市要因地制宜，增加城市水面和生态廊道，改善城市大气逆温，畅通城市风道，提高大气环境自净能力和环境承载力，增加城市的环境容量。

八、加大环境执法力度

对位于城市建成区的重点大气污染源，实行污染物排放总量控制措施，在确保大气污染物浓度达标的基础上，核定排污总量，逐家提出限期削减要求。重点污染企业，环保部门要派驻督导员，加强经常性检查和随机暗访抽查，对故意闲置治污设备、偷排偷放的，要从重处罚。对到期没有完成污染治理任务的企业，实行环保“一票否决”，不允许授予企业和企业主要负责人荣誉称号，停止其所有建设项目的环保审批。不断强化环保部门执法能力建设，扩大高科技在环境管理中的应用，加快环境自动监控网络建设，实现对污染源全方位、全天候、自动化监控，提高对违法排污行为的快速查处能力。

九、加强部门间的协调与合作

各级各有关部门要按照职责分工，各司其职，通力协作，积极推动城市大气污染防治工作。发展改革部门要鼓励支持城市产业结构和能源结构调整（包括天然气使用、集中供热等）、企业技术升级改造及清洁生产，认真研究“退二进三”的相关政策，用经济和市场手段引导污染企业搬出市区；财政部门要在专项资金使用上，对城市大气污染防治项目特别是环境监测、执法能力建设等给予重点支持；城市建设部门要制定相关管理制度和规定，加强城市各项施工扬尘的监督管理，依法全面整治市容市貌；公安部门要继续加强对机动车尾气污染的监督管理，提高机动车尾气达标率；科技管理部门要围绕城市大气污染综合治理工作，积极组织相关科学技术研究和技术指导；环保部门是各级政府对大气环境实行统一监督管理的部门，要充分发挥综合协调和执法监督作用，及时掌握城市大气环境限期达标方案的落实情况和工作进度，及时向同级政府报告，并定期向社会公布。

十、严格实行目标责任制

各市政府要对本辖区大气环境质量、目标任务负总责，将任务和目标分解到具体责任单位，定期检查和调度，定期发布治理进度。各市每半年对大气污染综合治理工作进展情况进行自查，并将结果报省环保厅。省环保厅定期发布工作简报，公布各市工作进度，沟通信息，并按照国家开展城市环境综合整治定量考核的要求，每年向社会公布各市空气综合污染指数排名和大气污染综合治理情况。同时，将各市目标任务完成情况作为省政府下达给各市年度环保工作目标的首要内容予以重点考核。

河北省以保障北京奥运空气质量为契机，按照“四调整五治理”的思路，积极推进城市规划、产业结构、能源结构、生态功能调整，大力治理燃煤烟尘、工业粉尘、施工扬尘、机动车尾气、餐饮业油烟污染，组织开展“拔除烟囱、净化蓝天”活动，大力推进全省城镇面貌三年大变样工作。省政府办公厅印发的《城镇面貌三年大变样环保行动计划》（冀政办[2008]126 号）明确了城市环境质量改善的目标任务，对煤炭管制、集中供热、建筑扬尘和机动车尾气污染治理、环境基础设施建设作出了详细安排，特别是对城市建成区内的重点污染企业搬迁提出了强制要求，为进一步深化城市环境综合整治工作提供了政策依据。

1．目标

城市空气质量达到国家环境空气质量二级标准。其中，二氧化硫浓度年平均值≤0.06 毫克/米^3，二氧化氮浓度年平均值≤0.08 毫克/米^3，可吸入颗粒物浓度年平均值≤0.10 毫克/米^3；灰尘自然沉降量≤19 吨/（千米^2 • 月），达到灰尘自然沉降量环境质量二级标准；全年达到和好于二级的天数达到 310 天。

2. 重点工作

（1）全面落实《河北省烟气排放设施综合治理攻坚行动方案》。对逾期未完成的目标任务，逐项制定实施计划时间表，限期 2008 年底前完成。凡未按规定完成烟囱整治任务的，一律停产治理或停止使用，并对项目单位和相关责任人公开曝光。

（2）严格煤炭管制。到 2009 年底，设区城市清洁能源使用率不低于 30%，建成区内居民炊事、餐饮服务业炉灶及机关和企事业炊事炉灶禁止燃用原煤，全部改用清洁燃料。到 2010 年底，所有县级城市城区内居民炊事、餐饮服务业炉灶以及机关和企事业炊事炉灶禁止燃用原煤，推广使用电、天然气、煤气、液化石油气等清洁能源或固硫型煤。

（3）大力发展集中供热。各设市城市集中供热管网覆盖范围内，取缔分散燃煤供热锅炉。到 2010 年，石家庄、保定、秦皇岛、唐山、邯郸等 5 个大气污染防治重点城市的集中供热率达到 75%以上，其他设区城市集中供热率不低于 60%，县级城市集中供热率不低于 35%。

（4）加强建筑道路扬尘污染管理。各地要制订并落实《扬尘污染防治工作实施方案》，明确职能部门、责任单位、管理标准及惩戒措施。普遍推广使用道路机械化清扫，逐步减少手工清扫，对道路及两侧裸露地面实施硬化、绿化和美化。进入城区的运输车辆全部实行封闭运输。市区的煤场、矿场、料堆、灰堆，必须采取严格的抑制扬尘措施。

（5）强化机动车尾气污染监管。严格执行机动车尾气检测和合格证制度（绿标制度）。对不达标车辆限期治理，禁止无机动车尾气合格证车辆上路行驶，建立报废车辆管理档案。积极推行双燃料汽车，加快燃气机动车改装步伐，并配套建设机动车加气站。积极开展“每周少开一天车”活动，减少机动车尾气污染物排放。

3. 计划实施情况及取得的成效

按照省政府办公厅印发的《河北省烟气排放设施综合治理攻坚行动方案》，全省组织了烟气排放设施污染治理攻坚战役，深入实施“拔除烟囱，净化蓝天”活动。2008 年 6 月底前完成第一阶段攻坚任务，全省共拆除废弃烟囱 2 177 根，超计划 87.7%，治理不达标烟囱 3 590 根，超计划 13.7%。通过深入开展了工业粉尘、锅炉烟尘、建筑施工扬尘和机动车尾气治理等一系列大气污染防治措施，城市空气环境质量得到明显改善。

2008 年，河北省把奥运会空气质量保障作为污染防治工作的重中之重，围绕落实《河北省迎奥运空气质量保障实施方案》，健全机制，严明责任，增加投入，突出重点污染物的预防和治理，加快重点治污项目建设，共完成烟气脱硫和大气治理项目 41 个，淘汰焦炉、高炉、转炉、电炉、机立窑、回转窑等 219 座和小火电机组 21 台，关停限产企业（群）42 个。省环保厅组织 7 个奥运专项督导组，采取常驻分包方式，对 7 个涉奥城市实施专项督导，有力推动了全省环境空气质量的改善，为圆满实现“绿色奥运”、“平安奥运”的目标作出贡献。

2009 年，河北省全面落实城市环境空气质量达标计划和总量削减责任书要求，加快市区内重污染企业搬迁步伐，推动城市能源清洁化。认真实施《城镇面貌三年大变样环保行动计划》，深入开展城市环境综合整治，深化“拔除烟囱、净化蓝天”活动，开展烟气排放设施综合治理工作，推进城镇建成区集中供热范围内分散的燃煤供热锅炉取缔拆除工作，各设区市取缔改造燃煤锅炉 1 697 台。优化能源结构，严格煤炭管制，推广使用清洁能源。推行了机动车环保标准分标管理，组织了县级城市“城考”监测点位认证和变更工作，完成了城市中心区 44 家重污染企业改造搬迁、278 项污染减排项目建设、56 项基础设施项目建设任务，推动了空气环境质量的改善。指导了承德、迁安、霸州、三河等市开展创建国家级、省级环保模范城工作。

第六节 酸雨控制

我国于 1972 年开始了对酸雨的监测。为了进一步准确及时地了解我国酸雨污染现状和发展趋势，确定我国酸雨污染的主要成分和特征，为控制酸雨污染提供依据，1982 年对酸雨进行全国性的普查。按照国家的通知要求，河北省于 1982 年开始开展本省的酸雨普查。全省酸雨的监测结果于 2003 年首次出现在河北省环境状况公报中。2006 年 3 月 12 日，河北省气象科学研究所大气成分研究室首次发布了当年的酸雨监测年报。历年的监测数据显示，河北省出现酸雨的城市数量、酸雨频率以及酸雨的强度均有所增加。

国务院于 1998 年 1 月批复了《酸雨控制区和二氧化硫污染控制区划分方案》（国函[1998]5 号），按照方案的要求，2003 年 5 月，河北省环保局制定了《河北省两控区二氧化硫污染防治实施计划》，明确提出：到 2005 年，全省两控区二氧化硫排放量比 2000 年减少 20%，不出现酸雨现象，8 个设区城市和 14 个县级城市空气二氧化硫浓度年均值达到国家环境空气质量二级标准。为顺利实现目标，计划中明确了地方政府责任并将指标任务分解到地区、单位和企业。

围绕《国家酸雨和二氧化硫污染防治“十一五”规划》，河北省政府制定了落实国家规划的具体实施和办法（冀环控[2008]221 号）。一是结合二氧化硫排放总量控制目标，围绕规划所列的重点任务，积极实施工业二氧化硫治理工程，加大产业结构调整力度，控制燃煤燃料含硫量，大力发展集中供热，淘汰高耗能高污染燃煤锅炉，减少二氧化硫的排放，控制氮氧化物的增长趋势，确保到 2010 年全省二氧化硫排放总量比 2005 年减少 15%，控制在 127.1 万吨以内，其中火电行业二氧化硫排放量控制在 48.1 万吨。二是将重点工程项目列入政府、部门工作计划，认真抓好污染治理项目的建设和小火电机组的关停工作。各级环保污染治理补助资金优先支持列入规划的污染治理项目。对到期完不成污染治理任务，二氧化硫超过排放总量指标或国家、省排放标准的，国家环境保护部门暂停企业排污许可证的审批和增加污染物的新建项目审批。三是河北省环境保护局和省发改委将于每年第一季度调查上年度重点项目的完成情况，并将污染治理项目和关停小火电机组完成率列入各市环保目标考核和经济社会发展考核。对规划执行进度落后，不能按时完成二氧化硫总量控制任务的地区进行通报并实行“区域限批”，暂停区域增加二氧化硫排放量的新建项目审批。四是加强燃煤电厂二氧化硫污染防治，超过国家和省二氧化硫排放标准或总量控制要求的现役燃煤发电机组，必须在 2009 年以前安装烟气脱硫设施或采取其他减排措施，安装大气污染物排放连续监测系统并与国家环境保护部门联网。从 2008 年下半年开始，二氧化硫排污费征收标准由每千克 0.63 元提高到每千克 1.26 元。河北省列入《国家酸雨和二氧化硫污染防治“十一五”规划》现役燃煤发电机组烟气脱硫重点项目共 45 个。截至 2008 年底，要求 2007 年、2008 年应完成的 30 个燃煤发电机组烟气脱硫重点项目，已完成 24 个，6 个项目实施了关停。2009 年底前需完成的 9 个项目，6 个已提前完成，1 个已关停，2 个在建。2010 年底前需完成的 6 个项目，4 个提前完成，2 个在建。列入规划的“十五”结转现役燃煤发电机组烟气脱硫重点项目共 6 个，目前已全部完成，完成比率为 100%。列入规划的“十一五”关停小火电机组共 95 个，目前已关停 78 个，未关停 17 个，关停比率为 82.1%。

第三章　水污染防治

水环境污染是河北省的突出环境问题。近年来，河北省先后实施了海河流域水污染防治计划、渤海碧海行动计划、饮用水水源地保护与治理计划。先后制定了《河北省海河流域水污染防治“十一五”计划》、《河北省环境保护“十一五”规划》、《河北省“十一五”主要污染物总量削减目标责任书》、《河北省饮用水水源地环境保护规划》和《河北省地下水污染防治规划》。2008 年，在省政府印发《河北省子牙河水系水污染综合治理实施意见》的基础上，省政府办公厅又印发了《河北省子牙河水系水污染综合治理实施方案》，规划了一批综合治理项目。2008 年底印发了《河北省城市集中式饮用水水源地环境保护规划（2008—2020 年）》和《河北省城市集中式饮用水水源保护区划分》，2009 年出台了《河北省城市污水处理费征收管理办法》。为加大环保挂牌督办力度，河北省环境保护厅出台了《环境保护挂牌督办和区域限批试行办法》。河北全省 2005—2009 年废水和主要污染物排放量见表 3-1。

从表 3-1 可以看出，2009 年全省废水排放量为 24.50 亿吨，较 2008 年增加了 4.39%，其中工业废水 10.97 亿吨，较 2008 年减少了 9.5%，占废水排放总量的 44.77%。废水中化学需氧量（COD）排放总量为 57.01 万吨，较 2008 年下降了 5.74%，其中工业废水中 COD 排放量为 20.04 万吨，较 2008 年下降了 19.42%，工业 COD 占总量的 35.15%；生活污水中 COD 排放量为 36.97 万吨，较 2008 年上升了 3.82%。全省污水处理总量 693 万米^3/天，再生水利用总量 288.8 万米^3/天。

表 3-1 河北省 2005—2009 年废水和主要污染物排放量

	废水排放量/亿 t			COD 排放量/万 t			氨氮排放量/万 t		
	合计	工业	生活	合计	工业	生活	合计	工业	生活
2005 年	20.85	12.45	8.40	66.06	38.93	27.14	—	—	—
增减率	6.62%	4.66%	9.40%	4.12%	–7.99%	21.44%	—	—	—
2006 年	22.23	13.03	9.19	68.78	35.82	32.96	6.78	3.18	3.60
增减率	0.27%	–5.22%	8.16%	–2.97%	–8.35%	2.88%	–10.77%	–25.79%	2.50%
2007 年	22.29	12.35	9.94	66.74	32.83	33.91	6.05	2.36	3.69
增减率	5.29%	–1.86%	14.19%	–9.38%	–24.25%	5.01%	–7.77%	–26.27%	4.07%
2008 年	23.47	12.12	11.35	60.48	24.87	35.61	5.58	1.74	3.84
增减率	4.39%	–9.50%	19.21%	–5.74%	–19.42%	3.82%	—	—	—
2009 年	24.50	10.97	13.53	57.01	20.04	36.97	—	—	—

第一节 饮用水水源保护

河北省环保局依据 2007 年 2 月 1 日原国家环保总局颁布实施的《饮用水水源保护区划分技术规范》(HJ/T 338—2007)，对河北省 11 个设区市、22 个县级市的饮用水水源保护区重新修改、核定。全省 88 个城市集中式饮用水水源地全部划分保护区，并设立饮用水水源保护区边界地理界标和警示标志。其中，饮用水水源一级保护区为 1 036.80 千米^2，二级保护区 3 266.94 千米^2，准保护区 6 545.04 千米^2，保护区总面积为 10 848.78 千米^2，占全省地表总面积的 5.78%。河北省各行政区饮用水水源保护区统计情况见表 3-2。

表 3-2　河北省饮用水水源保护区统计表

行政区	数量/个	水源地名称	其中地表水水源地
邯郸	5	岳城水库水源地、滏阳河水源地、羊角铺水源地、武安市四里岩水库水源地、杜家庄鼓山井群水源地	岳城水库、四里岩水库
邢台	7	紫金泉水厂水源地、韩演庄水厂水源地、董村水厂水源地、朱庄水库水源地；南宫市地下水水源地、群英水库水源地；沙河市地下水水源地	朱庄水库、群英水库
石家庄	12	岗南水库水源地、黄壁庄水库水源地、滹沱河地下水水源地、磁河地下水水源地、沙河地下水水源地；新乐市一水厂水源地、新乐市二水厂水源地；藁城市地下水水源地；晋州市地下水水源地；鹿泉市地下水水源地；辛集市地下水水源地、北水厂一期工程水源地	岗南水库、黄壁庄水库
衡水	4	衡水湖水源地、地下水水源地；冀州市地下水水源地；深州市地下水水源地	衡水湖
沧州	5	大浪淀水库水源地、泊头市地下水水源地；任丘市石家营水源地、冀中水厂水源地；河间市地下水水源地	大浪淀水库
保定	8	一亩泉地下水水源地、西大洋水库水源地、王快水库水源地；涿州市城区水源地、泗各庄水源地；定州市燕家佐水源地；安国市地下水水源地；高碑店地下水水源地	西大洋水库、王快水库
廊坊	7	新水源地、城区水源地、经济技术开发区水源地；霸州市城区现有水源地、南孟水源地；三河市泃河湾水源地、李秉全水源地	
唐山	22	陡河水库水源地、北郊水源地、荆各庄水源地、龙王庙水源地、大洪桥水源地、开平水源地、新区第一水源地、丰润区第一水源地、新区第二水源地、丰润区第二水源地、西郊水源地、大张刘水源地、巍峰山水源地、南沙河水源地、海子沿水源地、丰南区第一水源地、刘家挡水源地；遵化市教厂水源地、堡子店水源地、上关水库水源地；迁安市第一水厂水源地、第二水厂水源地	陡河水库、上关水库

行政区	数量/个	水源地名称	其中地表水水源地
秦皇岛	3	桃林口水库水源地、洋河水库水源地、石河水库水源地	桃林口水库、洋河水库、石河水库
承德	10	承德市一水厂水源地、二水厂（一期、二期）水源地、三水厂水源地、四水厂水源地、五水厂水源地、大龙庙水源地、城建水源地、董庄水源地、马圈水源地、老厂子水源地	
张家口	5	元宝山水源地、腰站堡水源地、陶北营水源地、孤石水源地、吉家房水源地	
全省	88		

通过以上饮用水水源保护区的划分可知，在 88 个保护区中有 15 处是地表水饮用水水源保护区。分别涉及全省的邯郸、邢台、石家庄、沧州、衡水、保定、唐山、秦皇岛等八个行政区。根据河北省环保局关于地表水饮用水水源区划分通知精神，各级环境保护行政部门会同同级水利、国土资源、卫生、建设等部门共同提出本级政府的饮用水水源一、二级保护区及准保护区划分方案。因此，在这些区域内进行一系列的水资源管理中，应按照参照保护区划定的范围进行，充分发挥水行政主管部门的职责，切实管理和保护好全省的饮用水水源地。目前已基本完成了依法关闭饮用水水源一级保护区内农业企业排污口工作。全省 14 座集中式饮用水水源地（岗南水库、黄壁庄水库、陡河水库、邱庄水库、石河水库、洋河水库、朱庄水库、临城水库、岳城水库、安格庄水库、东武仕水库、王快水库、龙门水库、西大洋水库）水质稳定达标。饮用水水源地水质呈好转趋势，水源地水质达标率由 2005 年的 46%上升为 2007 年、2008 年的 69%，尤其以 2009 年水质改善更为明显、达标率为 92%。2004—2009 年饮用水水源地水质类别统计见表 3-3。

表 3-3　2004—2009 年饮用水水源地水质类别统计表

序号	水源地名称	考核城市	2004	2005	2006	2007	2008	2009	2010 目标水质
1	岗南	石家庄	Ⅱ	Ⅱ	Ⅱ	Ⅱ	Ⅱ	Ⅱ	Ⅱ
2	黄壁庄	石家庄	Ⅱ	Ⅲ	Ⅱ	Ⅲ	Ⅱ	Ⅱ	Ⅱ
3	石河	秦皇岛	Ⅱ	Ⅲ	Ⅱ	Ⅱ	Ⅲ	Ⅱ	Ⅱ
4	洋河	秦皇岛	Ⅲ	Ⅲ	Ⅲ	Ⅲ	Ⅲ	Ⅱ	Ⅱ
5	桃林口	秦皇岛	Ⅲ	Ⅱ	Ⅲ	Ⅱ	Ⅱ	Ⅰ	Ⅱ
6	陡河	唐山	Ⅲ	Ⅲ	Ⅲ	Ⅱ	Ⅲ	Ⅱ	Ⅱ
7	大黑汀	承德	Ⅱ	Ⅱ	Ⅱ	Ⅱ	Ⅱ	Ⅱ	Ⅱ
8	西大洋	保定	Ⅱ	Ⅲ	Ⅲ	Ⅲ	Ⅱ	Ⅱ	Ⅱ
9	衡水湖	衡水	Ⅴ	＞Ⅴ	Ⅳ	Ⅴ	Ⅴ	Ⅳ	Ⅱ
10	朱庄	邢台	Ⅰ	Ⅱ	Ⅱ	Ⅰ	Ⅰ	Ⅰ	Ⅱ
11	岳城	邯郸	Ⅱ	Ⅱ	Ⅱ	Ⅱ	Ⅱ	Ⅱ	Ⅱ
12	东武仕	邯郸	Ⅲ	Ⅲ	Ⅲ	Ⅲ	Ⅱ	Ⅲ	Ⅲ
13	大浪淀	沧州	Ⅲ	Ⅲ	Ⅲ	Ⅱ	Ⅱ	Ⅱ	Ⅱ
达标率/%			62	46	54	69	69	92	

这些水源地中，水质最好且水质较稳定的水源地主要有岗南、大黑汀、朱庄、岳城水库，水质稳定达到Ⅱ类水质目标；黄壁庄、石河、洋河、桃林口、陡河、西大洋、东武仕及大浪淀水库水质有所波动，水质为Ⅱ、Ⅲ类；水质最差的为衡水湖，6 年来从未达标，但 2009 年水质有所改善，由 2007 年、2008 年的Ⅴ类水质变为 2009 年的Ⅳ类水质。

河北省高度重视饮用水水源地环境保护工作，将保障饮水安全列为省政府“民心工程”的首要任务，并作为全省环保工作的重中之重。多年来，在河北省委、省政府的正确领导下，全省各级环境保护部门围绕改善饮用水水质，提高水源地环境监管能力，建立健全饮用水水源地保护工作机制，加大取缔饮用水水源保护区排污口力度，加强饮用水水源地水质监测等做了大量工作，取得了一定的成效。饮用水水源地水质总体上呈好转趋势，达标率由 46%上升为 92%，说明取缔饮用水水源地一、二级保护区内的入河排污口成效显著。特别是“十一五”以来，按照国家饮用水水源地保护“分四步走”（即分阶段开展城市、城镇、乡镇、村镇饮用水保护）的要求，结合河北省实际，先后开展了全省城市集中式饮用水水源地基础情况调查评价、饮用水水源保护区核定与划分、城镇饮用水水源地基础情况调查及评估等工作。并经省政府同意，于 2008 年底印发了《河北省城市集中式饮用水水源地环境保护规划（2008—2020 年）》和《河北省城市集中式饮用水水源保护区划分》，从而为全省饮用水水源地环境保护提供了有效技术支撑，为后续相关工作奠定了坚实基础。明确规定了水源地污染治理措施、时间及责任单位。2009 年 9 月下旬，河北省与河南省联合制定了《关于取缔岳城水库水源地保护区内污染项目实施方案》，集中 1 个月的时间，强制拆除所有从事旅游、游泳、垂钓、网箱养鱼等污染饮用水水源地的项目。同时，对全省饮用水水源保护区整治落实情况进行了后督察，先后取缔关闭一、二级保护区内排污口及违法建设项目 94 个，大部分水源地设置了护栏、围网等防护工程，对所辖山区、水域进行全封闭管理。目前，饮用水水源保护区环境督查措施得到有效落实。

第二节　地下水污染防治

河北省国土面积 187 693 千米^2，山地、平原面积分别占全省总面积的 61%和 39%。受地形地貌、水文气象、地质及水文地质条件的综合影响，地下水资源区域分布差别较大，山区地下水分布自北向南逐渐增加，地下水资源模数在 5 万～10 万米^3/（年・千米^2）。西北及燕山腹地发育着众多盆地，储存有较丰富的地下水，水资源模数在 10 万～20 万米^3/（年・千米^2）。坝上地区因降水少，含水层薄，模数一般小于 5 万米^3/（年・千米^2）。平原区地下水含水层较厚，是全省最重要的水源地，平原区地下水藏于第四系松散沉积物孔隙含水层组中，由西向东可分为山前全淡水区和中东部有咸水区。全淡水区地下水主要接受大气降水和地表水体的补给，其次是山区河床潜水和基岩裂隙水及山前边缘地带第四系下伏碳酸盐类岩溶裂隙水补给，地下水模数在 15 万～25 万米^3/（年·千米^2），中部平原区模数在 10 万～15 万米^3/（年·千米^2）；东部平原及滨海平原区分布着大面积咸水；承压性深层水分部在其下部，储存于第三、四含水组，区域面积 4 万千米^2。浅层地下水主要的补给源为大气降水和地表水体，主要的排泄方式为人工开采、河道排泄、潜水蒸发等；深层水的补给来源为上游侧向径流补给及垂向越流补给，排泄方式为人工开采和向下游的侧向流出。深层地下水补给源远、径流缓慢，属限制开采性资源。

一、开发利用现状

河北省开发利用地下水历史悠久，考古发现 4 000 多年前原始社会就有陶圈沉井技术。新中国成立 60 余年来，河北省地下水开发利用历史经历了初级阶段（新中国成立初期）、发展阶段（20 世纪 50 年代末至 60 年代末）、大力发展阶段（20 世纪 70 年代）和地下水超采阶段（20 世纪 80 年代至今）。地下水资源开采量由 20 世纪 50 年代的 28 亿米^3，增加到现在的 160 亿米^3。据河北省水资源评价，全省多年平均地下水资源量为 130 亿米^3，占全省水资源总量的 64%。地下水可开采利用量仅为 105 亿米^3，近年来，每年实际开采地下水 160 亿米^3。2005 年，全省机井数量 92 万眼，地下水开采总量 163 亿米^3，其中浅层水开采量 121 亿米^3（含微咸水 2.69 亿米^3），深层水开采量 42 亿米^3。从利用角度看，农村用水量 123 亿米^3、城镇工业用水量 26 亿米^3、城镇生活 14 亿米^3，分别占地下水总供水量的 76%、16%、8%。随着经济社会发展，用水需求不断增加，机井越打越多、越打越深，超量开采地下水日益突出。2001 年以来，平均每年超采地下水 50 亿米^3，浅层地下水超采面积为 3 万千米^2，深层地下水超采面积 4 万千米^2。河北省机电井总数占全国的 23.8%，地下水开采量占全国的 16%，是全国地下水开发利用程度最高、开采量最大、超采最严重、诱发环境问题最多的省份。

河北省 11 个设区市共设各类监测井 154 眼。监测结果表明：邢台市、廊坊市、衡水市水质良好；石家庄市、唐山市、秦皇岛市、保定市、张家口市、沧州市（浅水）水质较差；承德市、邯郸市因地质因素，总硬度超标；沧州市（深水）因地质因素，氟化物超标，水质极差。河北省主要超标的监测指标为总硬度、硫酸盐、氟化物、氨氮。

根据全省地下水资源评价成果，河北省地下水天然补给资源总量为 170.26×10^8 米^3/年。按矿化度划分，小于 1 克/升的淡水天然补给资源量为 131.60×10^8 米^3/年，1～31 克/升的微咸水天然补给资源量为 31.98×10^8 米^3/年，31～51 克/升的半咸水天然补给资源量为 6.68×10^8 米^3/年。全省地下水可开采资源量为 $119.864\,2\times10^8$ 米^3/年，其中石家庄、保定较为丰富。根据监测，京津以南平原浅层地下水水位降落漏斗大部分仍保持扩大趋势，保定市一亩泉漏斗与大册营漏斗合并成一个大的漏斗，中心水位埋深达 44.45 米。邢台市的宁柏隆漏斗扩大幅度最大，面积增加了 332.4 平方千米，漏斗中心水位埋深为 70.6 米。石家庄市漏斗面积缩小了 4.4 平方千米，中心水位埋深为 52.8 米。深层地下水水位降落漏斗变化差异较大。邢台市的巨新漏斗和邯郸市漏斗区面积分别扩大了 283.8 和 51 平方千米，廊坊市漏斗、大城漏斗及沧州复合漏斗则开始缩小，最突出的是大城漏斗，共缩小了 670 平方千米，中心水位上升 18.8 米。此外，张家口市的怀来县沙城混合水漏斗面积缩小了 6.35 平方千米，中心水位上升 1.66 米。邢台市岩溶水漏斗缩小 5.42 平方千米，中心水位埋深达 43.7 米。

依据 2009 年 5 月 26 日动态监测资料，河北省平原区浅层地下水位年变幅情况见图 3-1。平原区浅层地下水位监测站 297 处，平均地下水埋深 16.68 米。石家庄全部、邯郸东南部地区、邢台宁晋泊—大陆泽以西全淡水区、保定南部地下水埋深大于 20 米。其中埋深大于 40 米的县（市）有：柏乡 56.41 米、高邑 48.24 米、赵县 46.74 米、任县 40.28 米、平乡 40.17 米、晋州 40.10 米。沧州市南运河沿岸及东部沿海地区、冀东平原中南部地下水埋深小于 5.0 米。其中埋深较小的县（市）有：青县 1.76 米、东光 1.89 米、秦皇岛市区 2.02 米、黄骅 2.41 米。其他区域地下水埋深 5.0～20.0 米。与去年同期相比，地下水位平均下降 0.25 米。廊坊北三县、保定大部、石家庄、邢台、衡水、邯郸、沧州东南部为弱下降区；石家庄元氏—高邑、邢台中部宁晋—柏乡—隆尧—南和、衡水安平及武邑、邯郸肥乡—成安为中等下降区；唐山东部、秦皇岛南部、沧州中部地区为稳定区；唐山大部、秦皇岛东部、廊坊南部、保定南部、沧州东南部地区为弱上升区；保定满城—清苑为中等上升区。平原区浅层地下水位动态统计见表 3-4，水位年变幅见图 3-1。

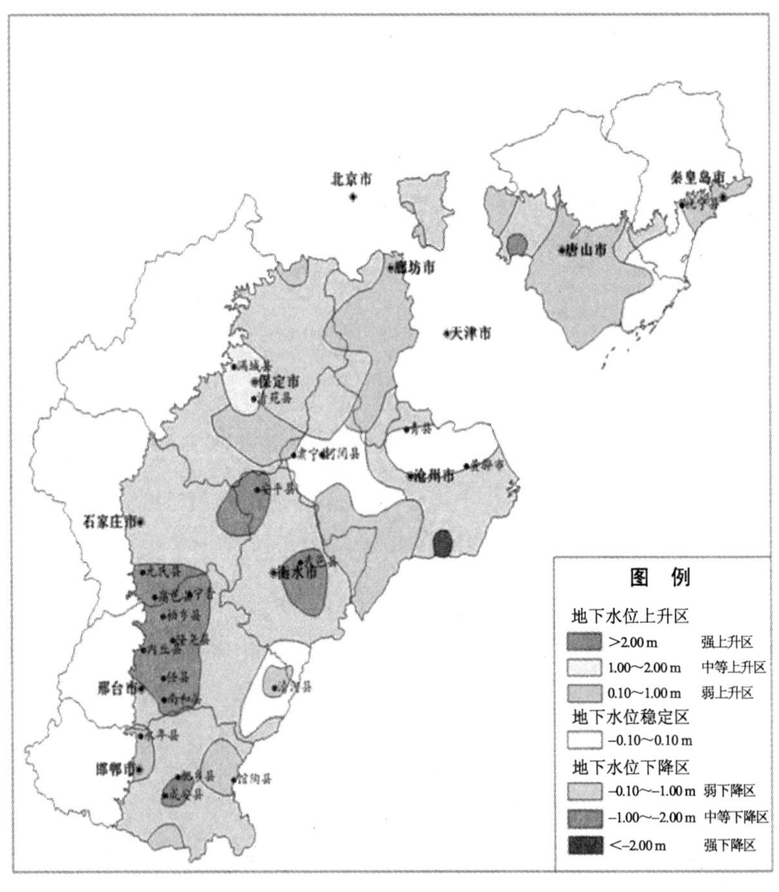

图 3-1　河北省平原区浅层地下水位年变幅示意图（2008.5.26—2009.5.26）

河北省平原区浅层地下水储存量较 2008 年同期减少 10.22 亿米^3。保定、唐山、秦皇岛较 2008 年同期增加，廊坊、沧州与 2008 年同期持平，其余各市较 2008 年同期减少。各市平原区浅层地下水年蓄变量见图 3-2。

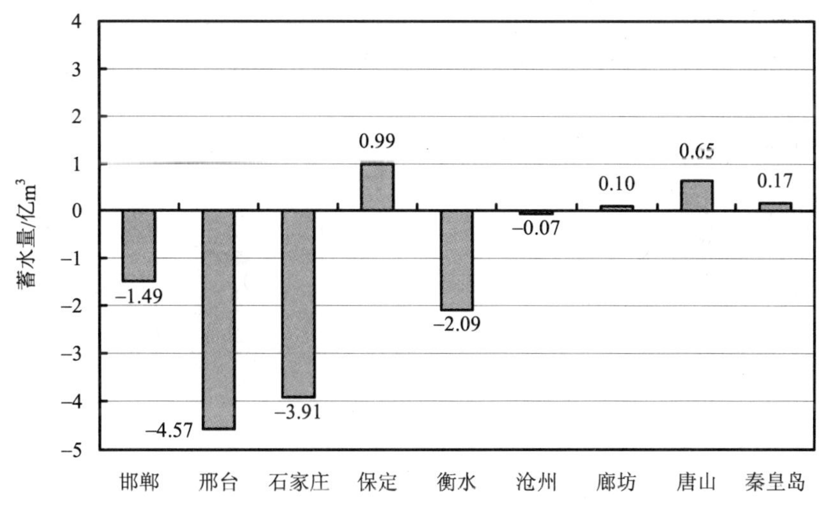

图 3-2 各市平原区浅层地下水年蓄存量变化图

平原区深层地下水位监测站有 96 处。邢台、衡水深层地下水平均埋深分别为 54.76 米和 65.87 米。埋深较大的县（市）有：景县 85.57 米、武邑 81.37 米、故城 79.70 米、衡水市区 76.70 米、枣强 71.89 米、南宫 71.60 米。与 2008 年同期相比，邢台深层地下水位平均下降 0.62 米，下降幅度较大的县（市）有：平乡 5.23 米、宁晋 2.15 米、邢台市区 1.65 米。衡水深层地下水位平均下降 3.44 米。下降幅度较大的县（市）有：武邑 8.92 米、武强 8.64 米、饶阳 4.54 米、安平 3.66 米。平原区浅层、深层地下水位动态统计见表 3-4。

表 3-4　河北省平原区地下水位动态统计表　　单位：m

市名	层别	市县数	井数	2009 年 5 月底平均埋深	与 3 月底比较	与 2008 年同期比较
邯郸	浅	13	39	24.57	–0.17	–0.26
邢台	浅	16	47	24.61	–1.12	–1.06
石家庄	浅	13	45	33.72	–0.66	–0.65
保定	浅	20	53	22.17	–1.47	0.06
衡水	浅	11	33	12.72	–0.79	–0.56
沧州	浅	14	33	7.71	–0.90	–0.14
廊坊	浅	9	24	9.79	–0.82	0.00
唐山	浅	7	16	10.95	–0.71	0.19
秦皇岛	浅	3	7	3.84	–0.09	0.16
邢台	深	13	36	54.76	–4.02	–0.62
衡水	深	11	60	65.87	–9.77	–3.44
全省合计	浅	106	297	16.68	–0.75	–0.25

注：“–”表示地下水位下降。

二、存在的主要问题

1. 缺乏统一合理的机井规划，擅自打井，乱开采地下水的现象仍然存在

20 世纪 80 年代以来，受自然条件和人类活动影响，地下水动态发生了很大变化，不经许可，擅自打井，乱采地下水的现象依然存在。目前河北省机井总量已达 92 万眼，有些地方由于机井过密，争水纠纷时有发生。

2. 地下水超采诱发了一系列地质环境问题

由于大量超采地下水，造成地下水位持续下降。全省平原区浅层地下水水位平均埋深由 1980 年的 5.5 米增加到 2005 年的 14.8 米，深层地下水位平均每年以 1～2 米的速度下降，平原区已出现了 20 个地下水位

降落漏斗。沧州市深层水漏斗中心埋深已达 95 米。平原区地面沉降大于 100 毫米的面积已达 3.6 万千米^2，大于 600 毫米的超过 5 000 千米^2。沧州市沉降中心累计沉降量已达 1 953 毫米。有些地方引发了地面变形、塌陷、地裂缝，导致建筑物基础下陷、房屋倒塌、路基裂缝、大坝裂缝等严重后果。目前，太行山前许多泉水已经断流，如保定的一亩泉、黑风泉、鸡矩泉、红花泉等都已断流。河北省有名的石鼓泉、百泉、黑龙洞泉、成州泉、东风湖泉、涞源泉 6 个大泉也不同程度出现断流和出水量减少的现象。由于长期超采地下水，一些地区地下水位大幅下降，严重时降到含水层底板，导致含水层疏干。据不完全统计，全省地下水含水层疏干面积已达 1 万千米^2，浅层水的疏干厚度一般在 10～35 米，主要分布在全省太行山前及燕山山前平原，深层水疏干厚度在 40～45 米，主要分布在沧州、衡水一带。全省每年大约有 5%的机井报废，现有 40%的机井只能出半管水或少半管水。机井被迫多次更新换代，用电、用油和提水费用显著增加，出现了井越打越深，泵越换越大，钱越花越多，水越抽越深的不良现象。超采地下水导致沿海局部地区海水入侵。河北省中东部平原局部地区出现上层咸水入侵下层淡水现象。据沧县、阜城两个典型县观测，咸水界面下移量超过 10 米的面积分别占该县总面积的 73.6%和 90.2%。

3. 局部地下水受到污染

受城镇排污影响，城市周围、污水河两岸以及常年利用污水灌溉的地区地下水均已受到不同程度污染。由于地下水水质本低值偏高和人为污染，河北京津以南平原地区约有 1/3 区域地下水达不到直接饮用标准，地下水中高碘、高氟、高铁和污染水的问题比较突出。

4. 用水浪费现象仍然存在

目前，全省城镇生活用水节水器具普及率仅为 10%左右，自来水管网漏失率达 15%，远高于建设部 8%的控制指标。工业用水定额偏高。农业节水灌溉面积仅为灌溉总面积的 49%，一些地方仍存在大水漫灌现象。

5. 水价仍然偏低

目前，河北省农业水费 0.10 元，征收率在 70%～80%，工业水费 0.35～0.55 元，生活水费 0.22 元，水资源费城市工业 0.50 元、县城及以下地区 0.30 元，各地在执行过程中均低于这个标准，且征收难度大。农业取用地下水仍处于无偿使用状态。

6. 微咸水和薄层淡水开发利用程度低

河北省中东部平原浅层地下水中，矿化度在 2～3 克/升的微咸水有 21 亿米^3，可开采量 15 亿米^3。而目前每年实际开采地下水不到 3 亿米^3。中东部平原区浅薄层淡水的分布也有 4 500 千米^2，由于含水层薄，成井困难等因素，还没有很好地开发利用。

三、综合防治对策

1. 制定并实施全省水资源综合规划

按照生活、生产、生态用水相协调，优先使用地表水和再生水、合理开发浅层水、限制开采深层水的原则，统筹安排，合理配置，优化调度城乡水资源、地表水与地下水资源，实行开源节流并举、调水节水并行、开发保护统筹、兴利除害结合的方针，采取工程、技术、行政、经济和法制等措施，合理开发利用现有地下水资源，控制对地下水的掠夺性开采。

2. 加强法制建设和水资源管理

应进一步加强涉水法规配套建设。当前，亟须制定并出台《河北省节约用水条例》、《河北省水资源费征收与使用管理办法》、《河北省地下水保护条例》等法律法规。同时，加强法制队伍建设，增强执法人员水平，进一步加强水资源管理，在取水许可、水资源论证、节水管理、水资源保护等方面更好地发挥作用。严格取水许可管理，对超采区地下水开采实行取水总量控制制度，制定年度开采指标，下达年度用水计划。严格控制新建、改建、扩建高耗水建设项目取用地下水。在城镇自来水管网覆盖的地区，严格控制并逐步关闭自备水源井。

3. 合理调整水价与水资源费

一是要尽快修订、完善水价法规和政策。明确水价是由资源水价、工程水价和环境水价三部分组成的，围绕水价的 3 个组成部分制订和完善水价法规和政策。二是要完善水价的确定程序。在水价的确定过程中，要充分听取供水单位、用水户及有关方面的意见，鼓励成立用水户协会等群众组织，使用水户随时了解并监督供水单位的成本、费用支出，参与水价决策过程。三是要调整水价决策机制。随着改革的不断深化，水价的确定要逐步走上政府宏观调控，供水、用水各方民主协商，水市场调节三者有机结合的路子，使水价逐步达到供水成本，并且有合理的收益。四是合理调整地表水与地下水水资源费，用经济杠杆遏制地下水超采。

4. 加大对非传统水资源的开发利用，优先利用地表水

优化水资源配置，增加地表水的蓄引水源工程。积极利用雨洪资源、污水以及海咸水等，增加水的可利用量。进一步做好南水北调中线供水置换受益城市地下水的可行性研究，按照优先利用地表水、合理开发地下水、限制开采深层水原则，加强水资源配置与调度，缓解地下水严重超采。

5. 强化节水，建设节水防污型社会

在节水方面，一是要加大农业节水的力度。要大力引进先进技术、

优良品种，发展高优农业和外向型农业，要通过节水工程改造、节水增产重点县、节水增产示范县、初级水利化县、农业综合开发、粮食生产等农业建设项目，大力建设现代节水高效农业。二是工业节水。强化电力、化工、造纸、冶金、纺织、机械及食品等用水大户的节水工作，加大节水改造力度，重点对旧设备、旧工艺进行改造，推广节水型生产工艺；新建、改建、扩建的建设项目必须采用先进的节水设施和节水工艺。三是城镇生活节水。在加强节水宣传，增强市民节水意识的同时，大力开发、推广、使用节水设施和器具。加大城市供水系统配套建设，降低管网漏失率。在产业结构与布局的调整中，一是以定额供水、限量供水为主要手段，大力压缩高耗水产业，促进以节水为重点的产业布局和结构调整。二是大力推广应用先进节水技术和节水设备，促进各行各业采用高新技术或先进技术改造传统产业，提高水资源利用效率。加大水污染防治力度，应认真执行《中华人民共和国水法》和《中华人民共和国水污染防治法》，积极实施《河北省海河流域水污染防治规划》。重点加强城镇地下水水源地保护，加快污水处理设施建设，提高污水处理回用率，做好污水回用工程的配套建设，利用好再生水。

6. 开展地下水保护行动

进一步研究制定地下水保护行动方案。针对地下水超采状况及其危害程度和水资源综合条件，提出不同水平年地下水回复目标、措施和实施计划。地下水保护行动的措施包括工程措施和非工程措施两种，工程措施包括：节水工程，替代水源工程，微咸水、咸水开发利用工程，雨洪利用工程，污水回用工程，地下水回灌工程，地下水监测及预警系统建设工程等；非工程措施包括：通过宣传增强全社会节水与生态保护意识，加强法制建设，加强水资源管理，调整水价、调整产业结构等，同时也应建立地下水保护投入机制等。通过实施地下水保护行动，治理地下水超采，修复生态环境。

第三节　流域污染防治

自20世纪70年代初开始，河北省以“管制结合”为原则，重点开展了官厅、白洋淀、清漳河、引滦入津水系的水资源保护工作，对确保京津、河北工业与生活用水起到了重大作用。“十五”特别是“十一五”以来，国家加大了水污染防治与保护的力度，制定了一系列污染源治理和水资源保护规划。2000年按照环保部有关海河流域治理的总体要求，结合河北省经济、社会发展实际制定了《河北省海河流域水污染防治规划》。近年来，国家考核河北省水污染防治工作均将此规划作为主要依据。河北省大力实施国家《海河流域水污染防治“十五”计划》、《海河流域水污染防治规划》（2006—2010年）及《河北省海河流域水污染防治规划》，2008年制定并开始实施《河北省子牙河水系污染综合治理实施方案》，2009年，全省七大水系水质有所改善，Ⅰ～Ⅲ类水质比例为42.4%，比上年升高了9.1个百分点；劣Ⅴ类水质比例为41.7%，比上年降低了4.2个百分点。河北省出境断面水质好于入境断面水质。

一、流域分布及水质目标

河北省七大水系主要河流跨界考核断面及水质目标见表3-5。

表3-5　河北省七大水系主要河流跨界考核断面及水质目标统计表

水系名称	河流名称	序号	跨界名称	考核断面名称	水质目标（COD）/（mg/L）	省、市考核断面	备注
滦河水系及冀东沿海水系	滦河	1	内蒙古—承德（丰宁县）	达子营	对照点	省站监测	
		2	丰宁县—隆化县	东缸房	30	承德市考核	
		3	隆化县—滦平县	兴隆庄	30	承德市考核	
		4	滦平县—双滦区	宫后	30	承德市考核	

水系名称	河流名称	序号	跨界名称	考核断面名称	水质目标（COD）/（mg/L）	省、市考核断面	备注
滦河水系及冀东沿海水系	滦河	5	双滦区—双桥区	石门子	30	承德市考核	
		6	双桥区—承德县	顺桥	30	承德市考核	
		7	围场县（小滦河）—隆化县（入滦河）	半壁山	30	承德市考核	
		8	承德县—唐山市（潘家口水库）	大杖子一	30	省考核	
		9	唐山市（迁西市）—迁安市	首钢水厂大桥	40	唐山市考核	
		10	迁安市—滦县	易庄西大桥	40	唐山市考核	
		11	滦县—乐亭县	滦县大桥	40	唐山市考核	
		12	乐亭县—入海口	姜各庄	40	唐山市考核	
	青龙河	13	辽宁省—承德市（宽城县）	绊马河	对照点	省站监测	
		14	承德市（宽城县）—秦皇岛市（青龙县）	四道河	20	省考核	
		15	青龙县—卢龙县	桃林口水库入口	15	秦皇岛市考核	
		16	卢龙县	水库出口	对照点	省站监测	
		17	卢龙县—唐山市（滦县）入滦河	田庄子	20	省考核	
	饮马河	18	卢龙县—昌黎县	万庄桥	40	秦皇岛市考核	
		19		杨沽泊	30	秦皇岛市考核	
		20	昌黎县—入海	大蒲河口	30	秦皇岛市考核	
	西洋河	21	卢龙县—抚宁县	康各庄	20	秦皇岛市考核	
		22	抚宁县入海	洋河口	20	秦皇岛市考核	
	戴河	23	抚宁县—北戴河区	戴河村	20	秦皇岛市考核	
		24	北戴河区—入海	戴河口	20	秦皇岛市考核	
	汤河	25	抚宁县—海港区	海阳桥	30	秦皇岛市考核	
		26	海港区—入海	汤河口	30	秦皇岛市考核	

水系名称	河流名称	序号	跨界名称	考核断面名称	水质目标（COD）/（mg/L）	省、市考核断面	备注
滦河水系及冀东沿海水系	石河	27	青龙县—抚宁县	营房村	30	秦皇岛市考核	
		28	抚宁县—山海关区	蟠桃峪	30	秦皇岛市考核	
		29	山海关区—入海	石河口	30	秦皇岛市考核	
	人造河	30	抚宁县—入海	河口	30	秦皇岛市考核	
	武烈河	31	承德县—双桥区	甸子	40	承德市考核	
		32	双桥区—入滦河	雹神庙	40	承德市考核	
	伊逊河	33	围场县—隆化县	石片	30	承德市考核	
		34	隆化县—滦平县	茅茨路	30	承德市考核	
		35	滦平县—双滦区（入滦河）	李台	30	承德市考核	
	柳河	36	兴隆县—鹰手营子区	土城头	30	承德市考核	
		37	鹰手营子区—兴隆县	大跳沟	30	承德市考核	
		38	鹰手营子区（老牛河）—兴隆县（入柳河）	李家营	30	承德市考核	
		39	兴隆县—入滦河	大杖子二	30	承德市考核	
	瀑河	40	平泉县—宽城县	骆驼厂	30	承德市考核	
		41	宽城县—潘家口水库	大桑园	30	承德市考核	
	黎河	42	唐山市（遵化市）—天津	黎河桥	20	唐山市考核	
	淋河	43	唐山市（遵化市）—天津	淋河桥	20	唐山市考核	
	沙河	44	唐山市（遵化市）—天津	沙河桥	20	唐山市考核	
	还乡河	45	唐山市（丰润区）—玉田县	白官屯	150	唐山市考核	
		46	玉田县—天津	丰北闸	150	唐山市考核	
永定河水系	桑干河	47	山西省—张家口市（阳原县）	施家会	对照点	张家口市监测	
		48	阳原县—涿鹿县	桑干河小渡口	30	张家口市考核	
		49	涿鹿县—入洋河	夹河	30	张家口市考核	

水系名称	河流名称	序号	跨界名称	考核断面名称	水质目标（COD）/（mg/L）	省、市考核断面	备注
永定河水系	壶流河	50	山西省—张家口市（蔚县）	官堡桥	对照点	张家口市监测	
		51	蔚县—入桑干河	壶流河小渡口	20	张家口市考核	
	清水河	52	崇礼县—张家口市区	北泵房	20	张家口市考核	
		53	张家口市区—入洋河（宣化区）	清水河村	30	张家口市考核	
	洋河（张家口）	54	山西省（南洋河）—张家口市（怀安县）	李信屯	对照点	省站监测	
		55	山西省（西洋河）—张家口市（怀安县）	西洋河水库入口	对照点	省站监测	
		56	内蒙古（东洋河）—张家口市（怀安县）	东洋河村	对照点	省站监测	
		57	怀安县—万全县	第十屯	30	张家口市考核	
		58	万全县—宣化区	太师庄	30	张家口市考核	
		59	宣化区—下花园区	响水铺水库入口	30	张家口市考核	
		60	下花园区—怀来县	鸡鸣驿	30	张家口市考核	
		61	怀来县—官厅水库	八号桥	40	省考核	
	永定河	62	北京市—廊坊市（广阳区）	梁各庄	对照点	廊坊市监测	
		63	广阳区—安次区	大北市	20	廊坊市考核	
		64	廊坊市（安次区）—天津市	来家庄	20	廊坊市考核	
北三河水系	潮河	65	承德市（丰宁县）—滦平县	天桥	20	承德市考核	
		66	滦平县—北京市	古北口	15	承德市考核	
	青水河	67	承德市（兴隆县）—北京市	二道河	20	承德市考核	
	白河	68	张家口市（赤城县）—北京市	后城	20	张家口市考核	
	潮白河	69	北京市—廊坊市（香河县）	吴村	对照点	廊坊市监测	
		70	廊坊市（香河县）—天津市	大套桥	40	廊坊市考核	

水系名称	河流名称	序号	跨界名称	考核断面名称	水质目标（COD）/（mg/L）	省、市考核断面	备注
北三河水系	北运河	71	北京市—廊坊市（香河县）	王家摆	对照点	廊坊市监测	
		72	廊坊市（香河县）—天津市	土门楼	40	廊坊市考核	
	龙河	73	北京市—廊坊市（广阳区）	三小营	对照点	廊坊市监测	
		74	廊坊市（安次区）—天津市	东张务	70	廊坊市考核	
	泃河	75	北京市—廊坊市（三河市）	北务	对照点	廊坊市监测	
		76	廊坊市（三河市）—天津市	行人庄	40	廊坊市考核	
大清河水系	北拒马河	77	涞源县—易县	塔崖驿	15	保定市考核	
		78	易县—涞水县	北辛庄	20	保定市考核	
		79	涞水县—北京市	狼儿河	20	保定市考核	
		80	北京市—保定市（涿州市）	码头	对照点	保定市监测	
		81	涿州市—高碑店市	王御史庄	100	保定市考核	
		82	高碑店市—容城县	新盖房	100	保定市考核	
		83	容城县—安新县白洋淀	入淀口（平王）	100	保定市考核	
	唐河	84	山西省—保定市（涞源县）	水堡	对照点	保定市监测	市内考核
		85	涞源县—唐县	倒马关	15	保定市考核	
		86	唐县—西大洋水库	白合	15	保定市考核	
	磁河	87	石家庄市（深泽县）—保定市（安国市）	伍仁桥	100	省考核	
		88	安国市—博野县（入潴龙河）	南板桥	100	保定市考核	
	潴龙河	89	博野县—蠡县	小北河	100	保定市考核	
		90	蠡县—高阳县	西庞果庄	100	保定市考核	
		91	高阳县—安新县	拥城村	100	保定市考核	
		92	安新县—入淀	入淀口	100	保定市考核	

水系名称	河流名称	序号	跨界名称	考核断面名称	水质目标（COD）/（mg/L）	省、市考核断面	备注
大清河水系	沙河灌渠	93	曲阳县—定州市	大寺头	100	保定市考核	
		94	定州市—安国市	五女集	100	保定市考核	
		95	安国市—博野县	路景村	100	保定市考核	
		96	博野县—蠡县（入孝义河）	兑坎庄	100	保定市考核	
	孝义河	97	蠡县—高阳县	万安桥	100	保定市考核	
		98	高阳县—安新县（入白洋淀）	郝关坝	100	保定市考核	
	金线河	99	清苑县—保定南市区	界碑	100	保定市考核	
		100	保定南市区—清苑县（金线河）	褚庄桥	100	保定市考核	
		101	清苑县（金线河）—府河	汇合口	100	保定市考核	
	府河	102	保定市—安新县	望亭	100	保定市考核	
		103	安新县—入白洋淀	安州闸	100	保定市考核	
	漕河	104	满城县—徐水县	东庄佃	100	保定市考核	
		105	徐水县—安新县	迪城村	100	保定市考核	
		106	安新县—入白洋淀	入淀口	100	保定市考核	
	瀑河	107	徐水县—安新县	任庄村	100	保定市考核	
		108	安新县—入白洋淀	入淀口	100	保定市考核	
子牙河水系	滹沱河	109	山西省—石家庄市（平山县）	下槐镇	对照点	石家庄市监测	
		110	平山县—黄壁庄水库	西岳村桥	50	石家庄市考核	
		111	黄壁庄水库—灵寿县	水库副坝	对照点	石家庄市监测	
		112	灵寿县—正定县	胡庄	150	石家庄市考核	两条支流
		113		三圣院桥	150	石家庄市考核	
		114	正定县—藁城市	固营桥	170	石家庄市考核	
		115	藁城市—无极县	张村桥	170	石家庄市考核	
		116	无极县—深泽县	张村桥	170	石家庄市考核	两个排口
		117		庄里桥	170	石家庄市考核	
		118	深泽县—滹沱河	深泽市政排口	170	石家庄市考核	

水系名称	河流名称	序号	跨界名称	考核断面名称	水质目标（COD）/（mg/L）	省、市考核断面	备注
子牙河水系	滹沱河	119	石家庄市（深泽县）—衡水市（安平县）	枣营	170	省考核	
		120	安平县—饶阳县	富村	170	衡水市考核	
		121	饶阳县—沧州市（献县）	富庄桥	170	省考核	
	洨河	122	鹿泉市—石家庄市	方台桥（西泄洪渠）	170	石家庄市考核	
		123	石家庄市—栾城县		不含市区		
		124	栾城县—赵县	栾城市政排口	170	石家庄市考核	两个排放口
		125		窦妪工业排口	170	石家庄市考核	
		126	赵县断面	赵县市政排口	170	石家庄市考核	
		127	赵县—邢台市（宁晋县）入滏阳河	边村	170	省考核	
	汪洋沟	128	石家庄高新区—藁城市	市政排口	170	石家庄市考核	
		129	藁城市—赵县	落生桥	170	石家庄市考核	
		130	石家庄市（赵县）—邢台市（宁晋县）	东枣村	170	省考核	
		131	宁晋县—大曹庄管理区	小马桥	170	邢台市考核	
		132	大曹庄管理区—宁晋县入滏阳河	宁常公路桥	170	邢台市考核	
	邵村排十渠	133	石家庄市（辛集市）—衡水市（冀州市）	大李桥	170	省考核	
		134	冀州市—入滏阳河	邵村桥	170	衡水市考核	
	牛尾河	135	邢台市区（源头）—邢台县	北张村	170	邢台市考核	
		136	邢台市高开区—邢台县	入河口	170	邢台市考核	
		137	邢台县—任县（汇入澧河）	河头	170	邢台市考核	

水系名称	河流名称	序号	跨界名称	考核断面名称	水质目标（COD）/（mg/L）	省、市考核断面	备注
子牙河水系	澧河	138	沙河市（源头）—南和县	西宋村	170	邢台市考核	
		139	南和县—任县	苏庄	170	邢台市考核	
		140	任县—隆尧县	邢家湾	170	邢台市考核	
		141	隆尧县—宁晋县（汇入滏阳河）	宁晋张家口村	170	邢台市考核	
	洺河	142	邯郸市（鸡泽县）—邢台市（南和县）	丁庄桥	170	省考核	
		143	南和县—任县（汇入澧河）	郝桥	170	邢台市考核	
	留垒河	144	邯郸市（永年县）—鸡泽县	栗庄	170	邯郸市考核	
		145	鸡泽县—邢台市（南和县）	张村桥	170	省考核	
		146	南和县—任县（汇入澧河）	下疃	170	邢台市考核	
	午河	147	石家庄市（高邑县）—邢台市（柏乡县）	韩村	170	省考核	
		148	柏乡县—隆尧县	西潘	170	邢台市考核	
		149	隆尧县—宁晋县（汇入滏阳河）	北渔	170	邢台市考核	
	滏阳河	150	峰峰矿区—磁县	东武仕入口	20	邯郸市考核	
		151	磁县—邯郸市区	成峰公路桥	40	邯郸市考核	
		152	邯郸市区—邯郸县	苏里	对照点	邯郸市监测	
		153	邯郸县—永年县	西大慈	170	邯郸市考核	
		154	永年县—曲周县	余家寨	170	邯郸市考核	
		155	邯郸市（曲周县）—邢台市（平乡县）	郭桥	170	省考核	
		156	平乡县—任县	辛店	170	邢台市考核	
		157	任县—隆尧县	西范	170	邢台市考核	
		158	隆尧县—宁晋县	耿庄桥	170	邢台市考核	

水系名称	河流名称	序号	跨界名称	考核断面名称	水质目标（COD）/（mg/L）	省、市考核断面	备注
子牙河水系	滏阳河	159	宁晋县—新河县	侯口	170	邢台市考核	
		160	新河县—衡水市（冀州市）	码头李	170	省考核	
		161	冀州市—桃城区	傅家庄桥	170	衡水市考核	
		162	桃城区—武邑县	北谢漳桥	170	衡水市考核	
		163	武邑县—武强县	岔河桥	170	衡水市考核	
		164	武强县—入滏阳新河上游	前庄闸	170	衡水市考核	
		165	衡水市—沧州市（献县）	献县闸	170	省考核	
	老漳河 滏东排河 北排河	166	邯郸市（曲周县）—邢台市（平乡县）	西河古庙	170	省考核	
		167	平乡县—广宗县	东田村	170	邢台市考核	
		168	广宗县—巨鹿县	南花窝	170	邢台市考核	
		169	巨鹿县—宁晋县	商店	170	邢台市考核	
		170	宁晋县—新河县（入滏东排河）	赵家庄	170	邢台市考核	
		171	邢台市（新河县）—衡水市（冀州市）	城后桥	170	省考核	
		172	冀州市—桃城区	良心庄	170	衡水市考核	
		173	桃城区—武邑县	南云齐	170	衡水市考核	
		174	衡水市（武邑县）—沧州市（泊头市）	田村闸（冯庄）	170	省考核	
		175	泊头市—青县（入海）	廊泊路（京开公路桥下游）	170	沧州市考核	
	滏阳新河	176	宁晋县（源头）—新河县	毕家庄	170	邢台市考核	
		177	新河县—衡水市（冀州市）	侯庄桥	170	省考核	
		178	冀州市—桃城区	窑洼村	170	衡水市考核	
		179	桃城区—武邑县	郭家庄	170	衡水市考核	
		180	武邑县—武强县	常村	170	衡水市考核	

水系名称	河流名称	序号	跨界名称	考核断面名称	水质目标（COD）/（mg/L）	省、市考核断面	备注
子牙河水系	滏阳新河	181	武强县—滏阳河入口上游	富武路桥	170	衡水市考核	
		182	衡水市—沧州市（献县闸）	献县闸	170	省考核	
		183	献县—河间县	白张水镜	170	沧州市考核	
		184	河间县—青县	白塔坞	170	沧州市考核	
		185	青县—黄骅市	王官庄	170	沧州市考核	
		186	沧州市（黄骅市）—天津市	阎辛庄	170	沧州市考核	
	子牙河	187	沧州市（河间县）—廊坊市（大城县）	董家房	40	省考核	
		188	廊坊市（大城县）—天津市	小河闸	40	廊坊市考核	
漳卫南运河水系	漳河	189	山西省—邯郸市（涉县）	刘家庄	对照点	邯郸市考核	
		190	涉县—磁县	合漳	20	邯郸市考核	
	南运河	191	山东省（德州市）—沧州市（吴桥县）	第三店（桑园桥）	对照点	沧州市监测	
		192	吴桥县—东光县	连镇	20	沧州市考核	
		193	东光县—泊头市	泊头南环桥	20	沧州市考核	引黄对照点
		194	泊头市—南皮县	大满庄	20	沧州市考核	
		195	南皮县—沧县	肖家楼	20	沧州市考核	
		196	沧县—青县	兴济镇	20	沧州市考核	
		197	青县—天津市	青县桥	20	沧州市考核	
黑龙港及运东水系	黑龙港河	198	泊头市—沧县	刘吉村	40	沧州市考核	
		199	沧县—青县	郭家沟	40	沧州市考核	
		200	青县—天津市	东港拦河闸	40	沧州市考核	
	沧浪渠	201	沧州市—入海	岐口防潮闸	120	沧州市考核	

二、流域综合污染防治

河北省积极落实国家《海河流域水污染防治“十五”计划》及《海河流域水污染防治规划》(2006—2010年),为保证规划的顺利实施,相继出台了“河北省全流域生态补偿机制”、《河北省区域禁、限批建设项目实施意见》以及《河北省减少污染排放条例》相关政策办法,并将水污染防治任务进行分解。执行建设项目环保审批“总量指标”与“容量许可”双重控制,实行建设项目水资源论证,对项目取退水严格管理,对不符合国家产业政策项目一票否决。把取缔饮用水水源一、二级保护区排污口工作列入了“十项民心工程”,取缔排污口300余个。关停造纸、化工、淀粉、制革等其他落后产能化学需氧量减排项目,通过结构调整实现化学需氧量削减。

全省主要河流污染程度逐步减轻,海河流域水污染防治工作取得很大成效。河北省列入《海河流域水污染防治规划》(2006—2010年)考核的有158个项目,截至2009年年底,已完成项目100个,调试项目19个,在建项目30个,前期项目4个,未启动项目5个;河北省海河流域水污染防治项目共完成投资50.43亿元,其中中央预算内基本建设资金17.08亿元,专项资金全部拨付并及时到位。为抓好海河流域水污染防治工作,河北省加大了污水处理厂建设力度。截至2009年年底,河北省建设污水处理厂180座,建成运行174座,城市(含县城)污水处理率达到75%,可削减COD 能力约25万吨/年。2010年河北省将实现县县建成污水处理厂的目标。工业治理项目共73个,总投资20.28亿元,可削减COD能力约3.1万吨/年,项目列表见表3-6。

表 3-6　河北省海河流域治理规划工业污染防治项目表

序号	地市	项目名称
1	石家庄	河北威远生物化工股份有限公司废水及异味治理工程
2	石家庄	石药集团河北中润制药有限公司污水深度治理工程
3	唐山	河北永新纸业有限公司污水循环利用工程
4	唐山	唐海县八农场造纸企业废水治理工程
5	保定	保定天鹅股份有限公司污水处理工程
6	保定	涞源县污水处理厂中水回用项目
7	沧州	任丘市星火集团黑液治理工程
8	衡水	河北景化化工有限公司混凝沉淀法污水综合治理环保工程
9	衡水	衡水恒兴发电有限责任公司污水深度处理工程
10	衡水	冀州市银海化肥有限责任公司年节水 100 万吨技改工程
11	承德	平泉长城化工有限公司废水深度治理项目
12	承德	承德避暑山庄企业集团有限责任公司废水深度治理项目
13	承德	滦平县伟源矿业有限公司废水深度治理项目
14	承德	滦平县建龙矿业有限公司废水深度治理项目
15	承德	围场双九马铃薯淀粉有限公司淀粉废水治理项目
16	承德	承德帝贤针纺股份有限公司印染废水治理工程
17	承德	承德露露股份有限公司污水处理工程
18	邯郸	峰峰集团有限公司矿井水利用项目
19	邯郸	天津天铁冶金集团有限公司热轧废水处理工程
20	邯郸	焦化厂酚氰废水研发技改工程
21	邯郸	格板废酸回收及动力污水处理系统改造工程
22	邯郸	邯郸纵横钢铁污水处理工程
23	邯郸	河北省魏县康达（集团）纸业有限公司黑液治理循环利用装置
24	邯郸	大名县名鼎化工有限责任公司化工废水治理项目
25	邯郸	大名县益康酒精有限责任公司食用酒精废醪液治理项目
26	邯郸	河北中化滏恒股份有限公司日处理 500 吨废水项目
27	邢台	羊绒科技园区污水处理厂
28	邢台	兴泰公司生活污水处理及回用工程
29	邢台	玉峰淀粉糖业有限公司生产工艺改造工程
30	秦皇岛	秦皇岛市抚宁化肥厂水闭路循环改造工程
31	秦皇岛	秦皇岛天马酒业有限公司酒糟滤液回用项目

序号	地市	项目名称
32	秦皇岛	斌扬集团山海关公牛啤酒厂酿酒废水处理工程
33	张家口	河北粤华化工有限公司合成氨污水零排放工程
34	张家口	张家口保胜能源科技有限公司极板洗涤水及铅尘、酸雾治理工程
35	张家口	河北燕兴机械有限公司表面处理废水治理工程
36	张家口	河北省涿鹿酿酒有限公司酒精糟液回收利用及治理工程
37	张家口	张家口双环化肥有限责任公司废水治理工程
38	张家口	宣化钢铁集团有限责任公司工业节水及工业废水处理回用工程
39	张家口	沽源造纸厂废水治理工程
40	张家口	龙宇矿业发展有限责任公司废水深度治理项目
41	张家口	宣钢焦化厂废水零排放工程
42	张家口	河北盛华化工有限公司节水及废水资源化示范项目
43	张家口	中国长城葡萄酒有限公司酒泥污染综合治理工程
44	张家口	张家口长城酿造集团有限公司糟液回收利用及治理项目
45	张家口	张家口金渊矿业有限责任公司工业污水综合治理工程
46	张家口	河北万全宏宇化工有限责任公司废水治理工程
47	张家口	河北万全力华化工有限责任公司废水治理工程
48	张家口	张家口盛源矿业公司宣东矿矿井水处理与利用
49	张家口	张家口制药总厂废水处理与回收利用技术改造项目
50	张家口	宣化新钟楼啤酒有限公司水污染综合治理工程
51	张家口	中昊集团宣化化肥厂污水系统治理项目
52	张家口	河北盛化化工有限公司污水治理工程
53	张家口	宣化农药厂废水综合处理工程
54	张家口	张家口长城酿酒厂废水处理综合利用项目
55	张家口	崇礼县东坪金矿污水治理工程
56	张家口	万全县三威化工污水综合治理工程
57	张家口	油田化学公司污水处理工程
58	张家口	市制药总厂万全化工厂废水处理工程
59	张家口	万全农药厂废水处理工程
60	张家口	金鑫化肥厂治水节水技改工程
61	张家口	张家口铅锌集团清羊沟选矿有限公司污水综合治理及重复利用项目
62	张家口	涿鹿县酿酒厂废水综合治理工程

序号	地市	项目名称
63	张家口	河北天宝化工股份公司废水综合治理工程
64	张家口	涿鹿县造纸厂清洁生产废水综合治理工程
65	张家口	河北天露糖业有限公司废水处理及综合利用项目
66	张家口	宣化造纸厂调整产品结构、污水综合治理工程
67	张家口	怀来怀涿葡萄酒庄园有限公司污水治理项目
68	张家口	张家口市玻璃厂污水综合治理工程
69	张家口	怀来华美新材料有限公司治理项目
70	张家口	河北省蔚县酒厂酒精糟液治理工程
71	张家口	万全县啤酒厂污水综合治理工程
72	张家口	塞北乳业有限公司污水治理工程
73	张家口	宣东二号矿井水处理及综合利用项目

生态补偿机制主要针对区域性生态保护和环境污染防治领域，是一项具有经济激励作用的环境经济政策。通俗地说，就是“上游排污污染下游，上游就要付出代价”。根据跨界出境断面水质超标程度，向超标排污县市扣缴最多 300 万元的生态补偿金。生态补偿机制的实行，有力地推动了各市治污工作的开展，加大了重点污染源治理攻坚力度，并创造性地提出了“双三十”的构想，即在河北全省确定 30 个重点县（市、区）和 30 家排污和能耗大的企业作为节能减排的重点区域和重点企业，签订“军令状”，3 年期间高标准完成节能减排目标。仅 2009 年“双三十”单位就安排项目 596 个，总投资约 44.74 亿元，预计可实现削减 COD 排放量为 1.95 万吨。

2009 年，河北省共监测河流断面 132 个，其中达到或好于Ⅲ类的水质断面为 56 个，同比上升了 9.1 个百分点；所有断面主要污染物氨氮和化学需氧量（COD）的平均浓度同比分别下降了 15.9%和 26.2%。一升一降之间，河北以成本管理为核心的生态补偿机制发挥了重要作用。

三、子牙河流域污染治理

随着人口增长、经济发展，特别是受到资源性缺水等多种因素的影响，河北省七大水系污染问题越来越突出。水系沿河两岸的土壤、地下水均受到不同程度的污染，有的地方甚至对农村饮用水和农副产品造成了一定危害，对人民群众的正常生产生活和身体健康构成了严重威胁。

子牙河是河北省跨市最多的水系，流经邯郸、邢台、石家庄、衡水、沧州等5市48个县（市），流域内人口2 000多万，被称为燕赵大地母亲河。历史上，子牙河水量丰富，但近十几年，因污染严重，河水中化学需氧量浓度曾一度超过了1 000毫克/升，成为河北省一条名副其实的“公害”河，沿岸群众无不怨声载道。因此，子牙河水系成为河北省七大水系当中环境污染最重、引发污染纠纷最多、群众反映最强烈、污染治理任务最紧迫的河流。造成上述局面突出表现在一些地方科学发展意识不强，整个流域粗放型的经济增长模式还没有根本改变，极度资源性缺水导致河流自净能力基本丧失，环境执法不到位，违法行为得不到及时查处，城镇污水处理能力和效率不高等。河北省环保局于2006年3月9日、3月22日分别下发了《关于开展子牙河水系污染源排查确保水质稳定达标的通知》和《关于加强水环境安全严防污染事件发生的紧急通知》，要求各市对辖区内排污企业进行全面排查。河北省环保局组成督查组，对污染严重的子牙河水系水污染问题进行督导检查。通过对排河重点污染企业进行暗查，和对沧州、衡水、石家庄、邢台等市和相关县（市）城镇污水处理厂、排污企业、河流断面监测分析，子牙河水系主要存在三大问题：①部分工业企业污水处理设施不稳定运行，偷排偷放问题严重；②部分新建项目环保设施尚未完善就开始生产，违法排放；③部分已建成的城镇污水处理厂运行不稳定，出水严重超标。

子牙河流域污染的治理主要得益于“生态补偿金政策”和《河北省子牙河水系污染综合治理实施方案》两大机制的实施。

1. 生态补偿金政策的实施

2007年，河北省环保局发布了《关于在子牙河水系主要河流实行跨市断面水质目标责任考核并试行扣缴生态补偿金政策的通知》。通知中指出，为迅速扭转子牙河水系水污染恶化趋势，加快改善子牙河水系水环境质量，省政府决定从现在起，在子牙河水系主要河流实行跨各设区市界断面水质 COD（化学耗氧量）目标考核，并对造成水体污染物超标的设区市试行生态补偿金扣缴政策，共涉及石家庄、沧州、衡水、邢台、邯郸等 5 个设区市。该通知明确了扣缴生态补偿金的标准：当河流入境水质达标（或无入境水流）时，所考核市跨市出境断面的水质 COD 浓度监测结果超标 0.5 倍以下，每次扣缴 10 万元；超标 0.5 倍以上至 1.0 倍以下，每次扣缴 50 万元；超标 1.0 倍以上至 2.0 倍以下，每次扣缴 100 万元；超标 2.0 倍以上，每次扣缴 150 万元。在同一个设区市范围内，对所有超标断面累计扣缴。当河流入境水质超标，而所考核市跨市出境断面水质 COD 浓度继续增加时，所考核市跨市出境断面的水质 COD 浓度监测结果超标 0.5 倍以下，每次扣缴 20 万元；超标 0.5 倍以上至 1.0 倍以下，每次扣缴 100 万元；超标 1.0 倍以上至 2.0 倍以下，每次扣缴 200 万元；超标 2.0 倍以上，每次扣缴 300 万元。在同一个设区市范围内，对所有超标断面累计扣缴。

河北省环境监测中心站负责对各考核断面 COD 指标进行监测，每月监测一次，每季度汇总一次。省环保局负责计算确定每月和季度扣款资金总额，以省环保领导小组办公室名义向有关市发出扣缴通知，并抄送省财政厅执行扣缴。扣缴资金可暂由省本级垫付，待年终结算时一并扣回，作为子牙河流域水污染生态补偿资金，专项用于水污染综合整治的减排工程。另外，对河流跨区市出境断面水质能够达到考核要求或出境河流断面 COD 浓度低于入境河流断面 COD 浓度的设区市，将根据所考核河流断面水质改善情况，对有关市政府予以通报表彰。

为加快改善子牙河环境质量，河北省政府决定，自 2008 年 4 月起，充分运用环保和财政两个手段，率先实施以环境保护部门跨界断面水质考核和财政部门国库结算扣缴为主要内容的子牙河水系生态补偿管理机制，即“河流水质超标，扣缴上游财政资金，补偿下游地区损失”，建立“谁污染谁治理，谁污染谁补偿”的河流污染治理新机制。具体则按照河流入境时有无水质 COD 浓度超标以及出境断面的超标情况，分别确定从 10 万元至 300 万元不等的扣缴处罚标准。在同一个设区市范围内，对所有超标断面累计扣缴。水质每月监测，超标一次罚一次，连续 4 个月超标将被“区域限批”。

在生态补偿政策的强大推动下，河北省各市县纷纷采取措施，加大环保工程建设和环保监督、管理力度，推动了全省环境保护工作的全面提升。在生态补偿金扣缴政策实施的第一个月，石家庄市一下子就被扣缴了 360 万元财政预算资金。为此，石家庄市政府果断采取措施，对水质超标比较严重的无极、栾城等 4 个县亮出了黄牌，对水质严重超标的深泽县亮出了红牌，责令分管环保的副县长停止工作。邢台市在全市 21 个县市区域内的河流进出口设置了 54 个水质考核断面，每月监测，由市财政对超标的市县区政府直接进行财政扣款。该项政策实施一年多来，碧水蓝天重现牛城。地处滏阳河源头的邯郸市，刚开始被扣缴了 10 万元，数额虽然不大，但对当地政府的触动却很大。造纸行业是邯郸市的传统产业，全市共有各类造纸企业 40 多家。考虑到年产 3.4 万吨以下的生料造纸企业基本难以实现稳定达标排放，邯郸市坚决关停了 3.4 万吨以下的生料造纸企业。

按照规定，生态补偿金必须专款专用，用于解决由于河水污染造成下游经济损失应给予补偿的项目、需要打深水井保障群众饮水安全的项目、水污染综合整治的减排工程等支出。调查显示，2008 年，安平县利用省财政拨付的 210 万元生态补偿金，为 4 个乡镇 25 个村庄打深水井 12 眼，有效地解决了多年未曾解决的受污染地区的群众饮水困难问题。安国市也利用省财政拨付的 231 万元生态补偿金，为污染严重村庄打深水井，缓解了群众饮水困难。为确保生态补偿机制落到实处，保证监测数据准确可靠，具有权威性和公信力，河北省环保厅、财政厅做了大量的基础工作，查补漏洞。河北省环保厅实行了上下游市县和省环保部门3家共同取样、分头监测、比对确认等监测制度，河北省财政厅专门拟定了生态补偿金财政结算扣缴办法和生态补偿金管理使用办法，通过财政结算方式对上游地区实施扣款，并将扣款及时分配拨付到受污染的下游地区。新政实施头一年，子牙河水系的水质就得到了明显改善，化学需氧量平均浓度下降42.8%，氨氮平均浓度下降13.7%。

2009年4月，河北省在总结子牙河水系生态补偿金政策的基础上，又设立了201个河流断面并在全省七大水系56条河流全面推行了生态补偿金扣缴政策，开创了全流域生态补偿之先河。截至2009年底，全省共扣缴生态补偿金3 570万元。监测显示，一年来，七大水系Ⅲ类和好于Ⅲ类水质的断面比例达40.1%，比2008年同期上升9.7个百分点；Ⅴ类和劣Ⅴ类水质断面比例比2008年同期下降9个百分点。河北省被环境保护部确定为全国省级全流域生态补偿试点省份。

如今，在燕赵大地上，一些过去曾为重污染的河段，再现鱼儿畅游，鸟儿飞鸣，水质已达到农田灌溉、景观用水标准。

2. 综合治理方案的实施

2008年制定并开始实施《河北省子牙河水系污染综合治理实施方案》，对企业违法排污集中整治、重点污染源治理攻坚、跨界断面水质全面达标等，有力促进了子牙河水系污染防治。

（1）2010年工作目标：

石家庄市滹沱河、汪洋沟、洨河、磁河、邵村排干5个断面水质COD浓度低于150毫克/升，石津渠水质达到Ⅴ类；在不断流和上游入境水质达到同期水质目标的情况下，各流域跨市出境断面水质达到规划目标。

沧州市子牙新河出境水质COD浓度低于150毫克/升，沧浪渠（岐口）断面COD浓度低于100毫克/升；在不断流和上游入境水质达到同期水质目标的情况下，各流域跨市出境断面水质达到规划目标。

衡水市滏阳河 COD 浓度低于 150 毫克/升，清凉江水质达到Ⅲ类；在不断流和上游入境水质达到同期水质目标的情况下，各流域跨市出境断面水质达到规划目标。

邢台市滏阳河、滏阳新河、滏东排河 3 个跨市界出境断面 COD 浓度低于 150 毫克/升，清凉江断面水质达到Ⅲ类，南水北调东线输水干线区水质达到《东线规划》目标；在不断流和上游入境水质达到同期水质目标的情况下，各流域跨市出境断面水质达到规划目标。

邯郸市滏阳河、洺河断面水质 COD 浓度低于 150 毫克/升。

（2）重点工作任务：

①加大重点污染源治理力度。子牙河水系涉及的石家庄、沧州、衡水、邢台、邯郸 5 市范围内的国控、省控 235 家重点水污染企业，2008 年 6 月底前全部实现污染在线监控。2008 年年底前，所有重点水污染企业所排放的各类污染物排放浓度和吨产品排放量稳定达到国家和省污染物排放标准。

②认真落实《河北省海河流域水污染防治“十一五”计划》、《河北省环境保护“十一五”规划》和《河北省“十一五”主要污染物总量削减目标责任书》中的现有企业废水深度治理工程（共 31 项）和建设城镇污水处理厂以及污水管网综合治理项目（共 50 项）。

③加强城镇污水处理厂建设与运行管理。按照省政府的统一部署，2010 年年底前子牙河流域所有县级以上城市、县城都要建成污水处理厂并投入运行；出水 COD 浓度达不到《城镇污水处理厂污染物排放标准》（GB 18918—2002）一级 A 标准的，在 2009 年前完成改造升级。

④大力促进产业结构调整。坚决淘汰年产 34 万吨以下草浆生产装置、年产 17 万吨以下化学制浆生产线、排放不达标的年产 1 万吨以下以废纸为原料的纸厂；坚决淘汰高温蒸煮糊化工艺、低浓度发酵工艺等酒精行业落后生产工艺装置及年产 3 万吨以下企业（废糖蜜制酒精除

外）。坚决淘汰年产3万吨以下味精生产企业和不能达到环保标准的柠檬酸生产企业。2008年年底前，取缔生产能力5 000吨/年以下废纸造纸企业和生产能力1万吨/年以下的淀粉企业。禁止新建单条生产线生产能力2万吨/年以下废纸造纸企业、5万吨/年以下的淀粉企业；禁止新建总投资600万元以下的化学原料及化学制品制造、医药原药制造企业；禁止新建化学制浆生产企业；积极发展皮革深加工产业，提高皮革产品附加值和竞争力，不再新增原皮加工生产能力和加工园区。

⑤严格新建项目环保审批。以区域污染物排放总量指标作为项目审批的前置条件，对新建限制类和允许类项目的污染物排放量实施“减二增一”；对鼓励类项目实施“减一增一”，禁止新建不符合国家产业政策的项目。对未按期完成减排任务、环境违法问题突出、未建成或已建成污水处理厂出水浓度超标和污水处理厂处理能力达不到60%、河流主要断面水质长期不达标以及完不成淘汰落后产能任务的市、县或企业集团，实行“区域限批”和“企业限批”。

⑥加强重点企业和重点河流在线自动监测装置安装工作。2008年年底前，子牙河流域造纸、医药、纺织、印染、化工、钢铁、食品、酿造、皮革、电镀等10个重污染行业日排水量100米^{3}或日排化学耗氧量30千克以上的企业，以及城镇污水处理厂进、出口必须安装在线自动监控装置，并与省、市环保部门联网，其中城镇污水处理厂在线自动监控装置还要与省、市建设部门联网。子牙河流域应建设20个河流水质断面在线自动监测站，目前已建设6个，2008年上半年完成其余14个在线自动监测站的建设，为加强子牙河水环境管理、实行污染区域补偿提供依据。

⑦全力保障群众饮水安全。2008年6月底前，子牙河水系有关市、县必须依法彻底取缔所有饮用水水源一级保护区内的工业企业排污口和二级保护区内的直接排污口。

（3）保障措施：

①省政府将把各市河流考核断面的水质改善情况作为对当地政府

环保工作目标考核的重要内容。各市、县政府主要领导要对本行政区域内的河流水环境质量负责，对本行政区域河流水质实行承包制，采取“一河一策”的方法，制定出每条河流的具体综合整治方案，并向社会公布治污责任、工作进度、治理效果。按照与省政府签订的《河北省“十一五”主要污染物总量消减目标责任书》的要求，每年对各市污染物总量消减指标完成情况、重点治污工程实施情况、重点河流跨界断面水质改善情况等进行考核，对完不成任务的市、县领导实施“一票否决”。

②严格按照《河北省人民政府办公厅关于在子牙河水系主要河流实行跨市断面水质目标责任考核并试行扣缴生态补偿金政策的通知》（办字[2008]20号）要求，对于因跨市界断面水质超过考核标准的城市进行通报批评，并由财政部门每月按照省环保局提供的考核断面水质超标倍数和扣缴数额，直接从设区市财政扣缴，作为子牙河流域水污染生态补偿资金，专项用于水污染综合整治的减排工程。

③协调联动，加强监督。建立由省发展改革、建设、环保、财政、物价、工商、供电、监察等部门负责人参加的联席会议制度，组成联合督导组，厅级干部为组长，分组包片负责污水处理厂建设工作。

④已建成的污水处理厂必须在2008年年底前全部改为企业化运营。实行污水处理厂核查制度，根据处理水量、浓度、削减污染物总量数额，作为污水处理厂核拨处理经费的依据。

⑤各级环保部门要进一步加大工作力度，认真履行统一监管职责。

全面加强重点污染企业监督管理。对于牙河水系的235家重点水污染企业实施环境五级信用管理制度，即把企业环保表现分为绿（环境友好）、蓝（达标）、橙（一般）、黄（较差）、黑（很差）五级，综合评定结果向社会公开，并纳入银行征信系统，分别实施不同的信贷政策，强化对企业环境行为的经济制约和社会监督。所有重点企业都要持证排污，安装在线监测装置，设立环境监督员。对严重违法企业采取取缔关停、经济处罚、新闻曝光、控制信贷、取消评先等制裁措施。

全面实行企业排污许可证制度。严格核定各排污单位的排污总量控制指标，依法组织发放排污许可证。2008 年年底前，完成对国控、省控重点排污企业核发排污许可证。自 2009 年起，所有排污单位实行持证排污，实行严格的污染物排放量化管理，严禁企业无证或超量排污。

各设区市环保部门要深入开展企业达标排放百日排查行动，逐个排查境内每条河流上游工业企业，对查出的超标排污企业，政府要下达停产整治决定，有关部门要组织实施停水、停电措施。到期未能完成排查任务，要追究环保部门责任；对排查出的违法排污企业没有实施停产整改的，追究政府及有关部门人员责任。

加强对重点排污单位、工业园区水污染处理设施的监管力度，增加检查、监测频次。对不能稳定达标或超过总量排污的单位进行挂牌督办，并报请当地政府对其下达限期治理任务，逾期未完成限期治理任务的，要依法责令停产或关闭。对明知故犯、阳奉阴违、屡查屡犯、擅自闲置污染治理设施、偷排偷放污染物的企业，一律责令停产整顿，依法给予处罚，并追究有关单位和个人的责任。

加强对主要河流重点断面的监测考核。对连续两个月水质考核断面超过考核指标一倍以上的市、县，由省、市环保部门提出区域限批预警；如预警后两个月内整改无明显进展，实行区域限批，暂停审批该地区所有增加水污染物排放总量的建设项目，直至考核断面水质有明显改善，方可解除区域限批。

⑥发挥舆论和社会监督作用。进一步加强环境宣传，及时报道正面典型，对领导不力、工作不实、进展缓慢的市、县和部门要进行舆论监督，对典型违法行为要坚决予以曝光。

四、流域治理水质分析

1995 年以来，水质达到Ⅲ类标准的河流断面所占比例增加，Ⅴ类和劣Ⅴ类水质的河流断面所占比例下降，污染恶化的势头得到一定遏制。从平均综合污染指数情况来看，1995—2002 年指数在 3.12～8.68 之间，呈高低相间的波动型变化，1998 年污染最重，2002 年开始下降，但仍属重度污染。2004 年七大水系污染由轻到重依次为：大清河水系、北三河水系、滦河及冀东沿海水系、永定河水系、漳卫南运河水系、黑龙港及运东水系、子牙河水系。

1．跨省界断面水质

河北省位于海河流域中游，与流域内其他省市区均有接壤，流入流出河流较多。跨省界断面评价选用河北省列入《界河通报》中的跨界河流，共评价跨界河流 20 条，其中入境河流 15 条、出境河段 5 条，流入河流中永定河常年河干，见表 3-7。

表 3-7　2004—2009 年跨省界断面水质类别统计

序号	河流	代表断面	流向		2004	2005	2006	2007	2008	2009
			流出	流入						
1	滦河	郭家屯	内蒙古	河北	Ⅱ	Ⅲ	Ⅲ	Ⅳ	Ⅲ	Ⅲ
2	东洋河	友谊水库	内蒙古	河北	Ⅲ	Ⅱ	Ⅲ	Ⅲ	Ⅱ	Ⅱ
3	洵河	双村	北京	河北	＞Ⅴ	＞Ⅴ	＞Ⅴ	＞Ⅴ	＞Ⅴ	＞Ⅴ
4	潮白河	赶水坝	北京	河北	＞Ⅴ	＞Ⅴ	＞Ⅴ	＞Ⅴ	＞Ⅴ	＞Ⅴ
5	永定河	固安	北京	河北	河干	河干	河干	河干	河干	河干
6	小清河	码头东	北京	河北	河干	河干	河干	河干	＞Ⅴ	＞Ⅴ
7	琉璃河	码头西	北京	河北	＞Ⅴ	＞Ⅴ	＞Ⅴ	＞Ⅴ	＞Ⅴ	＞Ⅴ
8	壶流河	壶流河水库	山西	河北	Ⅲ	Ⅴ	＞Ⅴ	Ⅳ	＞Ⅴ	Ⅳ
9	南洋河	水闸屯	山西	河北	＞Ⅴ	＞Ⅴ	＞Ⅴ	＞Ⅴ	Ⅴ	Ⅱ
10	滹沱河	小觉	山西	河北	Ⅲ	Ⅱ	Ⅱ	Ⅱ	Ⅱ	Ⅱ
11	绵河	地都	山西	河北	Ⅲ	Ⅲ	Ⅲ	＞Ⅴ	Ⅳ	＞Ⅴ
12	唐河	倒马关	山西	河北	Ⅱ	Ⅲ	Ⅱ	Ⅲ	Ⅱ	Ⅰ
13	清漳河	刘家庄	山西	河北	Ⅱ	Ⅱ	Ⅱ	Ⅱ	Ⅱ	Ⅱ

序号	河流	代表断面	流向		2004	2005	2006	2007	2008	2009
			流出	流入						
14	漳河	观台	河南	河北	Ⅱ	Ⅱ	Ⅱ	Ⅲ	Ⅱ	Ⅱ
15	宣惠河	景庄桥	山东	河北	河干	河干	河干	河干	河干	＞Ⅴ
16	北排水河	窦庄子	河北	天津	＞Ⅴ	＞Ⅴ	＞Ⅴ	＞Ⅴ	＞Ⅴ	＞Ⅴ
17	沧浪渠	窦庄子	河北	天津	＞Ⅴ	＞Ⅴ	＞Ⅴ	＞Ⅴ	＞Ⅴ	＞Ⅴ
18	北运河	土门楼	河北	天津	＞Ⅴ	＞Ⅴ	＞Ⅴ	＞Ⅴ	＞Ⅴ	＞Ⅴ
19	卫河	龙王庙	河北	山东	＞Ⅴ	＞Ⅴ	＞Ⅴ	＞Ⅴ	＞Ⅴ	＞Ⅴ
20	潮河	古北口	河北	北京	Ⅱ	Ⅱ	Ⅲ	＞Ⅴ	Ⅱ	Ⅱ

跨界河流中滦河、东洋河、滹沱河、唐河、清漳河、漳河、潮河水质较好。北京流入河北和河北流向天津的河流水质较差，均为劣Ⅴ类。单从水质类别来看，水质较好的 7 条河流水质稳定，张家口的壶流河、南洋河、保定的唐河水质有所改善；绵河水质变差；7 条河流维持劣Ⅴ类。6 年间，山西流入河北的南洋河水闸屯断面的水质类别变化最大，由 2004—2007 年的劣Ⅴ类改善为 2008 年的Ⅴ类，尤其到 2009 年变为Ⅱ类；壶流河的水质也有所改善。唐河倒马关断面从 2004 至 2008 年的Ⅱ、Ⅲ类改善为 2009 年的Ⅰ类，但绵河入境河流水质有变差趋势，由原来的Ⅲ类恶化至Ⅴ类。上述跨界断面中，7 条河流水质一直为劣Ⅴ类。为了反映其水质变化情况，对 7 条河流主要超标项目化学需氧量（COD）和氨氮（NH_3-N）进行超标倍数统计，结果见表 3-8。

表 3-8　2004—2009 年污染严重跨省界河流主要超标项目超标倍数统计

河流名称	断面名称	超标项目	2004	2005	2006	2007	2008	2009	变化趋势
卫河	龙王庙	COD	10.3	5.0	7.6	4.8	4.1	1.7	改善
		NH_3-N	16.1	16.2	9.6	10.4	7.4	6.7	
洵河	双村	COD	0	2.1	1.1	0	0.8	0.5	改善
		NH_3-N	12.4	13.7	13.2	11.6	12.3	4.4	

河流名称	断面名称	超标项目	2004	2005	2006	2007	2008	2009	变化趋势
潮白河	赶水坝	COD	1.0	0	0.4	0.5	0.7	0.7	改善
		NH_3-N	20.5	14	12.9	12.9	11.4	10.1	
北运河	土门楼	COD	0	0	0.4	1.3	0.8	0.5	改善
		NH_3-N	18.4	15.5	15.5	11.7	14.1	12.6	
北排水河	窦庄子	COD	8.0	11.5	10.5	9.6	10.9	12.3	恶化
		NH_3-N	0	0	0	0	6.2	0.6	
沧浪渠	窦庄子	COD	2.9	11.7	10.3	4.1	3.6	2.9	改善
		NH_3-N	32.5	0	20	23.7	17.1	4.9	
琉璃河	码头西	COD	1.0	2.1	2.8	2.4	4.8	2.8	恶化
		NH_3-N	1.8	1.7	7.6	9.7	11.3	17.3	

由表 3-8 可以看出，虽然这些河流水质类别均为劣V类，但其超标倍数有较大差异。洵河、潮白河、北排水河、沧浪渠、琉璃河超标更严重，且氨氮超标较化学需氧量更严重。总体看，卫河、洵河、潮白河、沧浪渠近年来水质总体呈好转趋势，北排水河、琉璃河水质仍继续恶化。

2. 重要敏感水域水质

重要敏感水域列入考核范围的共有 10 个代表断面，陡河、汤河用于考察入海口水质状况；府河主要考察入白洋淀水质状况；永定河考察入官厅水库水质状况；其他水域均是为了考察流经城市的河道水质变化情况。考核目标要求至 2010 年水质状况有所改善，并要求汤河桥水质达到Ⅲ类水目标，清水河高家屯断面水质达到V类。2004—2009 年重要敏感水域水质情况见表 3-9。

表 3-9　2004—2009 年重要敏感水域水质表

水域	代表断面	考核城市	评价结果		2004	2005	2006	2007	2008	2009	变化趋势	考核目标
汤河	汤河桥	秦皇岛	水质类别		Ⅲ	Ⅲ	Ⅳ	Ⅳ	Ⅲ	Ⅲ	达标	Ⅲ
			超标倍数	COD	0	0	0	0	0	0		
				NH_3-N	0	0	0.3	0.4	0	0		
武烈河	承德	承德	水质类别		＞Ⅴ	＞Ⅴ	＞Ⅴ	＞Ⅴ	Ⅳ	Ⅳ	改善	改善
			超标倍数	COD	2.7	4.7	0	3.4	0.4	0		
				NH_3-N	24.8	18.3	18.1	23.5	0.5	0.4		
洨河	大石桥	石家庄	水质类别		＞Ⅴ	＞Ⅴ	＞Ⅴ	＞Ⅴ	＞Ⅴ	＞Ⅴ	趋势不明	改善
			超标倍数	COD	17.4	30.4	30.8	22.3	20.1	11.6		
				NH_3-N	88.3	103	84.7	64.7	99.8	53.6		
陡河	毕家邺	唐山	水质类别		Ⅲ	＞Ⅴ	＞Ⅴ	＞Ⅴ	＞Ⅴ	＞Ⅴ	趋势不明	改善
			超标倍数	COD	0	3.7	1.7	3.2	0.6	0.8		
				NH_3-N	0	0	3.4	0.4	1.4	0		
府河	安州	保定	水质类别		＞Ⅴ	＞Ⅴ	＞Ⅴ	＞Ⅴ	＞Ⅴ	＞Ⅴ	趋势不明	改善
			超标倍数	COD	6.6	5.1	3.7	14.3	3.1	2.3		
				NH_3-N	12.2	22.9	25.5	27.7	16	18.8		

水域	代表断面	考核城市	评价结果		2004	2005	2006	2007	2008	2009	变化趋势	考核目标
牛尾河	祝村	邢台	水质类别		＞V	＞V	＞V	＞V	＞V	＞V	改善	改善
			超标倍数	COD	35.0	71.3	131.0	59.1	36.0	15.2		
				NH_3-N	52.9	70.2	50.6	41.6	33.7	28		
清水河	高家屯	张家口	水质类别		＞V	＞V	＞V	＞V	＞V	Ⅳ	达标	V
			超标倍数	COD	11.5	26.4	18.7	10.5	4.1	0.1		
				NH_3-N	59.3	62.6	58.3	39.8	13.4	0.2		
永定河	沙城	张家口	水质类别		＞V	＞V	＞V	＞V	＞V	Ⅳ	改善	改善
			超标倍数	COD	0	0	0	0	0	0		
				NH_3-N	12.4	3.5	8.6	8.3	5.2	0.21		
滏阳河	莲花口	邯郸	水质类别		＞V	＞V	＞V	＞V	＞V	＞V	趋势不明	改善
			超标倍数	COD	3.5	3.0	1.1	2.7	3.1	2.9		
				NH_3-N	11.0	19.4	5.4	8.8	7.1	11.7		
滏阳河	小范	衡水	水质类别		＞V	＞V	＞V	＞V	＞V	＞V	趋势不明	改善
			超标倍数	COD	7.1	9.3	14.8	25	17.6	81.0		
				NH_3-N	5.9	8.4	41.0	46.1	79.9	31.9		

由表 3-9 可以看出，水质最好的是秦皇岛的入海河流汤河，除 2006、2007 年为Ⅳ类外其余时期均为Ⅲ类，达到了考核目标要求；张家口清水河水质变化大，2006—2008 年水质都有改善，至 2009 年完全达到了考核水质目标要求。承德武烈河、张家口永定河、邢台牛尾河水质改善较为明显；流经邯郸、邢台、衡水的滏阳河、石家庄的洨河、保定的府河、唐山的陡河，水质变化趋势不明显。但石家庄洨河 2009 年水质明显好于 2008 年。

3. 七大水系水质

（1）滦河水系。

水系水质总体为轻度污染；近 7 年来，主要污染物 COD 和氨氮浓度总体呈下降趋势（见图 3-3）。2009 年，COD 浓度为 19.8 毫克/升，与 2005 年（“十五”末）相比降低了 39.3%，与 2008 年相比降低了 21.1%；氨氮浓度为 1.2 毫克/升，与 2005 年（“十五”末）相比降低了 73.3%，与 2008 年相比降低了 25.0%。

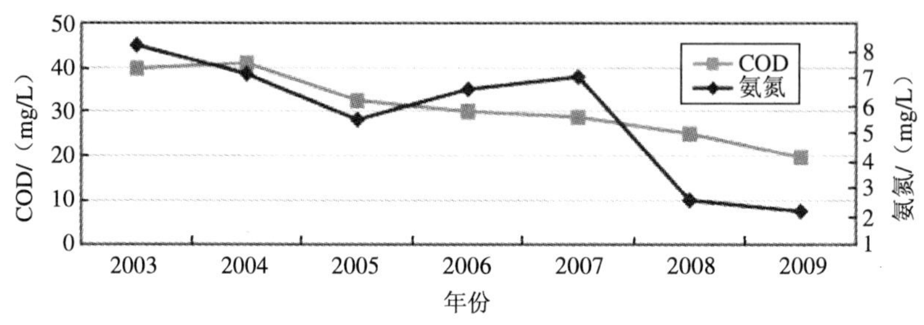

图 3-3　滦河水系主要污染物浓度变化图

（2）永定河水系。

水系水质总体为轻度污染；近 7 年来，主要污染物 COD 和氨氮浓度总体呈下降趋势（见图 3-4）。2009 年，COD 浓度为 16.8 毫克/升，与 2005 年（“十五”末）相比降低了 72.0%，与 2008 年相比升高了 6.3%；氨氮浓度为 0.37 毫克/升，与 2005 年（“十五”末）相比降低了 93.6%，与 2008 年相比降低了 69.2%。

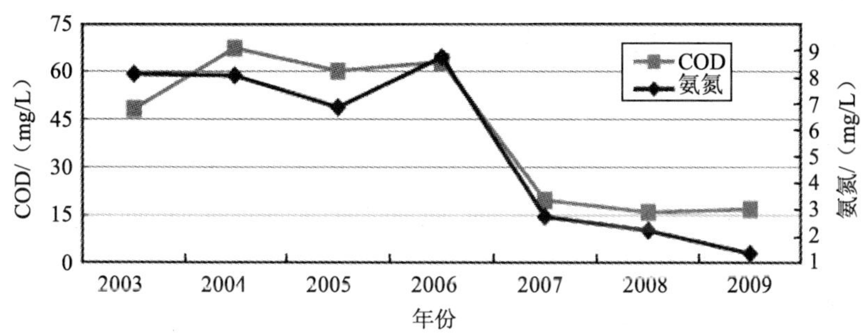

图 3-4　永定河水系主要污染物浓度变化图

（3）大清河水系。

水系水质总体为中度污染；主要污染物 COD 和氨氮浓度 2003 年至 2006 年呈增高趋势，2006 年以后呈下降趋势（见图 3-5）。2009 年，COD 浓度为 23.3 毫克/升，与 2005 年（“十五”末）相比降低了 30.4%，与 2008 年相比降低了 7.9%；氨氮浓度为 6.9 毫克/升，与 2005 年（“十五”末）相比升高了 6.2%，与 2008 年相比降低了 2.8%。

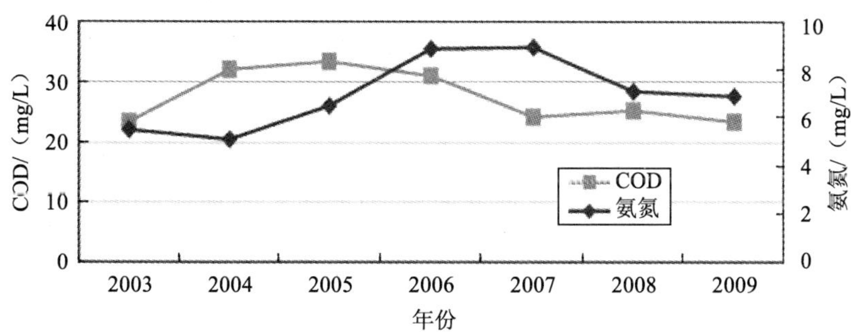

图 3-5　大清河水系主要污染物浓度变化图

（4）北三河水系。

水系水质总体为重度污染；近7年来，主要污染物COD和氨氮浓度呈下降趋势（见图3-6）。2009年，COD浓度为31.7毫克/升，与2005年（“十五”末）相比降低了23.6%，与2008年相比升高了0.3%；氨氮浓度为4.6毫克/升，与2005年（“十五”末）相比降低了43.9%，与2008年相比降低了14.8%。

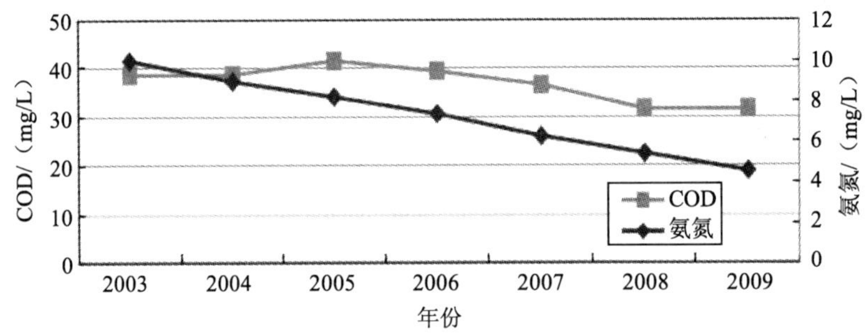

图3-6　北三河水系主要污染物浓度变化图

（5）漳卫南运河水系。

水系水质总体为重度污染；近7年来，主要污染物COD和氨氮浓度总体呈下降趋势（见图3-7）。2009年，COD浓度为42.3毫克/升，与2005年（“十五”末）相比降低了36.9%，与2008年相比降低了23.5%；氨氮浓度为3.5毫克/升，与2005年（“十五”末）相比降低了16.7%，与2008年相比降低了35.2%。

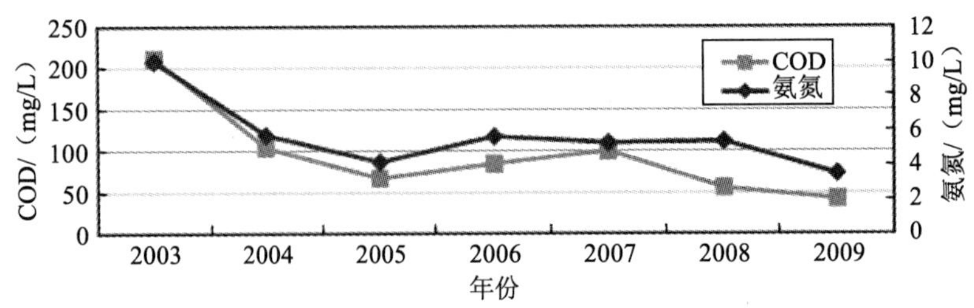

图3-7　漳卫南运河水系主要污染物浓度变化图

（6）子牙河水系。

水系水质总体为重度污染；主要污染物 COD 和氨氮浓度 2003 年至 2007 年基本持平，从 2008 年起下降幅度较大。2009 年，COD 浓度为 81.2 毫克/升，与 2005 年（“十五”末）相比降低了 57.2%，与 2008 年相比降低了 32.4%；氨氮浓度为 14.5 毫克/升，与 2005 年（“十五”末）相比降低了 12.1%，与 2008 年相比降低了 9.9%（见图 3-8）。

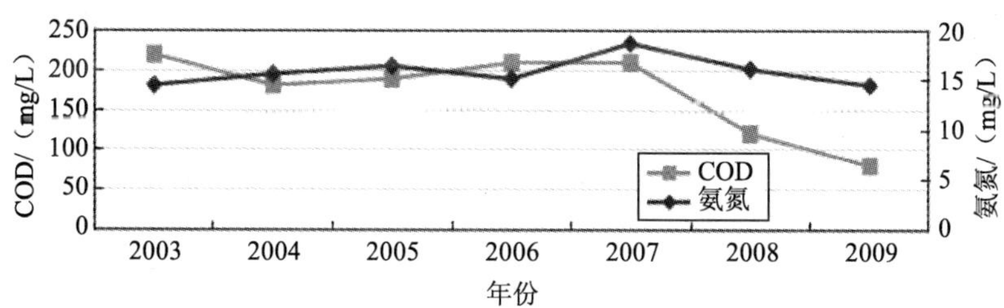

图 3-8　子牙河水系主要污染物浓度变化图

（7）黑龙港运东水系。

水系水质总体为重度污染；近 7 年来，主要污染物 COD 和氨氮浓度总体呈下降趋势（见图 3-9）。2009 年，COD 浓度为 74.3 毫克/升，与 2005 年（“十五”末）相比降低了 50.8%，与 2008 年相比降低了 14.8%；氨氮浓度为 5.6 毫克/升，与 2005 年（“十五”末）相比降低了 53.7%，与 2008 年相比降低了 27.3%。

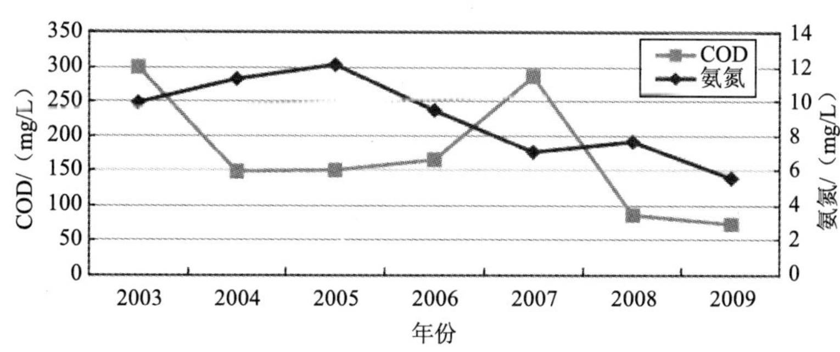

图 3-9　黑龙港运东水系主要污染物浓度变化图

五、治理效果与措施

通过流域治理水质变化可以看出，跨省界河流涉及上下游省、市、区间的利益关系，治理难度相对较大。水质较好的 7 条河流水质稳定，流入张家口的壶流河、南洋河和流入保定的唐河水质有所改善，但流入石家庄的绵河水质变差。另有 7 条流入或流出河北的河流维持劣Ⅴ类不变，从超标倍数看卫河、洵河、潮白河、沧浪渠近年来水质总体呈好转趋势，北排水河、琉璃河水质仍继续恶化。说明跨省界河流污染治理任务仍任重而道远，需要上下游之间通力合作，方能取得满意效果。重要敏感水域汤河、清水河达到了考核水质目标要求；武烈河、永定河、牛尾河水质改善较为明显；滏阳河、洨河、府河、陡河水质变化趋势不明显，看不到明显的水质改善迹象。说明城市污水治理任务仍很艰巨。

从目前"河北省全流域生态补偿机制"实施情况看，生态补偿机制的实施初步遏制了跨界断面水质恶化的趋势，但跨界断面仍由 7 条河流为劣Ⅴ类水质。加大补偿标准能从经济上改善上游污染源治理的效果。

在工业污染末端治理向过程控制的转变的同时，加大污水综合治理力度。从河北省重点水系入河排污口监测资料可知，近年来，无论是入河排污口数量还是入河污染物量均呈下降趋势，但入河排污口仍有65%口门超过排放标准，这是造成目前水环境状况仍很严峻的一个重要原因。

继续实行现有减排措施基础上，抓好污水处理厂的运行管理。目前，污水处理厂仍存在技术和管理上的问题，一些污水处理厂受经济因素制约存在有建而不运现象，出水水质不能稳定达标。2007 年对 11 座污水处理厂出水进行监测，COD 达标排放的 7 座，氨氮达标排放的 3 座。2009 年监测的 8 座污水处理厂出水，COD 达标排放的 4 座，氨氮达标排放的 3 座。污水处理厂成了一些企业规避污染治理的避风港，成了水环境污染的又一类污染源。这是造成目前水环境状况仍很严峻的又一个重要原因。

河北省水环境恶化状况将得到根本遏制。河北省海河流域水污染防治工作取得的成绩，主要得益于河北省委、省政府高度重视水污染防治工作，将其作为全省经济社会可持续发展的一项重点工作。以加快改善环境质量为目标，以主要污染物削减为主线，切实加强饮用水水源地保护、流域综合整治和城市污水处理设施建设，积极调整产业结构，不断创新举措，加大环境执法力度，进一步推进了《海河流域水污染防治规划》的实施，有力地促进了全省水污染防治工作的深入开展。

第四节 工业废水防治

河北全省 2009 年废水排放量为 24.50 亿吨，较 2008 年增加了 4.39%，其中工业废水 10.97 亿吨，较 2008 年减少了 9.5%，占废水排放总量的 44.77%。废水中化学需氧量（COD）排放总量为 57.01 万吨，较 2008 年下降了 5.74%，其中工业废水中 COD 排放量为 20.04 万吨，较 2008 年下降了 19.42%，工业 COD 占总量的 35.15%；生活污水中 COD 排放量为 36.97 万吨，较 2008 年上升了 3.82%。河北省工业废水主要来源于钢铁、制药、石化、轻工、化工、电力等工业所排废水。

一、冶金行业

冶金行业的钢铁工业是该省的支柱产业，也是资源消耗和污染排放的重点行业。近年来，为提高节能减排水平，该省钢铁工业加大淘汰落后产能力度，加快结构调整步伐，同时大力推广节能减排先进适用技术，节能减排水平显著提高。“十一五”以来，该省钢铁工业节能总量达 3 854.18 万吨标准煤、节水总量达 69 998.71 万米^3。2009 年，全省粗钢产量突破 1.3 亿吨，占全国粗钢产量的 23%，新水消耗占全省工业的 9.76%。近年来，河北省钢铁工业节能减排不断取得进步。2009 年吨钢耗新水 3.61 米^3，居国内同行业先进水平。但同国际先进水平相比，目前，该省钢铁工业水耗、排放指标仍然偏高。为此，该省将围绕主要污染物排放、先进技术推广等，进一步提高钢铁工业节能减排水平。

2010 年 9 月，河北省工业和信息化厅、河北省环境保护厅联合印发的《河北省钢铁工业节能减排实施意见》提出，2011 年年底，全省重点钢铁企业吨钢耗新水低于 3.5 米^3，水重复利用率 95%以上。到“十二五”末，重点钢铁企业全面实施综合污（废）水回收利用，钢铁联合企业基本实现废水“零”排放。为实现上述目标，应进一步加强钢铁企业节水工作：①贯彻实施《河北省钢铁企业节水技术导则》，规范全省钢铁工业节水工作，降低吨钢新水消耗。②研究制定《河北省节水型钢铁企业评价指标体系》，开展创建节水型钢铁企业活动。③鼓励钢铁企业开展城市中水、淡化海水等非常规水资源替代。④开展企业水平衡测试和企业用水审核工作。⑤企业要根据 GB/T 17639—1998《取水许可技术考核与管理通则》、GB/T 12452—2008《企业水平衡测试通则》开展企业水平衡测试工作，找出企业用水方面的薄弱环节，提出节水技术措施，进行节水技术改造，提高水的重复利用率。

1. 废水排放特点

钢铁生产过程中排出的废水，主要来源于生产工艺过程用水、设备与产品冷却水、设备和场地清洗水等。70%的废水来源于冷却用水，生产工艺过程排出的只占一小部分。废水中含有随水流失的生产用原料、中间产物和产品以及生产过程中产生的污染物。

钢铁工业废水通常按下述方法分为三类：第一类，按所含的主要污染物性质，可分为含有机污染物为主的有机废水和含无机污染物（主要为悬浮物）为主的无机废水以及仅受热污染的冷却水；第二类，按所含污染物的主要成分，可分为含酚氰污水、含油废水、含铬废水、酸性废水、碱性废水和含氟废水等；第三类，按生产和加工对象，可分为烧结厂废水、焦化厂废水、炼铁厂废水、炼钢厂废水和轧钢厂废水等。各厂又有几种主要废水以及这些废水处理工艺的选择，如表 3-10 所示。

表 3-10　钢铁企业主要废水及其处理工艺单元选择一览表

排放废水的工厂	按污染物主要成分分类的废水								废水处理工艺的单元选择															
	含酚氰废水	含氟废水	含油废水	重金属废水	含悬浮物废水	热废水	酸废（液）水	碱废水	沉淀	混凝沉淀	过滤	冷却	中和	气浮	化学氧化	生物处理	离子交换	膜分离	活性炭	磁分离	蒸发结晶	化学沉淀	混凝气浮	萃取
烧结厂					●	●			●	●	●	●												
焦化厂	●	●			●	●			●	●	●	●		●		●			●			●		●
炼铁厂	●				●	●			●	●		●										●		
炼钢厂					●	●			●	●	●	●								●	●	●		
轧钢厂			●	●	●	●	●	●	●	●	●	●	●	●	●		●	●		●		●	●	
铁合金	●			●	●	●	●	●	●	●	●	●	●		●							●		
其　他			●	●	●	●	●	●	●	●	●	●	●		●		●					●	●	

钢铁工业废水的特点是：

（1）废水量大，污染面广。

钢铁工业生产过程中，从原料准备到钢铁冶炼以至成品轧制的全过程中，几乎所有工序都要用水，都有废水排放。

（2）废水成分复杂、污染物质多。

表 3-11 列出了钢铁工业废水的污染特征和主要污染物质。从中可以看出钢铁工业废水污染特征不仅多样，而且往往含有严重污染环境的各种重金属和多种化学毒物。

表 3-11　钢铁工业废水的污染特征和主要污染物

排放废水的单元（车间）	污染特征						主要污染物																
	浑浊	臭味	颜色	有机污染物	无机污染物	热污染	酚	苯	硫化物	氟化物	氰化物	油	酸	碱	锌	镉	砷	铅	铬	镍	铜	锰	钒
烧结	●		●		●																		
焦化	●	●	●	●	●	●	●	●	●		●	●	●	●			●						
炼铁	●		●		●	●	●		●		●				●			●				●	
炼钢	●		●		●	●				●		●											
轧钢	●		●		●	●						●											
酸洗	●		●		●					●			●	●	●	●			●	●	●		
铁合金	●		●		●	●	●		●										●			●	●

（3）废水水质变化大，造成废水处理难度大。

钢铁工业废水的水质因生产工艺和生产方式不同而有很大的差异。有的即使采用同一种工艺，水质也有很大变化。如氧气顶吹转炉除尘污水，在同一炉钢的不同吹炼期，废水的 pH 可在 4～13 之间，悬浮物可在 250～25 000 毫克/升之间变化。间接冷却水在使用过程中仅受热污染，经冷却后即可回用。直接冷却水因与物料等直接接触，含有同原料、燃料、产品等成分有关的各种物质。钢铁工业废水水质的差异大、变化大，无疑加大了废水处理工艺的难度。

2．废水处理技术

（1）烧结厂废水处理。

烧结厂废水主要来自湿式除尘排水、胶带机冲洗水、冲稀地坪水和设备冷却排水。湿式除排水含有大量的悬浮物，需经处理后方可串级使用或循环使用，如果排放，必须达到排放标准；冲洗地坪水为间断性排水，悬浮物含量高，且含大颗粒物料，经净化后可以循环使用；设备冷却水，水质并未受到污物的污染，仅为水温升高（称热污染），经冷却处理后，一般都能回收重复利用。所以，烧结厂的废水污染，主要是指含高悬浮物的废水，如不经处理直接外排则会有较大危害，且浪费水资源和大量可回收的有用物质。烧结厂废水经沉淀浓缩后污泥含铁量较高，有较好的回收价值。

烧结厂废水处理主要目标是去除悬浮物，换言之就是对除尘、冲洗废水的治理。这类废水治理的主要技术难点在于污泥脱水。烧结厂废水经沉淀后污泥含铁品位很高，沉淀较快，但由于有一定黏性，故使之脱水较为困难。

（2）焦化废水处理。

焦化厂备煤、炼焦、回收、焦油、精制等各主要工序均有废水排出，其中主要的有除尘废水、熄焦废水和含酚废水。除尘废水和湿法熄焦工艺时产生的熄焦废水中含有大量悬浮颗粒和其他有害物质，经沉淀处理后可以循环利用。

含酚废水是焦化生产过程中排放出的含酚、氰、油、氨氮等有毒、有害物质的废水。含酚废水主要来自炼焦和煤气净化过程及化工产品的精制过程，其中以蒸氨过程中产生的剩余氨水为主要来源。含酚废水所含污染物包括酚类、多环芳香族化合物及含氮、氧、硫的杂环化合物等，是一种典型的含有难降解的有机化合物的工业废水。焦化废水中的易降解有机物主要是酚类化合物和苯类化合物，砒咯、萘、呋喃、咪唑类属于可降解类有机物。难降解的有机物主要有砒啶、咔唑、联苯、三联苯等。

含酚废水的水质因各厂工艺流程和生产操作方式差异很大而不同。一般焦化厂的蒸氨废水水质如下：COD_{Cr} 3 000～3 800 毫克/升、酚600～900 毫克/升、氰 10 毫克/升、油 50～70 毫克/升、氨氮 300 毫克/升左右。如果 COD_{Cr} 按 3 500 毫克/升计，氨氮按 280 毫克/升计，则每吨焦炭最少可产生 0.65 千克 COD_{Cr} 和 0.05 千克氨氮，如果污水不处理，将对环境造成很大的污染。

河北省的焦化厂目前大多采用两级处理流程，即对含酚浓度较高的废水，先回收酚，然后再处理废水。回收废水中酚的方法很多，有吸附脱酚、溶剂萃取脱酚等。

（3）炼铁废水的处理。

炼铁过程中，高炉和热风炉的冷却、高炉煤气的洗涤、炉渣水淬和水力输送是主要的用水装置，此外还有一些用水量较小或间断用水的地方。炼铁废水分为净循环水及浊循环水两大系统。净循环水即冷却废水在使用过程中未受到其他污染，但因水温升高、蒸发浓缩，含盐量增加。为防止水质恶化，需定期加入缓蚀剂及防垢剂，并排放一定比例的排污水。此废水排入浊循环系统作为补充水。浊循环水系统的污水来自炉缸洒水、煤气洗涤水、冲渣水和铸铁机用水。

炼铁厂生产工艺过程中产生量较大的废水主要是高炉煤气洗涤水和冲渣废水。炼铁厂的所有给水，除极少量损失外，均转为废水，所以用水量基本上与废水量相当。高炉煤气洗涤水是炼铁厂的主要废水，其特点是悬浮物含量高，含有酚、氰等有害物质，危害大，所以它是炼铁厂具有代表性的废水。

高炉煤气洗涤水处理工艺主要包括沉淀（或混凝沉淀）、水质稳定、降温（有炉顶发电设施的可不降温）、污泥处理四部分。沉淀去除悬浮物采用辐射式沉淀池为多，效果较好。国内采用的工艺流程有：石灰软化-碳化法工艺，投加药剂法工艺，酸化法工艺，石灰软化-药剂法工艺。经净化后的洗涤水可循环使用，先送入第二文氏洗涤器（二文）中洗涤经第一文氏洗涤器（一文）洗涤过的煤气，因而“二文”排水相对来说污染较轻，不经处理即可直接送入“一文”洗涤煤气。“一文”排水含悬浮物量约为 2 500 毫克/升，先投入高分子助凝剂，再投加 NaOH（或石灰），控制 pH 在 7.8～8.0 范围内，使水中溶解的锌及碳酸盐转化为不溶于水的氢氧化物，在助凝剂的作用下，与悬浮物等一起在沉淀池中沉淀。通常采用的是辐射式沉淀池，单位面积负荷率为 0.863 米^3/（米^2・时）。

沉淀池有效水深可采用 4 米。沉淀池设有集泥耙，将污泥刮至中央区，由排泥泵排出。污泥经脱水后，含水率为 20%～30%，可用作烧结原料。但当污泥含锌量大于 1%时，需经脱锌处理后方可回用，以免因烧结矿含锌量高而造成高炉结瘤。

高炉渣水淬方式分为渣池水淬和炉前水淬两种，高炉冲渣废水一般指炉前水淬所产生的废水。因为循环水质要求低，所以经渣水分离后即可循环，温度高一些不影响冲渣，因而，在冲渣水系统中，可以设计成只有补充水、而无排污的循环系统。渣水分离的方法有：①渣滤法；②槽式脱水法（RASA 拉萨法）；③转鼓脱水法（INBA 印巴法）。

（4）炼钢废水的处理。

转炉烟气除尘废水来源于对转炉烟气的直接喷射除尘。一般采用两级文丘里洗涤器进行除尘和降温。使用过后，通过脱水器排出，即为转炉除尘废水。

一般采用二级文氏管除尘系统，废水循环使用，经沉淀处理后的废水送入二级文氏管除尘，“二文”排水直接送入一级文氏管使用。“一文”排水送沉淀池净化。“一文”排水量 1.98 米^3/吨钢，悬浮物含量 5 000～15 000 毫克/升。转炉除尘废水的关键技术，一是悬浮物的去除；二是水质稳定问题；三是污泥的脱水与回收。

（5）轧钢厂废水处理。

轧钢厂产生废水可分为热轧废水和冷轧废水。

热轧废水来自对轧机、轧辊及辊道的冷却及冲洗水，冲铁皮、方坯及板坯的冷却水以及火焰清理机除尘用水。废水量大小取决于轧机及产品的规格。对一般大型钢厂来说，热轧循环废水量为 36 米^3/吨钢锭。其中用于轧机、轧辊、辊道等的直接冷却循环废水量为 3.84 米^3/吨钢锭，用于板坯及方坯的直接冷却循环废水量为 26.4 米^3/吨钢锭，用于冲铁皮的循环废水量为 3.01 米^3/吨钢锭，用于火焰清理机、高压冲洗溶渣的循环废水量为 2.61 米^3/吨钢锭，用于火焰清理机除尘器循环废水量为 0.188 米^3/吨钢锭。废水中含氧化铁皮 1 000～5 000 毫克/升，油类 50～500 毫克/升。热轧废水的特点是含有大量的氧化铁皮和油，温度较高，且水量大。经沉淀、机械除油、过滤、冷却等物理方法处理后，可循环利用，通称轧钢厂的浊环系统。冷轧废水种类繁多，以含油（包括乳化液）、含酸、含碱和含铬（重金属离子）为主，要分流处理并注意有效成分的利用和回收。

热轧厂的给排水包括净环水和浊环水两个系统。净环水主要用于空气冷却器、油冷却器的间接冷却，与一般循环水系统一样，这里不再赘述。含氧化铁皮和油的浊循环水是主体废水，所谓热轧厂废水的处理，就是指这部分废水。主要技术问题是固液分离、油水分离和沉渣的处理。

冷轧钢材必须清除原料的表面氧化铁皮，采用酸洗清除氧化铁皮，随之产生废酸液和酸洗漂洗水。还有一种废水就是冷却轧辊的含乳化液废水。除此以外，轧镀锌带钢产生含铬废水。

3. 处理工程实例

（1）唐钢炼焦制气厂焦化废水处理。

唐钢炼焦制气厂焦化废水处理工艺采用重力除油+气浮+A/O 生化处理+混凝沉淀工艺，同时废水处理站内设有事故池，在设备检修等事故情况下，废水可暂存入事故池内。废水处理工艺主要由预处理段、生物处理段、深度处理段和污泥处理段组成。

①预处理。厂区内产生酚氰废水自流进入调节池内进行水质水量的调节，调节池出水经泵提升送入重力除油池去除重油，然后自流进入气浮单元，通过混合反应装置和气浮机去除废水中的硫化物及大部分胶状油、乳化油和悬浮物。气浮处理后废水送生物处理段。该工序产生污染源主要为气浮和重力除油池收集的废油，收集后废油送至机械化氨水分离槽回收其中的焦油；气浮机及泵类产生的噪声，采用气浮机加装消音

器，水泵布置在厂房内的降噪措施。

②生物处理。气浮出水自流进吸水池，经泵提升后进入 SDN（前置反硝化）池前端的配水井，在配水井中与工艺配水（清净下水和生活污水）、硝化池的混合液以及二沉池的污泥混合后自流入 SDN 池前半部分——反硝化池，利用池内的反硝化菌，将回流的混合液中的 NO_3^-及 NO_2^-转变为 N_2，同时去除水中的部分有机物；随后废水进入 SDN 池的后半部分——硝化池，利用硝化细菌及亚硝化细菌的作用将废水中的 NH_3-N 氧化成 NO_3^-、NO_2^-，同时在硝化池中鼓入空气，利用好氧性微生物去除废水中的大部分 COD 等污染物。SDN 池出水自流进入二沉池，经泥水分离后出水自流进入深度处理段。该工序产生污染源主要为二沉池产生污泥，泵送至污泥处理段处理；硝化池鼓风机及泵类产生的噪声，采用鼓风机加装消声器，水泵布置在厂房内的降噪措施。

③深度处理。生物处理后出水自流进入混合反应池内，投加絮凝剂并实现与水的充分混合，混合后废水进入混凝沉淀池，絮凝剂与废水充分接触，吸附网捕废水中的污染物，再经泥水分离后自流进入出水池，达标出水外排入丰润区污水处理厂。该工序产生污染源主要为混凝沉淀池产生污泥，泵送至污泥处理段处理。

④污泥处理。废水处理系统产生的污泥主要来自生物处理二沉池和混凝沉淀池，污泥经抽提后送至污泥浓缩池，浓缩后通过污泥螺杆泵送入带压机进行脱水处理，泥饼全部返回备煤工序掺入炼焦煤中综合利用。污泥带式压滤一体机反冲洗水，返回到 SDN 池前端的配水井进入废水处理站进行处理。

技改工程工艺流程及排污节点见图 3-10。

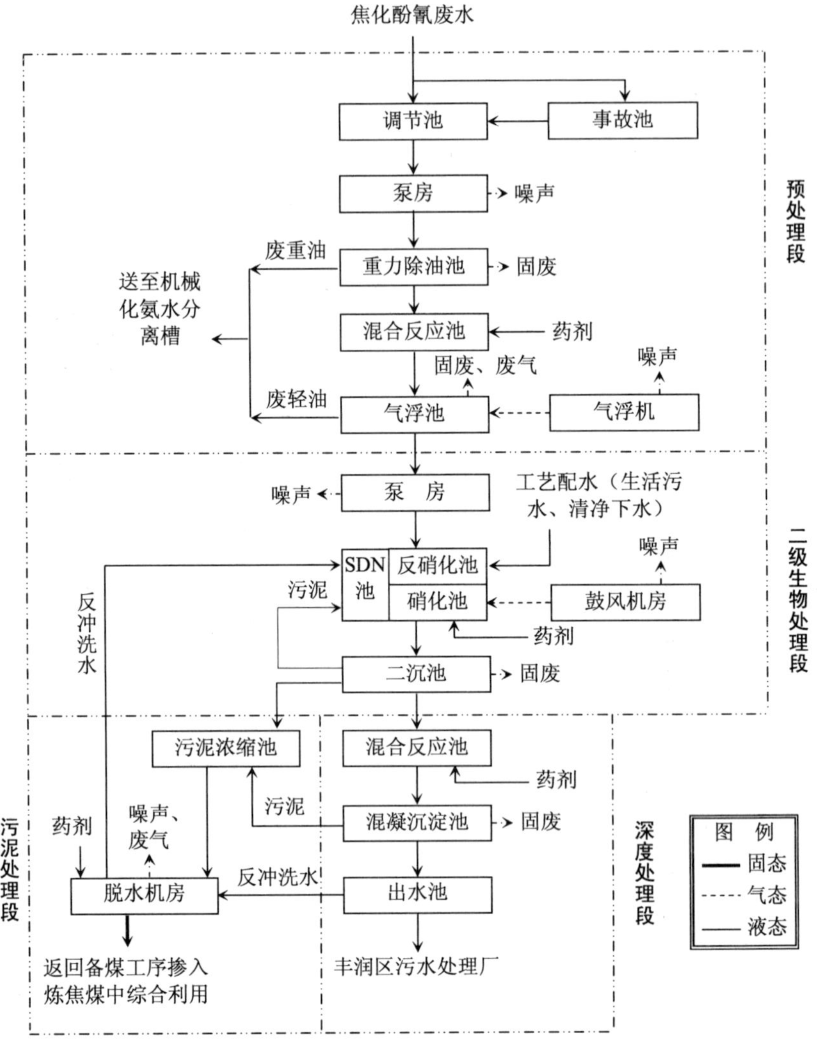

图 3-10　废水处理工艺流程及排污节点图

（2）邢钢焦化厂焦化废水处理。

邢钢焦化污水的来源主要是炼焦煤水分在干馏过程中形成的氨水、煤气初终冷过程中的冷凝水、煤气水封水、洗澡、冲洗水及生产排污水等。污水水量为 50 吨/时，污水水质主要指标如下：

COD：2 755 毫克/升；NH_3-N：200 毫克/升；挥发酚：500 毫克/升；油：15 毫克/升；pH：7～9。

针对废水排放情况，邢钢污水处理工程主体工艺采用 SDN（A/O2）工艺。SDN 工艺主要由预处理段、生物处理段、深度处理段和污泥处理段组成。预处理段由调节池组成，生物处理段由 A/O2 池及二沉池组成。在 O 池采用微孔曝气器作为充氧手段。深度处理段由混凝反应池及混凝沉淀池组成。污泥处理段由污泥浓缩池、污泥泵房、污泥脱水设备及储存设备组成。

调试工作：2006 年 2 月 28 日引入生活污水，3 月 3 日污泥接种。污泥泥种采用的是市政污泥，生长环境不同，且水温低，微生物培养驯化速度缓慢。为提高微生物培养驯化速度，采取了以下方法：①焦化废水逐次增加，给微生物充分的适应时间；②在缺氧池前端接蒸汽管通入蒸汽，调节水温，温度恒定在 29～31℃；③污泥生长最适宜的 pH 为 7.5～8.2，采用 24 小时连续加碱方式，保证各池的 pH 稳定；④加入适量 K_2HPO_4 药剂，提供微生物生长所需的养料；⑤好氧段采用鼓风曝气，曝气头选用微孔曝气头。曝气器参数：S=0.5～1.5 米^2/根，Q=2～8 米^3/（个·时），曝气器共布置 890 个。考虑到系统内需氧量呈递减的特性，在好氧段中沿水流方向采用渐减曝气。高效的曝气率使好氧段溶解氧保持在 6.3～8.0 毫克/升。实施后污泥培养速度明显加快。整个调试过程比较顺利，7 月初调试完毕，7 月 19 日验收通过。出水水质达到国家二级排放标准。

（3）邯钢综合废水处理及回用。

邯钢的产品以板材为主，还有部分钢材和型材，年产量约为 600 万吨。现有 2 个污水处理厂，日处理污水约为 17 万吨，其污水主要产生于焦化、轧钢等二级厂，主要污染物是铁、油、镉以及酸碱。这 2 个水处理厂处理后的污水主要用于生产回用，节约大量的水资源而且大大减少了排污量。邯钢第二污水厂于 2006 年 5 月建成试运行，该污水理厂处理最大流量为 72 000 米^3/天，包括回流水的最大流量为 3 000 米^3/时。工艺流程如图 3-11 所示。

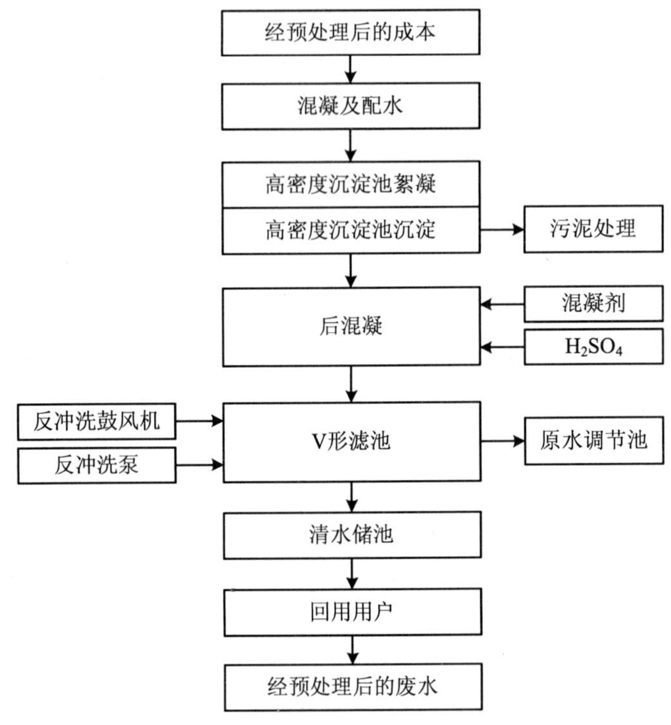

图 3-11　邯钢第二污水处理厂工艺流程

经过处理，回用水可以达到工业用水水质，处理后的污水水质见表 3-12。

表 3-12　出水特性

pH	SS/（mg/L）	不溶解性油/（mg/L）	暂时硬度（以 $CaCO_3$ 计）/（mg/L）	总碱度（以 $CaCO_3$ 计）/（mg/L）	色度/度
7～8.5	≤5	≤2	≤100	≤100	≤30

经以上工艺处理的污水完全满足工业回用水标准，但在某些工序中需要特殊回用水即要求污水需经过深度处理。集成膜工艺是将微滤/超滤

（LJF）与反渗透相结合形成的污水深度处理工艺，去除污水中的细菌和悬浮物，具有系统稳定、占地小、药品用量少、工艺简单、运行费用低等优点。原水为邯钢污水厂出水，超滤出水用作反渗透的原水和超滤膜的反冲洗水，采用气、水反冲洗控制超滤膜污染。超滤膜采用抽吸式聚偏氟乙烯中空纤维膜，孔径为 0.04 微米，有效膜面积为 112 米^2，过滤方式为死端过滤，设计处理能力为 2 米^3/时，回收率为 90%。该工艺的超滤膜（PVDF 膜）技术参数见表 3-13。

表 3-13　PVDF 膜的技术参数

膜材料	结构	设备产水量/(m^3/h)	膜表面特性	正常膜孔直径/μm	设计压力下的设计水通量/[L/(m^2·h)]	正常透膜压/kPa	组建放置方式	曝气周期/s	曝气时间/s
玻璃纤维涂敷PVDF	外压式中空纤维膜	1～2.7	非离子性与亲水性	0.04	17～51	7～55	内置式	15	15

原水采用邯钢污水处理厂的二级出水，原水水质如表 3-14 所示。

表 3-14　污水厂出水原水水质情况

pH	碱度（以 $CaCO_3$ 计）/（mg/L）	Cl^-/（mg/L）	硬度（以 $CaCO_3$ 计）/（mg/L）	COD/（mg/L）	浊度/NTU
7.83	3.2	42.8	11.4	36	0.3～28.9

应用超滤作为反渗透的预处理措施，来处理邯钢污水厂的二级出水，产水水质能控制在比较稳定的区域，主要技术指标能够符合反渗透的技术要求，浊度的去除率达到 95%以上，出水的 *SDI* 值（淤泥密度指数）保持在 3 以下；应用 PVDF 中空纤维超滤膜，能够有效防止浓差极化，抑止污染，并能经受较高浓度的化学药剂清洗，可维持较长时间的运行周期；在处理钢铁污水厂二级出水的时候，超滤的污染物质主要是金属离子结构和微生物、细菌等，因此，使用柠檬酸、次氯酸钠，可取

得较好的清洗效果。

二、制药行业

随着制药工业的迅速发展，尤其 20 世纪中叶以后抗生素制药工业的迅速发展，制药废水污染得到了欧洲、美国以及日本等国家的重视，其处理技术研究和应用十分活跃，开发出了多种处理方法。但是，从 20 世纪 80 年代以后，发达国家将制药工业的重点放在高附加值新药的生产，大宗常规原料药生产逐步转移到中国、印度等发展中国家，由此发达国家的制药废水处理技术研究和应用日益减少。制药工业是国家环保规划要重点治理的 12 个行业之一，据统计，制药工业占全国工业总产值的 1.7%，而污水排放量占 2%。

1. 废水排放特点

制药工业的生产特点是生产品种多，生产工序多，使用原料种类多、数量大，原材料利用率低，从而产生的“三废”量大，废物成分复杂，污染危害严重。其废水通常具有组成复杂，有机污染物种类多、浓度高，高 COD，色度深、毒性大，固体悬浮物浓度高等特征。根据制药工业生产工艺、排污特点，结合我国医药产业的特点和对医药行业环保管理工作的需要，将制药废水分为 6 类，即发酵废水、合成废水、提取废水、生物工程废水、中药废水、混装制剂废水。对于每类制药废水，大体上由以下几部分构成：工艺废水、冲洗废水、生活污水以及动力排水。

2. 废水处理技术

（1）物化处理技术。

目前比较常用的处理工艺有混凝沉淀或气浮、吹脱法、化学氧化还原法、电解法以及多效蒸发等。混凝沉淀或气浮无论在制药废水预处理和后处理领域应用都很普遍；吹脱法主要针对高氨氮废水的预处理，如华北制药倍达公司等；微电解工艺已在石药集团新诺威公司成功应用；芬顿氧化也应用于石药集团中润公司、华北制药股份有限公司等；电解技术应用于河北华曙制药、华北制药华日公司等；多效蒸发技术应用于石药中润（内蒙古）公司。

（2）生物处理技术。

20 世纪 80 年代，好氧工艺主要有传统活性污泥法、接触氧化法、深井曝气、氧化沟等。90 年代中期，SBR、ICEAS、CASS 等工艺在制药废水治理中得到推广。进入 21 世纪后，类似三槽式氧化沟、UNITANK 以及 MSBR 等陆续出现。

20 世纪 80 年代开始逐步采用废水好氧生物处理技术，如生物接触氧化、深井曝气、氧化沟等。华北制药集团三废中心、河北维尔康公司、华北制药华胜公司均采用了生物接触氧化法。制药废水厌氧处理的主流技术仍然是 UASB。EGSB、ABR、IC 开始出现，UASB+AF（UBF）和厌氧生物膜反应器逐渐增多。最近几年应用的工艺有 SBR、ICEAS、CASS、UNITANK 等。其中 CASS 工艺在石药集团中润公司、华曙公司、中润制药（内蒙古）公司、华药威可达公司等企业广泛应用。而 UNITANK 则只在华北制药股份公司得到应用。两级好氧（完全混合+低负荷生物膜）法在华药三废中心、华药天星公司也得到了应用。制药废水厌氧生物处理技术应用起步于 90 年代，如华药股份公司、河北维尔康公司、华药威可达公司、河北华曙制药等都采用了 UASB 法；华北制药华胜公司采用了 EGSB；石药集团维生药业采用了 UASB+AF（UBF）法；河北九派制药厂采用了 ABR 法；石药集团中润制药采用水解酸化法；水解酸化与好氧处理结合工艺相当普遍。

河北省对高浓度制药废水处理的研究进展较快。先后进行了深井曝气法、生物流化床法、厌氧处理法、焚烧处理法、生物接触氧化法、气浮法、多级好氧处理法、厌氧-好氧处理法等技术研究和工程实践，建成了一批制药废水处理设施。此外，化学氧化法，电解法，膜处理法等也得到关注。目前国内外针对制药废水处理技术的研究往往是以其中最具代表性的，污染最严重的生物发酵制药、化学制药等产生的高浓度、难降解有机废水为主要对象，常用的处理技术主要为物化法和生物法。目前用于综合制药废水处理的物化方法主要有以下几种：混凝沉淀、吸附、气浮、化学氧化法（Fenton 试剂、湿式氧化等）、电解法（Fe-C 微电解）等。制药废水的共性是有机物浓度高，大都采用生化法为主的处理技术，这些技术主要有普通活性污泥法、加压生化法、沉井曝气法、序批式间歇活性污泥法（SBR）、厌氧生物活性炭流化床工艺（AFBGAC）、水解-好氧生物处理技术、生物接触氧化法、优势菌株生物膜法、光合细菌处理法（PSB）、固体化微生物法、生物活性炭法等。目前这些生化处理方法都比较成熟，在制药废水处理中都有不同程度的应用，对实际制药工业废水的处理可按产品及工艺的不同，选取合适的工艺。

但是，在具体制药废水处理的工程实践中，也存在一些问题：主要是由于制药废水的复杂性，废水中含有大量难降解的有机污染物质，大部分制药废水都不能或仅仅采用生化方法处理达标。因此，对于不易生化处理或单经生化处理不能达标的废水，须采用其他方法先对其进行预处理，以提高废水的可生化性或改善废水的生化特性，使废水二级生化处理更为有效。

3. 治理工程实例

华北制药集团的制药废水以发酵废水为主，合成废水迅速增加，由于产品的多元化，处理的废水也由单一品种废水处理逐步转变为多品种混合废水处理，并且多类废水混合处理成为趋势，治理向上下两端延伸，即强化清污分流、预处理以及必要的后处理。治理技术和运行管理由粗放逐渐转向精细化，治理设施及系统日趋完备。华药制药废水处理情况见表 3-15。

表 3-15 华药制药废水处理情况一览表

编号	单位名称	工艺形式	处理规模/（t/d）	备注
1	华北制药集团三废治理中心	预处理+厌氧+好氧+后处理	10 000	发酵、合成混合废水
2	华胜公司链霉素废水处理站	EGSB-完全混合好氧-接触氧化	7 000	发酵废水
3	威可达公司维生素 B12 废水处理站	UASB-CASS	2 500	发酵废水
4	维尔康公司维生素 C 废水处理站	中和-UASB-MBBR-活性污泥	8 000	发酵废水
5	华盈公司溶剂废水处理站	UASB-活性污泥	3 500	发酵废水
6	华药股份公司废水处理车间	预处理+厌氧+UNITANK+接触氧化后处理	7 000	发酵废水为主
7	华北制药集团华栾公司洁霉素废水处理站	水解酸化-光合细菌-接触氧化	2 000	发酵废水
8	天星公司四环素废水治理工程	ICEAS-接触氧化	5 000	发酵废水
9	康欣公司淀粉及维生素 B12 废水处理工程	UASB-接触氧化	5 000	发酵废水
10	海翔公司克林霉素磷酸酯废水治理工程	水解酸化-接触氧化	400	合成废水
11	华日公司普鲁卡因青霉素等废水处理站	电解-水解酸化-AB 好氧工艺	600	合成废水
12	制剂公司中药废水处理工程	水解酸化-接触氧化	90	中药废水
13	制剂公司生产一部废水处理工程	沉淀-气浮-化学氧化-过滤	260	制剂废水
14	制剂公司生产二部废水处理工程	沉淀-气浮-化学氧化-过滤	160	制剂废水
15	爱诺公司综合废水处理站	调节-活性污泥	300	混合废水
16	华药藁城园区污水处理中心	预处理-厌氧-两级好氧	6 000	合成废水

三、石化行业

据河北省工业污染源调查结果表明，2008 年原油加工及石油制品制造工业废水排放量约 534.35 万吨/年，其中 COD 排放量约为 821.74 吨/年，BOD 排放量约为 263.58 吨/年，氨氮排放量约为 515.2 吨/年，石油类排放量约为 45.32 吨/年，挥发酚排放量约为 12.2 吨/年。

1. 废水排放特点

按照废水水质的特点，石化工业产生的废水的种类分为：

（1）含油废水。

含油废水主要来自装置中凝缩水、油气冷凝水、油品油气水洗水、油泵轴封、油罐切水及油罐等设备洗涤水、化验室排水等。这是炼油加工及储运等过程中排水量最大的一种废水。水中主要含有原油，成品油、润滑油及少量的有机溶剂和催化剂如酚，丙酮，芳烃，硅酸铝等。这种废水的水温较高，具有石油臭味，废水浑浊度也较大，水中的油多以浮油、分散油、乳化油及溶解油的状态存在于废水中。

（2）含硫废水。

含硫废水主要来自炼油厂催化裂化、催化裂解、焦化、加氢裂解等二次加工装置中塔顶油水分离器、富气水洗、液态烃水洗、液态烃储罐切水以及叠合汽油水洗等装置的排水。含硫废水产生量不大，但污染物浓度较高。污水中除含有大量硫化氢、氨、氮外，含酚量也较高，一般可达 100～150 毫克/升，还含有氰化物和油类污染物。并且具有强烈的恶臭，对设备有腐蚀性。当 pH 低时，硫化物易分解，放出硫化氢气体，污染环境。该废水不宜直接排入集中处理场，而应进行汽提预处理。

（3）含碱废水。

含碱废水来自常减压、催化裂化等装置中柴油、航空煤油、汽油碱洗后的水洗水及液态烃碱洗后水洗水。废水中含有游离态的烧碱、石油类及少量的酚和硫等。含碱废水主要含有氢氧化钠，排出时还经常夹带大量的油，少量的酚和硫，pH 达 11～14。石油炼制厂的汽油，柴油碱洗后的碱液还产生大量的碱渣含有大量的氢氧化钠、硫化物、酚、环烷酸盐、不饱和烃等物质。

（4）含酸废水。

含酸废水主要含有硫酸和硫酸钙等盐类，来源于水处理装置、化学药剂罐区、加压泵房等。石油炼制厂的汽油、柴油酸洗罐还产生酸渣，酸渣中含有大量的酸、硫化物、氧、氮、不饱和烃类等物质。含酸废水在石油炼制厂一般水量很小，但与含硫废水混合后会产生大量硫化氢，污染大气及腐蚀管道。

（5）含盐废水。

含盐废水主要来自原油电脱盐脱水罐排水及生产环烷酸盐类的排水。由于废水中含盐量较高，同时还含有原油，乳化严重，不易处理。

（6）含酚废水。

含酚废水要来自常减压、催化裂化、延迟焦化、电精制及叠合等装置，其中除催化裂化装置分馏塔顶油水分离器排出的废水含酚量很高，约占外排水总酚量的一半外，其余各装置外排的废水含酚量少，但水量较大。该类废水含酚量高，如不经过处理，其危害性较大，污染范围广，对人体、农作物、自然水体会带来严重影响。

（7）其他废水。

石油化工废水水质成分复杂，除含有油、硫、酚、氰外还含有苯、醇、醚等，有机物浓度高，多为有毒有害物质。废水水量、酸碱度变化大，经常形成冲击负荷。其具体的特点有：①废水排放量大。随其加工深度不同，在生产过程中每吨原油的废水排放量为 0.69～3.99 吨，平均值为 2.86 吨。石油化工每吨产品的废水排放量为 35.81～168.86 吨，平均值为 117 吨；②废水中污染物组分复杂。废水中除含有油、硫、酚、氰、SS、氨氮外，还含有各种醇、醚、酮等有机物和无机物。当生产不正常时，易造成冲击型负荷；③废水处理难度大。废水中的主要污染物可概括为烃类、烃类化合物及可溶性有机和无机组分，其中大多数组分能被生物降解，也有少部分难以被降解或不能被降解，如原油、汽油、丙烯等。

2. 废水处理技术

石化行业产生的废水种类很多，其中以含油废水、含硫废水及含碱废水为主，因此，笔者着重介绍这三种废水的处理技术。

（1）含油废水的处理。

根据废水中含油种类的不同，分为：重力分离法；气浮法；粗粒化法（聚结法）；生物氧化法。

（2）含硫废水的处理。

含硫废水的脱硫方法很多，一般有空气氧化法和蒸汽汽提法。浓度较低的含硫废水常采用氧化法，将低价硫化物转化为硫酸盐，浓度高的含硫废水常采用汽提法回收硫，制取硫化碱或其他含硫产品。

（3）含碱废水的处理。

由于含碱废水的量不大，一般先入中和池加酸中和 pH 至 7～9 后，送往调节池贮存，然后定期少量加入到含油废水系统中合并处理。

3. 处理工程实例

石家庄炼化公司的污水系统分为含油污水、含硫污水、含碱污水、含盐污水、清净下水和其他生产废水，其中含硫污水产生量约为 80.8 米^3/时，密闭输送到含硫污水汽提装置进行处理，达标后的净化水部分回用，剩余 66.4 米^3/时排入污水处理站；剩余含硫污水、含油污水、含碱污水、含盐污水和其他生产废水通过地下管网系统排入污水处理站，平均水量约为 265.7 米^3/时左右，清净下水水量约为 54.3 米^3/时，经明沟和监控池经监测达标后直接外排。石炼化公司目前有处理能力为 500 米^3/时的污水处理站一座和能力为 80 米^3/时的含硫污水汽提装置一套，污水处理站工艺流程如图 3-12 所示。

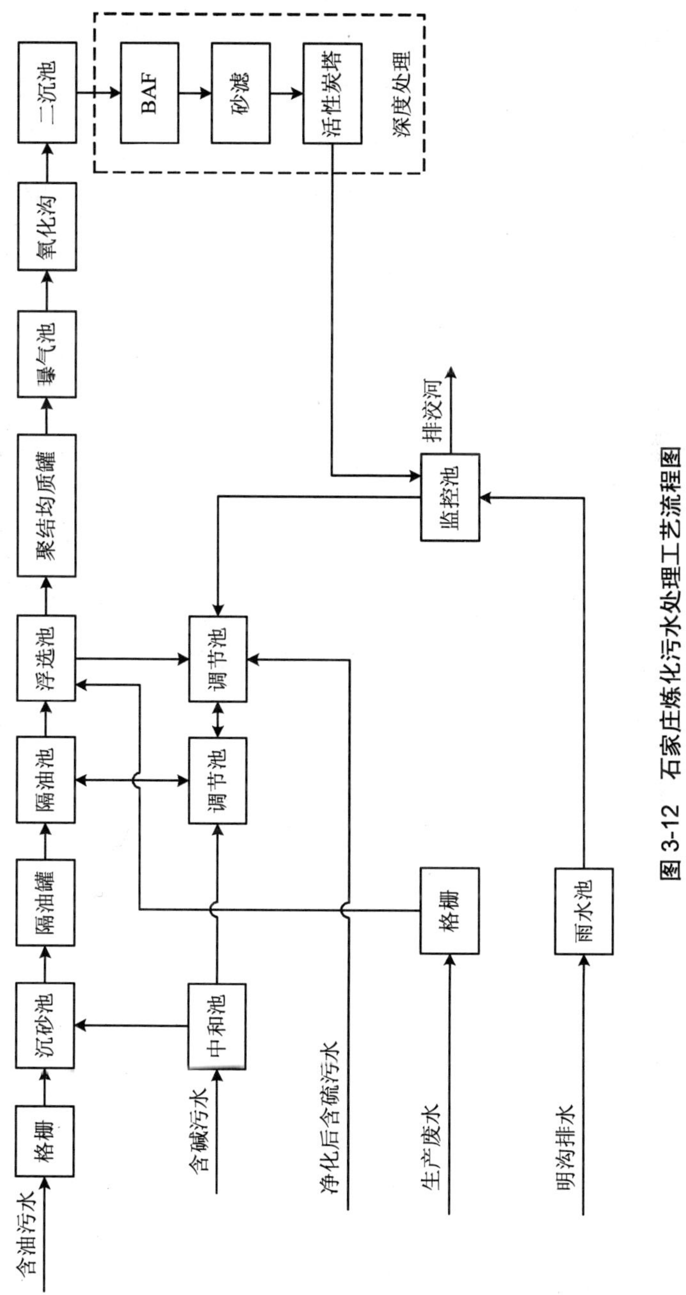

图 3-12　石家庄炼化污水处理工艺流程图

全公司的含油废水、生产废水、含碱污水、含盐污水和剩余含硫污水净化水通过地下污水管网系统汇集至水净化车间污水处理站，经过隔油、浮选和生化系统处理达标后通过外排管线排出。污水处理站出口污染物 COD 浓度约为 87.4 毫克/升，NH_3-N 浓度约为 15 毫克/升。公司含硫污水中的硫化物以铵盐形式存在，适用于汽提法，即在污水中通入水蒸气，把硫化氢、氨气提出来，塔底得到净化污水，脱除大部分硫化氢的同时，可脱除部分氨。含硫污水汽提装置采用单塔汽提侧线抽氨工艺，处理能力为 80 米^3/时。酸性水经脱气后流入酸性水储罐，经长时间静置除油后，酸性水经换热进入酸性水汽提塔，含硫化氢的酸性气自塔顶分出，压送至硫黄回收装置。经处理后的含硫污水净化水硫化物浓度低于 20 毫克/升，氨氮浓度低于 100 毫克/升。净化水部分回用到电脱盐装置、加氢装置和焦化装置，剩余部分进入污水处理站。

污水总排放口监测结果显示，全厂污水经采取有效的治理措施后，厂总排水口 COD、NH_3-N、硫化物、石油类排放浓度符合《污水综合排放标准》（GB 8978—1996）二级标准。COD 排放总量为 223.10 吨/年，NH_3-N 排放总量为 32.42 吨/年，石油类排放总量为 1.61 吨/年。

四、轻工行业

轻工行业是河北省消费品工业主体，是国民经济的重要产业，主要包括造纸及纸制品业、皮革皮毛制品加工制造业、食品制造业、农副食品加工业、饮料制造业、采盐业、塑料制品业、日用化学产品制造业、家具制造业、玻璃陶瓷制品制造业、金属制轻工业产品制造业、轻工专用设备制造业、工艺美术品制造业等 18 大类。改革开放以来，河北省轻工业取得了举世瞩目的历史性成就，产品品种增加，质量逐步提高，传统行业不断提升，新型行业发展迅速，但对环境的污染仍较严重，主要集中在造纸、食品发酵、制糖、制革等行业。目前，轻工企业生产过程对环境的污染归纳起来有以下三方面：

高浓度有机废水：主要集中在制浆造纸、食品发酵、制糖、皮革等行业，废水特征是含有大量有机物和在生产过程中未被利用的化学品辅料。

多种重金属及氰化物的污染废水：主要集中在钟表、五金、轻工机械等行业产品在电镀过程中排放的含多种重金属和氰化物的废水，浓度高，毒性大。

轻工业为农副产品和矿产品深加工行业，也会排放大量有机废水。

1. 废水主要特点

就河北省而言，轻工业以制浆造纸、制革及发酵行业产生的高浓度有机废水污染为主，因此，笔者分别对这三种行业产生的废水处理进行重点介绍。

（1）造纸废水。

造纸生产过程中用水很多，生产一吨纸约需 300～500 米^{3}的水，在造纸废水中，不仅含有大量造纸原料（约有 20%原料随废水流失），而且含有大量化学药品及其他的危害，所以，如果造纸废水不经处理任意排放，会对水体造成极大的危害。虽然生产过程中也有回收、处理、再利用，但仍有大量的废水排入水体，造成了水环境严重污染。造纸生产共分制浆和造纸两大部分。制浆是指利用化学或机械的方法，有时两者结合使用，使植物纤维原料离解变成本色纸浆或漂白纸浆的生产过程。造纸是将纸浆制成各种纸的过程。造纸废水主要来源于备料过程、蒸煮过程、冷凝过程、洗浆筛选过程、漂白过程及造纸过程。按照造纸过程中废水产生的工艺环节来分，废水可分为：

①备料过程中的废水。以木材为原料的制浆厂，备料废水主要包括洗涤水及湿法剥皮机排出水。此废水主要含有树皮、泥沙、木屑及木材中的水溶性物质，包括果胶，多糖，胶质及单宁等。

②蒸煮废液。植物纤维原料经化学蒸煮后，一般可得到 50%～80%的纸浆，其余 20%～50%的物质溶于蒸煮液中。蒸煮结束后，提取蒸煮

液。在碱法制浆中，此液呈黑色，称为“黑液”；而在酸法制浆中，此液呈红色，称为“红液”。二者均为制浆废液，其主要成分是木素、糖类及蒸煮所用的化学药剂。制浆方法和所用纤维原料不同，蒸煮废液的组成也有差别。

③污冷凝水。化学法制浆过程中，蒸煮锅放汽和放锅排出的蒸汽，经直接接触冷凝器或表面冷凝器冷却产生的冷凝水，是污冷凝水的来源之一。碱法蒸煮过程中产生的污冷凝水，主要含有萜烯类化合物、甲醇、乙醇、丙酮、丁酮及糠醛等污染物。

④洗浆、筛选废水。洗浆过程中，设备的跑、冒、滴、漏和洗浆机及相关的贮槽清洗水是洗浆废水的主要来源。

⑤漂白废水。纸浆漂白分两类：一类是以氧化性漂白剂破坏木素及有色物质的结构，使其溶解，从而提高纸纯度与白度；另一类是以漂白剂改变有色物质分子上发色基团结构，使其脱色，但不涉及纤维组分损失。常用的氧化性漂白剂多是含氯化合物，因此漂白废水污染严重。其主要含有有机物、氯化物、悬浮物并有颜色，此外，漂白废水中还含有剩余漂白剂。

⑥造纸废水。造纸过程的废水主要来自打浆、纸机前筛选和抄造等工序。造纸机在生产过程中纸料在造纸网上流动时，浆料中添加的辅助化学品和助剂一部分保留在浆料中，一部分则随着用于悬浮纤维的水流向网下。从网上纸料中脱除的水称为白水，含有纤维碎屑、小纤维、颜料、淀粉及染料等。

（2）制革废水。

据河北省工业污染源调查结果表明，2008 年皮革鞣制加工业废水排放量 2 216 万吨，其中化学需氧量排放量 28 870 吨，氨氮排放量 2 606 吨，石油类排放量 309 吨，生化需氧量排放量 12.6 吨，总铬排放量 22 337.8 千克。皮革加工是以动物皮为原料，经化学处理和机械加工而完成的。制革生产一般包括准备、鞣质和整理三大工段。按照制革生产的三大工段产生的废水来分，制革工业的废水包括：

①鞣前准备工段。在该工段中，污水主要来源于水洗、浸水、脱毛、浸灰、脱灰、软化、脱脂。主要污染物为：有机废物，包括污血、泥浆、蛋白质、油脂等；无机废物，包括盐、硫化物、石灰等；有机化合物，包括表面活性剂，脱脂剂等。鞣前准备工段的污水排放量占制革总水量的70%以上，污染负荷占总排放量的70%左右，是制革污水的最主要来源。

②鞣制工段。该工段中，污水主要来自水洗、浸酸、鞣制。主要污染物为无机物、重金属盐等。其污水排放量约占总水量的8%。

③鞣后湿整饰工段。在该工段中，污水主要来自水洗、挤水、染色、加脂、喷涂机的除尘污水等。主要污染物为染料、油脂、有机化合物等。该工段污水排放量约占总排水量的20%。

制革行业废水的特征主要有：

①水量大。一般情况下，每加工生产一张猪皮约耗水0.3～0.5吨，生产加工一张牛皮盐湿皮耗水1～1.5吨，生产加工一张羊皮约耗水0.2～0.3吨，生产加工一张水牛皮耗水1.5～2吨。根据产品品种和生坯类别的不同，每生产1吨原料皮需用水60～120吨。

②水量和水质波动大。制革加工中的废水通常是间歇式排出，其水量变化主要表现为时流量变化和日流量变化。

③污染负荷重。皮革工业污水碱性大，其中准备工段废水pH在10左右，色度重，耗氧量高，悬浮物多，同时含有硫、铬等。其废水水质情况见表3-16。

表3-16　皮革废水水质情况

pH	色度（稀释倍数）	COD_{Cr}/（mg/L）	ρ（SS）/（mg/L）	ρ（Cr^{3+}）/（mg/L）	ρ（S^{2-}）/（mg/L）	BOD_5/（mg/L）	ρ（Cl^-）/（mg/L）
8～10	800～3500	3000～4000	2000～4000	80～100	50～100	1500～2000	2000～3000

一般来讲，制革废水中有毒、有害污水（含有硫、铬污水）占总污水量的 15%～20%。其中来自铬鞣工序的污水中，铬含量在 2～4 克/升，而灰碱脱毛废液中硫化物含量可达 2～6 克/升，这两种污水是制革污水的防治重点。制革加工各工段污水水质状况和部分工序的污水水质情况见表 3-17 和表 3-18。从表中可以看出，制革污水成分复杂，耗氧量高，悬浮物多，色深，含有蛋白质、脂肪、染料等有机物和铬、硫化物、氯化物等无机盐类，并随不同工段、不同工艺、不同工序变化很大。

表 3-17　制革加工污水水质情况参数表

工段	准备工段		鞣制工段		整理工段		共计	
用水比例/%	48		28		24		100	
污染物	质量分数/（kg/t）	比例/%	质量分数/（kg/t）	比例/%	质量分数/（kg/t）	比例/%	质量分数/（kg/t）	比例/%
COD_{Cr}	140～153	71	8	4	50～80	25	198～241	100
BOD_5	57.5～72	80	3.5	4.8	11.5～14.5	15.4	72.5	90
SS	100	71.5	10	7.2	30	21.3	140	100
S^{2-}	87.9	99.1	0.1	0.9	—	—	8	100
Cr^{3+}	—	—	7	7.5	1	12.5	8	100

表 3-18　部分工序的污水水质情况

污水名称	pH	ρ（悬浮物）/（mg/L）	ρ（氧化物）/（mg/L）	ρ（硫化物）/（mg/L）	ρ（铬）/（mg/L）	COD/（mg/L）	色度稀释倍数
硫化钠脱毛液	13	20 700	1 700	2 400	—	5 910	800
浸灰废液	13	80	390	800	—	3 000	200
废铬液	3.5	900	21 500	16	400	1 300	200
植鞣废液	4	182	290	410	—	8 000	3 200
酶脱毛废液	6～7	168	—	—	—	650	100～400

（3）发酵废水。

发酵工业是以粮食和农副产品为主要原料的加工工业，它主要包括酒精、白酒、啤酒、葡萄酒、味精、淀粉、柠檬酸、酵母、霉制剂等行业。据河北省工业污染源调查结果表明，2008 年酒的制造废水排放量 0.425 5 万吨，其中化学需氧量排放量 13 吨，氨氮排放量 0.11 吨，生化需氧量排放量 8.1 吨。一般地说每制得 1 吨成品酒，产生生活污水约 1.7 米^3，含 COD_{Cr}污染物 0.85 千克或 BOD_5污染物 0.5 千克。一般地讲，发酵工业的主要废渣水来自于原料处理后剩下的废渣，分离与提取主要产品后的废酵母液、废糟，以及生产过程中各种冲洗水、冷却水。以下仅以啤酒行业为例，重点介绍啤酒工业的废水来源、分类及特征。

啤酒生产工艺分为制麦芽糖、糖化、发酵及后处理等四大工序。啤酒生产废水主要来自两个方面，一是大量的冷却水（糖化、麦汁冷却、发酵等），二是大量的洗涤水、冲洗水（各种罐洗涤水、洗瓶废水等）。啤酒废水的特点是水量大，无毒有害，属高浓度有机废水。其各自的特点为：

①冷却水。冷冻机、麦汁和发酵的冷却水等。这类废水基本上未受污染。

②清洗废水。如大麦浸渍废水、大麦发芽降温喷雾水、清洗生产装置废水、漂洗酵母水，洗瓶机初期洗涤水、酒罐消毒废水、巴斯德杀菌喷淋水和地面冲洗水等。这类废水受到不同程度的有机污染。

③冲渣废水。如麦糟液、冷热凝固物、酒花糟、剩余酵母、酒泥、滤酒渣和残碱性洗涤液等。这类废水中含有大量的悬浮性固体有机物。工段中将会产生麦汁冷却水、装置洗涤水、麦糟、热凝固物和酒花糟。装置洗涤水主要是糖化锅洗涤水、过滤槽和沉淀槽洗涤水。此外，糖化过程还要排出酒花糟、热凝固物等大量悬浮固体。

④罐装废水。在罐装酒时，机器的跑冒滴漏时有发生，还经常出现冒酒，使废水中掺入大量残酒。冷外喷淋时由于用热水喷淋，啤酒升温

会引起瓶内压力上升，“炸瓶”现象也时有发生，致使大量的啤酒洒散在喷淋水中。为防止生物污染，循环使用喷淋水时需加入防腐剂，因此被更换下来的废喷淋水含防腐剂成分。

⑤洗瓶废水。清洗瓶子时先用碱性洗涤剂浸泡，然后用压力水初洗和终洗。瓶子清洗水中含有残余碱性洗涤剂、纸浆、染料、浆糊、残酒和泥砂等。碱性洗涤剂要定期更换，更换时若直接排入下水道可使啤酒废水呈碱性，因此废碱性洗涤剂应先进入调节、沉淀装置进行单独处理。若将洗瓶废水的排出液经处理后储存起来用以调节废水的 pH（啤酒废水平时呈弱碱性），则可以节省污水处理的药剂用量。

2. 废水处理技术

（1）造纸废水的处理。

过滤、气浮等物理处理方法能有效地去除废水中的悬浮物，回收制浆造纸过程中的细小纤维，作为废水处理中的预处理工艺是可行、也是成熟的。单一的混凝沉淀工艺对废水中的悬浮物和色度去除效果良好，但对于溶解性有机物只能部分去除，导致处理后出水的 COD 和 BOD 浓度较高，难以达标排放。因此混凝沉淀工艺只能作为废水的一级处理工艺。

采用生物处理辅以混凝沉淀处理能弥补混凝过程无法去除的溶解性有机物的不足，使处理后废水各项指标均可达到排放标准，运行费用较低，甚至可以回用于洗浆和抄纸过程，获得经济效益和环境效益。不过，较高的基建投资、较长的处理周期和较大的占地面积是制约生化-混凝二级处理工艺推广的关键因素，而生物接触氧化法对比传统的活性污泥法基建费用低、占地面积小，更适合在中小型企业的废水处理中推广和实践。

化学氧化法辅助混凝沉淀工艺则可克服生化处理存在的占地面积大、处理周期长的缺陷，对废水同样具有良好的处理效果，达到达标处理的目的。同时化学氧化有利于减少废水中有害物质的累积提高废水的回用效率。高锰酸钾预氧化处理、次氯酸钠深度处理后废水可望实现用水的闭路循环。而光催化 TiO_2 和 Fenton 试剂等高级氧化技术尚处研发阶段。

零排放技术作为国内外先进废水处理技术和工艺是实现废纸造纸企业清洁生产的重要途径。随着造纸企业在零排放技术上的不断开发和实践，在造纸企业特别是中小企业普及废水零排放，将可解决河北省造纸水资源浪费和污染的问题，也是河北省废纸造纸企业废水治理的发展方向。

当前，废纸再生造纸在造纸业中的地位日益突出，治理废纸造纸过程产生的废水问题已成了制约进一步推动造纸行业发展的关键因素。废纸造纸废水处理技术的发展对加快该废水的有效治理具有积极的促进作用。

（2）制革废水的处理。

因制革废水含有大量的有机和无机组分，除了高盐组分外，来自于鞣制后的含铬废水，铬和脱毛废水中的硫化物组成了制革废水的主要无机污染物。有机负荷与 COD（3 000～10 000 毫克/升）和 BOD_5（1000～4 000 毫克/升）有关。

传统的废水处理技术，是将各个工序废水收集混合，采用物理、化学、生物等手段集中处理，废水达标后排放。现在对综合废水采用的处理方法较多，其中有沉淀法、混凝气浮法、活性污泥法、生物接触氧化法、生物转盘法、氧化沟等。具体选用的处理方法要根据实际情况，一般是将生化处理与物化处理组合起来进行选择。如果选用高有机物负荷的生化处理方法（如活性污泥法、接触氧化法、A/O 法等），一定要考虑调节、沉淀、气浮、脱硫等几个物化处理环节，尽可能减轻生化处理负荷。如果选用低有机负荷的生化处理方法（如氧化沟、SBR 法等），物化处理只需考虑沉淀和脱硫。因为低有机负荷的生化处理方法耐冲击负荷能力较强，这些方法正适合制革行业污水处理的特点。随着对脱氮、除磷要求的日益提高，因此低有机负荷生化处理的方法日渐流行，成功应用的工程也较多。

最常用的物化处理技术是混凝沉淀法和混凝气浮法。制革废水中不仅含有大量的有害成分，还含有大量难降解的有机物，如表面活性剂、染料、单宁和大量的蛋白质等，这些物质仅用单纯的生物处理不能有效去除，而化学沉淀法及气浮法却能有效地去除，而且可以有效地减轻生物处理的负荷。

生物处理技术：制革废水的$\rho(BOD)/\rho(COD)$为 0.35～0.4，可生化性较好，但制革废水的生化降解速率很慢，约为生活废水的 33.3%，当生化时间超过 20 小时后，才能取得 75%的去除率。常用的生物处理方法有氧化沟、接触氧化法、生物滤池和厌氧污泥床等。因生物处理技术各有优缺点，因此要结合实际情况及排放要求，选用合适的工艺。

（3）发酵废水的处理。

目前国内常采用的啤酒废水处理方法主要有：酸化-SBR 法、UASB-好氧接触氧化工艺、新型接触氧化法、生物接触氧化法、内循环 UASB 反应器+氧化沟工艺和 UASB+SBR 法等。常根据 BOD_5/COD_{Cr} 的值来判断废水的可生化性，即当 $BOD_5/COD_{Cr}>0.3$ 时易生化处理，当 $BOD_5/COD_{Cr}>0.25$ 时可生化处理，当 $BOD_5/COD_{Cr}<0.25$ 时难生化处理。而啤酒、味精废水的 BOD_5/COD_{Cr} 均>0.3。所以，啤酒、味精废水适宜采用好氧生物处理，也可先采用厌氧处理，降低污染负荷，再用好氧生物处理。

同时，由于制酒、味精、淀粉等生产中发酵所用的原料多为大麦、大米、玉米等农产品。主要成分是淀粉、糖类、蛋白质等，发酵废水中营养物质含量丰富。如能科学处理，合理利用，不但解决了废水处理的问题，还能变废为宝为企业创造利润。

发酵废水的处理应依据淀粉废水水质特点，选择运行稳定、处理效果好、受环境影响小、费用低的处理技术。与厌氧法相比，好氧生物法在处理淀粉加工废水方面有许多不足之处，例如需要充氧、动力消耗大、无能量回收、微生物所需营养多和污泥量大等，适合处理低浓度的有机废水。因此在发酵废水的处理中，好氧生物处理一般用作后续处理。此外，生物处理法还可以与其他处理方法配合使用，例如预处理使用聚铁絮凝剂，可以回收废水中有用物质，提高企业经济效益。

3. 处理工程实例

辛集制革污水处理：拥有全国最大制革基地的辛集市，按照“五统一”模式经营制革工业区，强化节能减排、依据 COD 削减量兑付治污费的管理机制，全市制革污水严格按照标准收纳、处理，出境断面水质长期稳定达到国家排放标准。为确保制革污水达标排放，辛集市在国内制革业首创了企业初级治理、制革区集中专业治理、城市污水处理厂最后综合治理的三级治理体系。制革污水在企业内经一级预处理，降低污水中的悬浮物和 COD，同时对制革液中的铬液分流；经一级处理后的污水进入制革区污水处理厂进行“物化+生化”二级处理，采用“加碱沉淀法”工艺从铬液分离沉淀出铬渣，铬渣再经过专业环保公司进行无害化处置后，由制革企业回收循环使用；经二级治理的污水排入城市污水处理厂进行三级处理，使出水指标达到国家排放标准。为确保制革污水长期稳定达到国家排放标准，辛集市规定，制革区污水处理厂出水 COD 浓度在 500 毫克/升以内时，制革区管委会按协议兑付治污费用；出水超过标准，相应扣减经费，并启动应急预案，追究相关人员责任。城市污水处理厂出水 COD 浓度不超过 100 毫克/升时，市财政按时拨付城市污水处理厂经费；超过 100 毫克/升时，在市财政拨付经费中扣减部分职工工资，并启动应急预案。

五、化工行业

化工行业包括化学矿山、化肥、无机化学品、纯碱、氯碱、基本有机原料、农药、染料、涂料、新领域精细化工、橡胶加工、新材料等 12 个主要行业。河北省化工行业以生产化肥、农药产品、聚氨酯产品、纯碱、烧碱、PVC 产品、磷化工、有机硅产品以及其他基础化工产品为主。以合成氨行业为例，目前，国内以煤为原料的合成氨每吨能耗平均为 1 700 千克标煤左右，经采用先进的气化工艺和推广吨氨节电 200 千瓦·时工程后，吨氨能耗可以降到 1 600 千克标煤以下，每吨氨有节能潜力至少 100 千克标煤。河北省合成氨企业有 48 家，合成氨总能力 360 万吨，除沧州大化采用世界先进工艺外，以煤为原料的工艺技术基本还是停留在落后的固定床间歇制气的水平上。而固定床间歇制气技术由于适应煤种少，能耗高，通过实施循环冷却水和污水零排放工程，基本实现污水零排放。到 2010 年实现吨氨节水 10%～20%，废渣基本回收利用。

1. 废水排放特点

化工园区化工企业排放的废水水质复杂，大多具有酸度大、色度深、高氨氮、高盐度、有毒物质含量高、水质水量变化大、可生化性差等特点，属典型的有机有毒有害难降解的工业废水。

化工园区化工企业排放的废水经厂内预处理达到接管标准后排入化工园区污水处理厂进行集中处理，这是目前所提倡的工业废水集中处理方法。化工园区污水处理厂的化工混合废水一般具有以下特点：①化工园区污水处理厂接纳的废水主要为化工废水，能接入的生活污水量极少，总水量较大。②化工园区污水处理厂进水水质、水量波动较大。③化工园区污水处理厂所接纳的化工废水虽然经过预处理并达到接管标准，但进水成分复杂，有毒物质及难降解有机物含量仍然较高，可生化性差。④经预处理的接管废水 COD 等主要指标能达到接管标准，但往往色度深、氨氮高、盐分高，后续处理难度大。

2. 废水处理技术

目前常见的化工废水物化处理技术主要有调节、隔油、混凝沉淀、气浮、高级氧化、吸附、电解、微电解及膜分离等。同时，混凝沉淀、气浮、高级氧化、吸附、膜分离工艺也可用于化工废水生化处理后的二级物化处理或深度处理。而对于水量较大的化工园区混合化工废水，很多适用于小水量的物化处理技术如高级氧化、吸附、电解、膜分离等并不适用。

对于混合化工废水首先应采取必要的水质水量调节措施，并根据具体水质水量情况采取必要的物化预处理，如采用隔油、气浮、混凝沉淀、微电解等工艺削减有毒有机物并提高废水的可生化性；其次，生化处理应选择厌氧-好氧组合处理工艺，厌氧工艺通常采用水解酸化工艺，好氧工艺可采用活性污泥法或接触氧化法，必要时可投加粉末活性炭形成 PACT 处理系统，以强化生化处理效果。对于含高氨氮废水的处理，可选择在水解酸化工艺后串联 A/O 工艺，当废水盐分含量较高时应尽量引入生活污水合并处理，这样不仅可降低废水盐分，同时也可促进有机物的共代谢，有利于废水中难降解有机物的降解，保障出水水质。

3. 处理工程实例

（1）河北正元化工废水处理工程。

河北正元化工公司产生的生产废水主要包括：车间地面冲洗水、生产车废水和各循环冷却系统排污水，产生量为 25 米^3/时，其中主要污染物为 COD、SS、氨氮等。

废水处理站处理能力为 30 米^3/时（720 米^3/日）的生产废水终端处理站，采用“絮凝沉淀+过滤”的组合工艺，其工艺流程如图 3-13 所示。

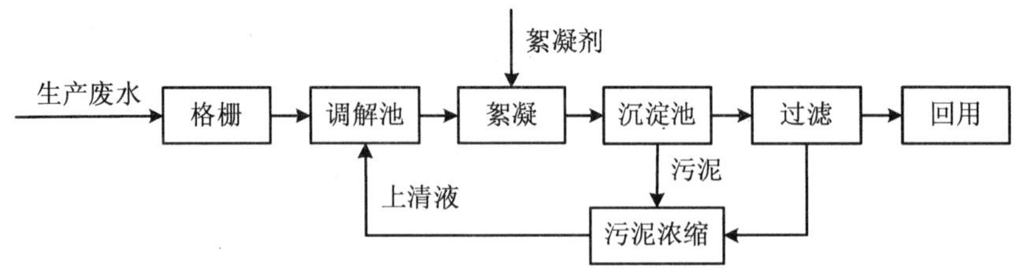

图 3-13　废水终端处理站工艺流程

污水经格栅去除大块悬浮物后进入沉淀调节池除去部分悬浮物并进行均质调节，而后进入絮凝反应池，投加聚合氯化铝（PAC）和聚丙烯酰胺（PAM），投加浓度为 20～30 克/米^3（以 PAC 计）和 2～3 克/米^3（以 PAM 计），使悬浮物和胶体物质形成絮凝体而沉降于沉淀池的底部，沉淀池出水再经过滤进一步去除悬浮物后回用。其处理效果如表 3-19 所示。

表 3-19　生产废水终端处理站处理前后水质变化情况

项目	主要污染物指标							
	pH	COD/（mg/L）	SS/（mg/L）	挥发酚/（mg/L）	石油类/（mg/L）	CN^-/（mg/L）	S^{2-}/（mg/L）	NH_3-N/（mg/L）
处理前	7.5	110	85	0.34	1.8	0.01	0.01	8
处理后	7.5	70	30	0.03	0.8	0.005	0.008	5
去除率%	—	36.4	64.7	91.1	55.6	50.0	80	37.5
标准值	6～9	150	100	0.1	5	1.0	0.5	70

可见，处理后废水水质满足《合成氨工业水污染物排放标准》（GB 14358—2001）二级标准要求，出水大部分回用于生产系统，少量外排。

（2）冀州市银海化肥有限责任公司废水治理工程。

银海化肥有限责任公司已于 2004 年 10 月开始筹备企业的“污水零排放综合整治项目”，该项目的主要内容包括造气系统废水处理设施改造和全厂生化法废水终端处理站改造两部分内容。该项目申请国家中央环境保护专项资金600万元，企业自筹2 000万元，截至2006年下半年，“污水零排放综合整治专项”资金已投入2 613万元，两个系统的废水处理设施已经建成并投入运行。厂区现有生化法废水终端处理站处理能力为1 200米^3/日（50米^3/时），采用“格栅+调节+水解酸化+二级生物接触氧化+混凝沉淀”的组合工艺，处理后的废水与其他低污染废水混合后排入厂西的冀午渠。经衡水市环境监测站2006年《工业企业排污许可证监测报告》中提供的监测数据，现有工程全厂排水水质满足《合成氨工业水污染物排放标准》（GB 14358—2001）表2（中型）二级标准要求。节能技改工程完成后全厂水污染物产生量与技改前基本相同，外排水量仅减少2吨/时，减少部分主要为脱盐水站排水，外排水质与技改前基本相同，因此全厂废水采取现有处理措施后仍能做到达标排放。

①三废流化床锅炉除尘废水处理措施。新上50吨/时三废混燃流化床锅炉的烟气除尘废水仍汇入现有造气循环水系统经“自然沉淀+喷淋冷却”的处理后全部循环利用不外排。现有的造气循环水系统废水主要包括造气、脱硫工段洗气塔排水和锅炉烟气净化装置的废水。造气循环水系统废水处理采用徐州水处理研究所的专利技术，处理工艺流程见图3-14。

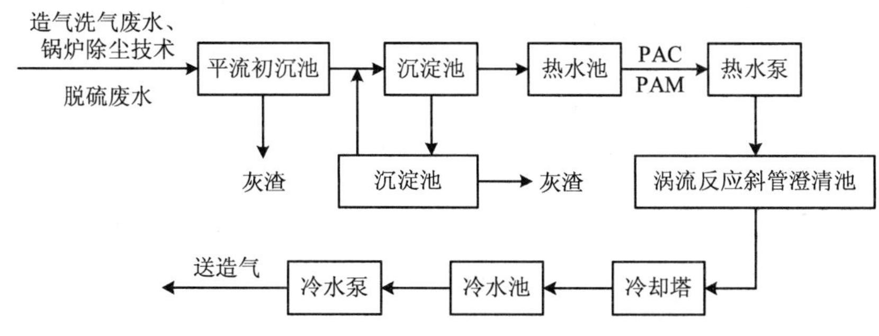

图3-14 造气脱硫循环水处理流程示意图

造气、脱硫工段和锅炉烟气净化来的废水首先经平流初沉池和沉淀池进行预沉淀去除大部分灰渣，经沉淀过滤后自流到热水池，由热水泵加压输送到涡流反应斜管澄清池，同时在热水泵进口投加 PAC 和 PAM，投加浓度为 20～30 克/米^3（以 PAC 计）和 2～3 克/米^3（以 PAM 计），涡流反应澄清池中装有涡流布水器和共聚斜管，涡流反应停留 10～15 分钟，斜管澄清池停留 60 分钟左右，涡流反应斜管澄清池出水自流入污水冷却塔，污水经冷却塔后水温由 48℃降为 33℃以下进入冷水池，水质满足造气工段用水要求，由冷水泵送回造气工段回用，污水闭路循环不外排。平流沉淀池中的灰泥定期由吸泥机吸出进入污泥池，涡流反应斜管澄清池中的污泥靠静压送入污泥池，污泥池中的灰泥定期清理外运。该方法处理效果好，二次污染程度低，处理后废水可以循环利用，因而在实际中应用较好。节能技改工程新增三废流化床锅炉，同时拆除现有 4 台锅炉，新增锅炉除尘废水和拟拆除锅炉除尘废水水质水量相同，所以新增锅炉除尘废水完全可以进入现有的造气脱硫循环水处理系统，循环利用不外排，处理措施可行。

②生产废水及地面冲洗水。

节能技改装置生产废水及地面冲洗水仍进入现有生化法废水终端处理站进行处理后达标排放。节能技改工程完成后，全厂水污染物产生情况与技改前相同，进入废水处理站的废水水质水量不变，主要污染物为：COD、SS、石油类、氨氮等。衡水市环境监测站对本企业所进行的排污许可证监测结果表明，废水处理站的出水满足《合成氨工业水污染物排放标准》（GB 14358—2001）表 2（中型）二级标准要求。类比现有工程废水处理站的运行情况，公司现有废水处理站可对生产废水进行有效处理，确保达标排放。废水处理措施可行。

化肥企业污水回用技术：省科学院能源研究所开发出专门针对化肥企业“反渗透高浓水”处理回用技术，将反渗透系统产生的盐分含量达到原水 4 倍的高硬度废水经回收处理，使 80%达到原水水平，可以回用于反渗透系统之中，从而大大提高水的重复利用率，使工业用水得到有效合理充分使用。据介绍，化肥生产企业是工业耗水大户，目前，河北省水循环利用程度较高的化肥企业，其污水总硬度达到原水 4 倍后就无法再回收利用了，只能排掉，而水循环利用程度不高的很多企业在污水硬度达到原水 2 倍后就直接排掉。一个中等规模的化肥企业每天排污水量就达到上百吨。据测算，企业每吨水的综合成本达到 7～8 元，不仅给环境带来巨大压力，而且企业生产成本也难以降低。“我们专门针对化肥企业开发的这套技术，通过降硬、去蚀、杀菌、电渗析除盐等一系列工艺来对反渗透高浓水进行有效处理，其工艺中综合了近年来开发的多种专有技术，使浓水中的盐、钙、镁等物质浓度降到原水水平，高浓水处理收率可达 80%以上，大大提高了工业水的重复使用。而且通过该技术节约的水，处理成本仅在 1 元左右，经济效益非常明显。”河北省能源研究所研究人员向记者介绍。在经过评估检测后，鉴于该技术巨大的市场价值，河北正元化工集团很快就正式决定将其引入生产系统，并与能源所签订了合作协议。据了解，第一家试点将在柏坡正元化肥公司投入建设，之后将在其下属所有的化肥生产企业逐步全面推广应用。

六、电力工业

2008 年河北省环境统计数据显示，2008 年河北省工业用水量为 173 098 万吨，其中电力行业用水量为 8 455 万吨，河北省工业废水排放量为 20 630 万吨，其中电力行业废水排放量为 2 466 万吨，电力行业废水的排放量占总废水排放量的 15%左右，是工业废水排放的大户。

1．废水排放特点

火力发电厂废水种类很多，根据废水的排放性，可分为经常性废水和非经常性废水。经常性废水是日常生产和生活排放的，所以其水量和水质相对比较稳定。非经常性废水是在设备启动、检修、清洗时间断排放的，偶尔才会出现，往往具有时间短、排水量大、水质极差的特点。

火力发电厂经常性废水有：①凝汽器冷却水排水；②锅炉烟气的除尘排水及冲灰冲渣排水；③化学水处理车间的排水（包括预处理设备排水、补充水除盐设备的排水、凝结水处理设备排水以及化学实验室排水）；④含油车间排水（包括转动轴承冷却水、取样排水、排污水等）；⑤输煤系统和煤场排水；⑥烟气脱硫设备排水；⑦生活污水。

火力发电厂非经常性废水有：①锅炉烟侧受热面（空气预热器、省煤器等）冲洗排水；②热力设备化学清洗和停炉保护排水；③凝汽器和冷却塔的冲洗排水。

2. 废水处理技术

火力发电厂工业废水处理目前主要采用的工艺流程有两种：一种是集中处理系统，另一种是分散处理系统。火力发电厂中的废水除生活污水外，其他废水均排入工业废水处理厂，经统一集中处理，符合排放标准后排放，这种方法称为集中处理。集中处理的优点是管理集中，处理水平高，但是存在着占地较集中、投资较高、设备使用率不高等实际问题。分散处理系统是根据所产生的废水水量就地设置废水储存池，池内设置机械搅拌曝气装置或压缩空气系统，根据水质情况在池内直接投加所需的酸、碱及氧化剂等药物，废水在此处理达到标准后或者回收利用或者排入天然水体（或灰场）。这种处理系统的特点是：基建投资少，占地面积小，使用灵活，检修和维护工作量少，比较适合于燃煤电厂，特别是采用水力冲灰的电厂。

（1）含油废水的处理。

含油废水通常采用浮力浮上法进行分离。火力发电厂的含油废水，经隔油池和气浮处理之后，有时仍达不到排放标准，这时还应采用生物法进一步降低油污染物的含量。

（2）冲灰排水治理。

火力发电厂冲灰排水主要存在三个问题：pH 超标，大部分电厂冲灰排水 pH＞9，小部分电厂冲灰排水 pH＜6；悬浮物超标；有毒元素氟超标。

①冲灰排水的水质。冲灰排水虽然是作为电厂的废水排放，其 pH 或某些微量元素超标，但从整体水质来看，它与一般工业废水有区别，它的水质指标甚至比某些天然水还好。冲灰水在冲灰过程中，灰中 CaO 溶解，实际上等于冲灰水在进行石灰处理，这样冲灰排水的水质与原来冲灰水质进行对比的话，它有许多指标得到改善，如：总含盐量下降；碳酸盐硬度下降，碱度下降，可能最终仅有 1 毫摩尔/升左右；游离 CO_2 减少，甚至为 0。因此，这种排水经过处理，有可能作为水质较好的水被回用。

②碱性冲灰排水处理。碱性冲灰排水主要引起排水 pH 超标和灰管结垢，因此，采用的方法是调节 pH 和减少结垢。

加酸处理：根据酸碱中和的原理，可以用加酸办法来中和碱性冲灰排水，达到防止冲灰排水 pH 超标和防止结垢的目的。使用的酸可以是硫酸或盐酸。

炉烟处理：炉烟处理是利用炉烟中酸性气体中和灰中游离 CaO，达到以废治废的目的。此法可分为 CO_2 法和 SO_2 法。

③冲灰排水中有毒物质的处理。

氟的处理：由于煤中含有一定量的氟，煤在锅炉内燃烧后，氟化物会转入烟气，并随灰带入灰场，使冲灰排水中氟超标。比如某电厂煤含氟达 0.015%，在燃烧后转入烟气，经湿式除尘器，烟气中氟下降 85%，大部分氟化物转入湿灰和冲灰水中，使灰场排水中氟达 10～15 毫克/升。

含氟废水的处理，经典的方法是用石灰调节 pH，当 pH 为 10～12 时，会形成 CaF_2 沉淀。但 CaF_2 溶解度较大，即使 Ca^{2+} 较多时（大于 40 毫克/升），水中残留氟的理论最低值也在 10 毫克/升左右。因此，实际处理时的水中残余含氟量往往超过这一数值。

另外，石灰处理时氟会在石灰颗粒表面形成一层 CaF_2 硬壳，使 CaO 利用率降低，并且 CaF_2 为胶体性质沉淀，难以用一般沉淀的方法去除。因此，石灰处理只能在含氟量较高的水中做初步处理，石灰处理之后还必须进行深度处理，主要有高价离子凝聚法和磷酸钙法。

（3）酸碱废水处理。酸碱废水产生于离子交换树脂再生，由于阴树脂的交换容量较小，一般阴树脂再生产生的废水水量要大于阳树脂再生的废水水量。水质具有 COD 高、水量大（日产量达数百吨）和有机物含量高且难以生物降解（COD/BOD＜0.1）等特点。酸碱废水的处理方法主要有酸碱中和法、弱酸阳离子交换法以及弱酸、弱碱离子交换联合处理法等。

（4）输煤系统和煤场排水处理。

对从煤场流出的排水径流进行处理，使其符合有关排放标准。降水时煤场范围内径流的 70%由煤层表面流出，污染较轻；30%通过煤层渗出，水质污染较重。排水的性质取决于煤的化学组成。对含硫量高的煤，煤场排水一般呈酸性，溶解固体和硫酸盐含量高，重金属浓度相当高，有时会有砷的化合物；对含硫量低的煤，煤场排水呈中性，总固体含量较高，其中约 85%是细煤末为主的悬浮物，有时含有高浓度的重金属。所以煤场排水不能直接排入水体或简单地回收利用。

煤场排水处理，首先在煤场四周设一排水沟以便汇集排水，再将汇集的水排入沉淀池内，根据排水所含杂质的性质及其含量的高低选用以下处理方法，以便排入水体或回用：①沉淀池上部澄清水、所含杂质符合工业废水排放标准，可直接排入水体，池内下部沉淀物可定期挖出返回煤场；②沉淀池中排水可经过过滤设备除去所含悬浮物，再用作煤场喷水或输煤系统除尘用水，过滤设备可采用压力式过滤器；③当煤场排水酸性或重金属含量较高时，可将其注入电厂水力除灰系统中，借灰水的碱性以中和酸性物质，并使重金属呈氢氧化物以除去。对于干式除灰系统的电厂，可对这种排水采用石灰澄清处理，或者排到废水集中处理装置的有关部分进行处理。

（5）澄清设备排放的泥浆废水处理。电厂化学车间澄清池泥浆是进行水的澄清处理时，由水中的颗粒沉淀而产生的。泥浆水一般为间接排放。泥浆中含有一定的水量。将生水预处理澄清池中的排泥（泥浆水）经过废水澄清池进一步沉淀，将泥、水分离，上清液直接排放，底部的污泥经过加药后进一步浓缩，形成泥饼后运走。

（6）生活污水处理火力发电厂生活污水相对其他生活污水具有排水量波动大、有机物浓度较低的特点。

生活污水一般用生物方法处理，根据在处理过程中起主要作用的微生物对氧气要求的不同，又分为好氧生物处理和厌氧生物处理两大类。

（7）烟气脱硫废水的处理。①脱硫废水的特性。脱硫废水中的杂质主要来自烟气、脱硫剂（目前湿法脱硫的脱硫剂大多用石灰石）和工艺水。其中污染成分主要来自烟气，而烟气中的杂质又来源于煤的燃烧。煤中含有包括重金属在内的多种元素，这些元素在燃烧后生成多种化合物，其中气体化合物会随烟气进入脱硫系统，溶解于吸收浆液中。②脱硫废水的主要处理方法。脱硫废水处理方法主要有灰场堆放、蒸发、化学处理和生物化学处理等方法。

3．处理工程实例

河北西柏坡发电有限责任公司地处黄壁庄水库上游 2 000 米处，兴建于 20 世纪 90 年代。该公司现有装机容量 1 200 兆瓦，规划总装机容量 2 400 兆瓦，是河北南部电网的主力电厂之一。

黄壁庄水库是西柏坡电力工业用水的主要来源地。按最初设计，公司一期工程符合一级排放标准的冷却水塔，排污水最终汇入黄壁庄水库，当时黄壁庄水库是省会石家庄市工农业水源地。随着社会经济高速发展，城市人口急剧膨胀，再加上华北地区多年干旱少雨，原本稀少的地下水资源已经远远不能满足省会石家庄市的工业和生活需求，1993年，市政府决定将黄壁庄水库开辟为石家庄市生活饮用水水源地。这样作为黄壁庄水库的近邻，既是耗水大户又是排水大户的西柏坡电力义不容辞地被赋予了保护水库碧水的责任。就是在这样的情况下，该公司二期工程开始建设，如何节约用水，治理污水成为二期工程当务之急，西电公司没有回避这一难题，积极与西安热工研究所，河北电力勘测设计院紧密协作，报经国家电力公司批准，果断提出了“以新代老”的二期工程两台300兆瓦机组的建设，削减一期两台300兆瓦机组的废水，实现废水“零排放”的决策。他们先后投入了6 350万元开发建设了一个庞大的废水处理系统，主要新增工艺为：冲灰系统溢流灰水经絮凝沉淀处理后重新用于冲灰系统；灰场排水回收；一单元循环冷却水排水经弱酸处理后用于二单元循环冷却系统；二单元循环冷却水排水经反渗透处理后用作锅炉补水。其主要措施是：1、2号水塔与3、4号水塔浓缩倍率采取“两低两高”方式串联运行。1、2号水塔为维护一定的浓缩倍率而排放掉的循环水进行化学弱酸处理后，作为3、4号水塔补水再利用。3、4号水塔排水经反渗透处理后，作为锅炉补水重复使用。另外，化学处理车间酸碱废水经中和处理后用于冲灰，灰场大坝渗出水回收后再冲灰，含油废水用于露天煤场防扬尘喷淋，输煤系统冲洗水重复利用，处理后生活污水作为绿化用水、循环用水和冲灰使用。通过采取一系列措施，达到了不外排废水和少用新鲜水的目的。

西柏坡电力通过弱酸处理、反渗透处理、灰水回收、生活污水回用等方式，分质处理，梯级合理复用，最大限度地减少新水的使用，消除外排废水。2000年6月，该公司实现了工业用水闭式循环，每年节约用水1 400万吨，相当于一个50万人口的中等城市全年居民的用水量。这一年，西电公司的发电量翻了一番，但用水量仅增加了15%。2001年节水1 409万吨，2002年节水1 625万吨，2003年节水1 716万吨，2004年节水1 789万吨，节水率高达44%，单位发电耗水率2.65千克/（千瓦·时），在火电行业遥遥领先，取得了良好的环境效益和节水效果。2006 年三期工程扩建——2 台 600 兆瓦的超临界发电机组投产后，公司总装机容量为 2 400 兆瓦·时，比常规电厂节水 40%，年节水量可达 2 200 万吨。

第五节　生活污水防治

一、城镇生活污水防治

在河北省所有县级以上城市、县城全部建成污水处理厂和垃圾处理场，是河北省政府促进污染减排工作、实现三年大变样工作目标所做出的重要决策，2009 年继续对两厂（场）建设项目实行了月通报制度，出台了《河北省城市污水处理费征收管理办法》、《河北省城市生活垃圾处理费征收管理办法》等一系列政策，建立了省级专项资金使用管理制度，安排了 2009 年度城市污水处理管网以奖代补资金和省级污水和垃圾处理项目以奖代补资金，并对建设项目进行了多次督导检查。全年建成污水处理场 80 座，是 2008 年建成数量的 2.9 倍。到 2009 年底，全省共建成污水集中处理厂 161 座，形成污水处理能力 753.2 万米^3/日（见表 3-20）。

表 3-20　河北省污水处理厂一览表

城市	项目名称	主体处理工艺	投运时间	设计处理能力/（万 m^3/d）	平均处理水量/（万 m^3/d）
石家庄	石家庄桥西污水处理厂	二级生化	1993 年 9 月	16	15
石家庄	矿区污水处理厂二期	BIOLAK	2008 年 11 月	2	1.2
石家庄	灵寿县污水处理厂	氧化沟	2008 年 4 月	2	1.75
石家庄	深泽县污水处理厂	CAST	2008 年 11 月	2	1.53

城市	项目名称	主体处理工艺	投运时间	设计处理能力/（万 m^3/d）	平均处理水量/（万 m^3/d）
石家庄	元氏县槐阳污水处理厂	CASS	2008 年 8 月	4	1.90
石家庄	赵县清源污水处理厂	BIOLAK	2008 年 5 月	5	3.55
石家庄	栾城县污水处理厂	氧化沟	2008 年 9 月	4	3.60
石家庄	晋州市城市污水处理厂	A/A/O	2009 年 6 月	3	2.90
石家庄	高邑县凤城污水处理厂	SBR	2009 年 6 月	1	0.70
石家庄	藁城市水处理中心	活性污泥	2008 年 4 月	10	7.35
石家庄	石家庄经济技术开发区污水处理厂	氧化沟	2008 年 6 月	5	3.92
石家庄	晋州市亚太污水处理有限责任公司	生物滤池	2003 年 11 月	3	2.90
石家庄	鹿泉市污水处理厂	BICLAK	2003 年 7 月	2	1.60
石家庄	平山县污水处理厂	氧化沟	2004 年 7 月	3	1.00
石家庄	石家庄高新技术产业开发区污水处理厂	生物组合池	2003 年 5 月	10	5.60
石家庄	石家庄市矿区污水处理厂	氧化沟	2008 年 12 月	2	2.00
石家庄	石家庄市桥东污水处理厂	A/O	2006 年 12 月	50	32.00
石家庄	无极县污水处理厂	BICLAK	2007 年 12 月	4	3.20
石家庄	辛集市污水处理厂	氧化沟	2003 年 10 月	10	7.50
石家庄	新乐市升美水净化有限公司	二级生化	2003 年 12 月	4	3.00
石家庄	正定县污水处理厂	二级生化	2005 年 10 月	6	3.00
唐山市	唐山市丰润区污水处理厂再生水厂	BAF	2009 年 9 月	3	1.60
唐山市	遵化国祯污水处理有限公司	氧化沟	2009 年 5 月	8	2.27
唐山市	唐山海港开发区东部污水处理厂	氧化沟	2009 年 9 月	2.5	2.00
唐山市	滦县污水处理厂	SBR	2009 年 6 月	4	1.20
唐山市	迁安市城市污水处理有限公司	A/A/O	2003 年 6 月	8	8.00

城市	项目名称	主体处理工艺	投运时间	设计处理能力/（万 m^3/d）	平均处理水量/（万 m^3/d）
唐山市	唐山城市排水有限公司唐海运营分公司	BAF	2009 年 3 月	2	1.60
唐山市	迁西县污水处理厂	二级生化	2008 年 8 月	2	1.40
唐山市	唐山市东郊污水处理厂	氧化沟	1997 年 7 月	15	10.70
唐山市	唐山市西郊污水处理二厂	A/A/O	2007 年 1 月	12	9.70
唐山市	丰南区利源污水处理厂	氧化沟	2006 年 1 月	5	5.00
唐山市	南堡开发区污水处理厂	氧化沟	2004 年 6 月	8	5.40
唐山市	唐山宏源污水处理厂	CASS	2004 年 10 月	8	2.70
唐山市	唐山市北郊污水处理厂	氧化沟	2001 年 6 月	6	5.70
唐山市	唐山市丰润污水处理厂	A/A/O	1992 年 11 月	8	5.80
唐山市	唐山玉田县绿源污水处理有限公司	A/O	2007 年 12 月	5	4.90
秦皇岛	昌黎县污水处理厂	SBR	2009 年 2 月	4	2.10
秦皇岛	秦皇岛第一污水处理厂	A/A/O	2008 年 3 月	4	2.97
秦皇岛	秦皇岛北戴河西部（第二）污水处理厂	二级生化	2000 年 6 月	7	3.90
秦皇岛	秦皇岛第三污水处理厂	二级生化	2001 年 10 月	7	5.00
秦皇岛	秦皇岛港务集团有限公司水暖分公司污水处理厂	二级生化	2007 年 12 月	3	1.00
秦皇岛	秦皇岛市第四污水处理厂	二级生化	2004 年 8 月	12	10.50
邯郸市	新坡污水处理厂（邯郸成晟水务有限公司）	BAF	2007 年 12 月	3.3	3.04
邯郸市	武安市污水处理厂	BIOLAK	2007 年 12 月	3.3	3.26
邯郸市	永年县县城污水处理厂	BIOLAK	2008 年 8 月	3	3.00
邯郸市	邯郸通用污水处理有限公司	BAF	2008 年 8 月	10	8.65
邯郸市	成安污水处理厂	氧化沟	2008 年 8 月	3	2.41
邯郸市	磁县污水处理厂	氧化沟	2008 年 6 月	3	2.12

城市	项目名称	主体处理工艺	投运时间	设计处理能力/（万 m^3/d）	平均处理水量/（万 m^3/d）
邯郸市	魏县污水处理厂	CASS	2008 年 10 月	3	1.83
邯郸市	天铁生活区更乐镇生活污水处理回用	EJSH	2008 年 6 月	1.2	0.85
邯郸市	曲周污水处理厂	氧化沟	2009 年 7 月	3	1.50
邯郸市	大名污水处理厂	CASS	2009 年 6 月	2	1.20
邯郸市	峰峰矿区郭庄污水处理厂	活性污泥	2004 年 9 月	1.5	0.90
邯郸市	邯郸市西污水处理厂	二级生化	2004 年 4 月	10	8.00
邯郸市	邱县污水处理厂	氧化沟	2005 年 9 月	3	2.20
邯郸市	涉县清漳污水处理厂	BIOLAK	2007 年 5 月	2.5	2.00
邢台市	清河县污水处理厂	氧化沟	2008 年 6 月	2.2	1.96
邢台市	南宫市污水处理厂一期	二级生化	2008 年 6 月	1	0.88
邢台市	宁晋县碧源污水处理厂	氧化沟	2008 年 6 月	3	2.47
邢台市	河北金牛能源股份有限公司邢台矿生活污水处理厂	氧化沟	2008 年 11 月	1.5	0.62
邢台市	河北金牛能源股份有限公司东庞矿生活污水处理厂	ICEAS	2008 年 11 月	1.2	0.61
邢台市	邢台市污水处理厂二期续改建工程	活性污泥	2006 年 6 月	15	9.75
邢台市	内丘县污水处理厂	活性污泥	2009 年 6 月	1.5	1.14
邢台市	沙河市污水处理厂	活性污泥	2007 年 12 月	5	4.20
邢台市	邢台市小黄河围寨河管理处南小汪污水处理厂	活性污泥	2002 年 8 月	1.2	0.60
保定市	安国市污水处理厂	氧化沟	2008 年 11 月	3	2.54
保定市	涞源县污水处理厂	氧化沟	2008 年 8 月	2.5	1.23
保定市	容城县生态污水处理厂	悬挂链式曝气	2008 年 11 月	1.2	0.82
保定市	涿州市城市污水处理厂（东厂）	CASS	2008 年 7 月	4	3.16

城市	项目名称	主体处理工艺	投运时间	设计处理能力/（万 m^3/d）	平均处理水量/（万 m^3/d）
保定市	高阳县碧水蓝天水务有限公司（高阳县污水处理厂）	悬挂链式曝气	2008 年 6 月	6	6.16
保定市	定兴县污水处理厂	BIOLAK	2009 年 12 月	3	1.30
保定市	定州市污水处理厂	SBR	2009 年 8 月	4	3.53
保定市	定州市铁西污水处理厂	SBR	2009 年 10 月	2	0.59
保定市	高碑店市污水处理厂	A/A/O	2009 年 4 月	4	2.32
保定市	曲阳县污水处理厂	A/A/O	2009 年 11 月	2	1.30
保定市	唐县污水处理厂	SBR	2009 年 10 月	2	1.38
保定市	雄县污水处理厂	氧化沟	2009 年 11 月	2	1.23
保定市	安新县污水处理厂	悬挂链式曝气	2008 年 12 月	4	3.15
保定市	蠡县污水处理工程	CAST	2009 年 11 月	3	2.52
保定市	蠡县留史镇污水处理工程	CAST	2009 年 11 月	2	1.73
保定市	满陈县污水处理厂	UNITANK	2009 年 9 月	4	2.92
保定市	阜平县恒和污水处理厂	BIOLAK	2009 年 11 月	1	0.74
保定市	保定市溪源污水处理厂	A/O	2007 年 11 月	16	9.43
保定市	保定市鲁岗污水处理厂	A/A/O	1996 年 9 月	8	6.94
保定市	清苑县污水处理厂（一期）	复合生物滤池	2006 年 11 月	3	2.30
保定市	易县钰泉污水处理厂	CASS	2007 年 9 月	2	1.20
保定市	涿州市城市污水处理厂（西厂）	CASS	2007 年 4 月	4	2.10
张家口	张家口怀来京西洁源污水处理厂	氧化沟	2008 年 7 月	3	1.60
张家口	涿鹿县污水处理厂	氧化沟	2008 年 11 月	2	0.90
张家口	张家口市宣化区排水有限公司（中水回用工程）	A/A/O	2009 年 12 月	4.8	2.00
张家口	怀安县污水处理厂	SBR	2009 年 10 月	1.8	1.00
张家口	万全县污水处理厂	CASS	2009 年 8 月	1.5	0.90

城市	项目名称	主体处理工艺	投运时间	设计处理能力/（万 m^3/d）	平均处理水量/（万 m^3/d）
张家口	下花园区污水处理厂	氧化沟	2009 年 8 月	2.5	1.10
张家口	宣化区羊坊污水处理厂	A/A/O	2006 年 9 月	12	8.40
张家口	张家口市鸿泽排水有限公司	A/A/O	2006 年 8 月	10	7.00
承德市	承德市城市污水处理有限责任公司	氧化沟	2008 年 6 月	8	7.03
承德市	兴隆县柳源污水处理厂	氧化沟	2008 年 7 月	2	1.31
承德市	平泉县污水处理厂	BIOLAK	2009 年 3 月	3	1.93
承德市	围场县鑫汇污水净化处理中心	A/A/O	2009 年 8 月	2.5	1.66
承德市	丰宁满族自治县清源污水处理有限公司	悬挂链式曝气	2009 年 6 月	1.5	1.00
承德市	隆化县污水处理厂	悬挂链式曝气	2009 年 8 月	2	1.26
承德市	滦平县德龙污水处理厂	BIOLAK	2009 年 8 月	2	1.22
承德市	宽城奥能环保有限公司	A/A/O	2009 年 9 月	2	1.21
承德市	承德市中保水务有限公司	BAF	2009 年 8 月	5	2.35
承德市	鹰手营子矿区柳源污水处理有限责任公司	BIOLAK	2009 年 9 月	2	1.21
承德市	承德县绿溪污水处理有限公司	BIOLAK	2006 年 8 月	3	2.60
沧州市	青县县城污水处理厂	CAST	2009 年 8 月	1	0.71
沧州市	任丘市城东污水处理厂	生物膜	2009 年 6 月	5	3.01
沧州市	东光污水处理厂	BIOLAK	2008 年 12 月	3	2.20
沧州市	吴桥县污水处理厂	BIOLAK	2008 年 10 月	3	1.88
沧州市	肃宁县第一污水处理厂	BIOLAK	2007 年 12 月	2	1.53
沧州市	泊头市污水处理厂	A/A/O	2009 年 11 月	2	1.20
沧州市	沧州临港圣捷污水处理有限公司	氧化沟	2007 年 5 月	5	0.73
沧州市	沧州市运东污水处理厂	氧化沟	2004 年 11 月	10	6.57
沧州市	黄骅市污水处理厂	MSBR	2007 年 12 月	5	1.13

城市	项目名称	主体处理工艺	投运时间	设计处理能力/（万 m^3/d）	平均处理水量/（万 m^3/d）
廊坊市	三河市龙源水业有限公司	SBR	2008 年 7 月	5	3.00
廊坊市	廊坊开发区供水中心污水处理厂	SBR	2008 年 8 月	3	2.10
廊坊市	霸州嘉诚水质净化有限公司	SBR	2008 年 11 月	2	2.00
廊坊市	霸州市污水处理厂	氧化沟	2008 年 12 月	4	3.40
廊坊市	香河县污水处理厂	CASS	2008 年 1 月	2	1.60
廊坊市	文安县城区污水处理厂	A/A/O	2009 年 8 月	2	0.65
廊坊市	固安城区污水处理厂	氧化沟	2008 年 11 月	1.5	1.02
廊坊市	大城县污水处理厂	氧化沟	2009 年 9 月	2	1.23
廊坊市	龙源水业有限公司	中水回用	2009 年 10 月	3	3.00
廊坊市	霸州市胜芳第二污水处理厂	SBR	2008 年 11 月	2	1.90
廊坊市	霸州市胜芳污水处理厂	ICEAS	2007 年 6 月	2	2.00
廊坊市	廊坊凯发新泉水务有限公司	活性污泥	2002 年 3 月	8	5.80
廊坊市	三河市鼎盛水净化厂	氧化沟	2006 年 8 月	1	0.80
廊坊市	三河市燕郊东污水处理厂	CASS	2007 年 1 月	1.3	1.30
廊坊市	三河市燕郊污水处理厂	SBR	2008 年 7 月	5	4.00
衡水市	深州市污水处理厂	CAST	2008 年 10 月	2.5	1.84
衡水市	衡水市路北污水处理厂	A/O	2002 年 11 月	10	8.69
衡水市	安平县污水处理厂	A/O	2009 年 1 月	3	1.70
衡水市	冀州市污水处理厂	活性污泥	2009 年 6 月	1.5	1.21
衡水市	枣强县污水处理厂	A/A/O	2009 年 8 月	1.5	1.20
衡水市	武强县污水处理厂	氧化沟	2009 年 10 月	2	1.35
衡水市	武邑县化工园区污水处理厂	活性污泥	2009 年 4 月	1	0.70
衡水市	饶阳县污水处理厂	氧化沟	2009 年 10 月	1.5	1.25
衡水市	景县污水处理厂	A/O	2009 年 11 月	4	2.00

根据省政府 2010 年制定的《强化污染防治设施运行管理年实施方案》要求，城镇污水处理厂的运行管理是今年运行管理年的监管重点。河北省环保厅组成联合检查组，对全省 11 个设区市的 61 家城镇污水处理厂进行突击检查。从 61 家城镇污水处理厂检查情况看，主要存在 6 个方面的问题：

一是收水率不足。部分污水处理厂管网建设滞后，运营负荷偏低，收水率达不到设计能力的 60%或应收水能力的 75%，不能充分发挥污水处理设施的效率。

二是进口废水浓度高。一些向污水处理厂排水的企业，废水处理不达标即排入管网，也有一些向污水处理厂排水的企业擅自停运污水治理设施，偷排偷放，造成城镇污水处理厂进口废水 COD 浓度增高，影响正常运行。

三是出口废水浓度超标。造成出口废水 COD 超标的原因主要有：进口废水浓度过高、企业为降低运行成本故意偷工减料、偷排偷放，以及污水处理厂在升级改造过程中，部分处理工段未使用、部分废水未经处理，造成外排废水超标。

四是中控系统建设滞后。大多数污水处理厂已建成了中控室，并已投入运行，但存在的问题较突出。普遍存在自动监控设施未接入中控系统、无历史数据曲线、有的汇编数据可进行人工任意修改，中控系统软件不符合要求、硬件建设缺项等问题。一些污水处理厂没有按照规定配备双向电源，如遇停电则处于瘫痪状态。

五是自动监控设施问题突出。自动监控设施存在进出口未安装、不能运行、流量计不准确、无维护制度和运行台账等问题。所检查的污水处理厂中，大多数污水处理厂无自动监控设施维护制度和运行台账；部分污水处理厂出口 COD 的测定，不能准确反映外排废水 COD 浓度。普遍存在排污口未规范化建设，无标准的流量测量装置等问题。

六是污泥处置不规范。有些城镇污水处理厂未执行环评制度，在污泥处置中存在污泥上清液未经处理直接外排、污泥未进行压滤、污泥外运没有手续、无运行管理台账等问题。

对城镇污水处理厂存在的上述问题，切实推进城镇污水处理厂的运行和监管工作，省环保领导小组办公室对城镇污水处理厂存在的上述问题在全省范围内进行了通报，省环保厅对晋州市等 8 家存在超标排放或偷排偷放问题的城镇污水处理厂实施了挂牌督办。河北省环保领导小组办公室在通报中对各市（县、区）人民政府提出了具体要求，要求加强对收水范围内企业的监督排查力度，保证企业治污设施的正常运行和满足污水处理厂收水标准，严防偷排偷放、超标排放行为；加大对污水处理厂监察力度，增加现场检查和抽样监测频次，确保污水处理设施的正常运转和自动监控设施的规范使用；对污水处理厂不正常运行、超标排放的行为要依法严厉处罚，按照《河北省污染物减排条例》规定，对企业和法人代表实施“双罚”。对问题突出、长期不能达标排放的，责令限期整改，整改期间暂停收水区域内涉水项目的环保审批。

二、农村生活污水防治

随着城镇污水处理厂不断兴建，污水的处理率不断提高，但大部分农村的污水得不到处理。而河北省农村人口众多，农村污水排放量在污水总排放量中的比例越来越大。造成水体富营养化的污染源主要来自生活污水和农田的氮磷流失，二者对总氮、总磷的贡献率占 84%～90%。

目前河北省绝大部分农村没有建设污水管网，公共设施跟不上发展的需要，大量生活废水未经处理排入各种水体，给村民的生活环境和卫生状况造成很大的影响，长期下去，必然会危害村民的身体健康。为此，加强农村生活污水的收集与处理，既是改善农村人居环境的基础性工作，建设社会主义新农村的必然要求，也是落实国家节能减排政策的时代要求。

农村及城市郊区污水处理的基本思路是：分类设计、因地制宜、远近结合。

分类设计：与城市不同，农村数量多，规模小，分布分散，地势高低不平，需探索不同类型的农村污水处理新方案，新工艺。

分类处理：城镇及污水处理厂周边农村采用接入城镇污水厂集中处理的方式，对远离城镇及污水处理厂的新农村集中居住点，暂时不具备接管条件的则尽量采用有动力集中处理方式，并留有今后改造接管进污水厂的余地，提高处理效果，对零星分散的村落可选择生态湿地等处理方式。

因地制宜：充分利用自然地势，选用水塘和废弃洼地，利用生物技术降解，去除氮和磷。

统筹规划：根据农村人口分布密度、自然环境和经济条件，依据城市总体规划，考虑未来人口增长产生的污水，从源头抓起，如农村改厕等。而目前国内缺少投资省、运行费用低、管理方便的污水处理技术也是农村生活污水治理的一大瓶颈。

河北省农村生活污水处理作为新农村建设的一项重要内容，受到各级政府部门高度重视，并纳入了小城镇环境建设规划。

第六节　中水回用技术应用

一、中水回用现状

河北省地处北温带半干旱大陆性季风气候区，多年平均降雨量 536 毫米，70%～80%集中在汛期，水资源时空分布不均，年际丰枯变化大，多年平均水资源总量 203 亿米^3，人均、亩均占有量分别为 311 米^3、208 米^3，属于人口、生态双重压力下资源极度缺水地区。干旱缺水是该省的省情，是构成对该省经济建设和人民生活严重威胁的主要自然灾害。随着经济和社会的发展，水资源的需求量不断增加，水资源供需矛盾将日益突出。该省每年排放污水约 20 亿吨，年处理污水量只有 4 亿吨左右，而处理后的污水直接回用率仅为 10%。在严重缺水的情况下，加快城市污水资源化设施建设，大幅度提高污水处理回用率是非常必要的。污水处理回用，也称作中水回用或者再生水利用，是通过经济、技术和环境效益的科学论证，对城市污水进行不同级别的水质处理后，回用于不同的需水对象，如工业、农业、生活等。河北省的污水处理率约为 60%，经过处理后的再生水利用很少，而发达国家城市污水处理率达到 80%，且大多数回用，可见该省在城市污水处理回用方面具有较大潜力。污水处理回用是解决该省水资源紧缺的一项重要措施。污水资源化，变废为宝，既是一项节水措施，也是一项治污措施，兼具经济效益、社会效益和生态效益。一些对水质要求不高的企业，如电力、煤炭等行业将使用再生水作为水源，并且要求新上企业水的重复利用率达到国内先进水平，努力实现零排放。

1. 工业内部污水回用

随着环境保护力度的加大，企业节水意识的提高，工业废水处理回用率呈逐年上升趋势。据统计，1999 年工业废水厂区处理回用率已达 82%，在排水量较大的行业中，钢铁、电力、化工等行业回用率较高，分别达 93%、83%、86%。排水大户造纸行业的废水处理回用率为 57%。回用污水大多用做循环冷却水，如钢铁企业；电力行业处理后的污水用做冷却水，或用做冲灰水；造纸行业纸机白水回收纤维后，可用于制浆洗浆。

2. 城市污水利用现状

处理后的城市污水主要排入下游河道，由于河北省水资源的短缺，大多下游河道地表水断流，许多河流如滏阳河邯郸以下、牛尾河、府河已基本成为纳污河道。污水主要用于农田灌溉，少量用于生态环境。

3. 污水处理回用存在的主要问题

（1）水污染治理水平偏低。工业厂区废水二级处理能力不高，许多企业只采用简单的一级处理，特别是重金属、“五毒”等关键污染物未能在厂区实现“零排放”。城市污水集中处理厂多为二级处理，尚无三级处理工艺，污染物去除效果较差。

（2）污水集中处理程度低，处理后的污水回用率低。11 个设区市中，衡水、廊坊和承德目前还未建成城市集中污水处理厂，县级市没有集中污水处理厂。即使建有集中污水处理厂，也很难将关键有毒有害物质去除。污水处理后回用率仅为 10%。

（3）现有污水处理设施未实现全部正常运转。一些企业，特别是中、小企业对污染源治理态度消极，不能保证处理设施正常运转。

（4）治污经费不足，资金渠道不畅，污水处理厂不能自负盈亏，政府财政负担较重。

（5）对全省污水处理及回用尚无系统、科学的规划。目前各地污水处理规划一般仅限于兴建集中污水处理厂，未能针对实际情况选择最优的污水处理和回用方案，没有统一的中水回用和推广的规划。

二、污水资源化综合措施

1. 提高污水资源化的认识，开辟城市水源新途径

对解决城市缺水的措施，相当一部分人还是偏重于开辟传统水源，对污水资源化问题没有引起足够的重视，要提高污水资源化的认识，应把开发污水资源作为开辟城市水源的重要途径。

2. 全面规划，统筹兼顾，注重实效

各城市要尽快制定城市水资源综合利用规划，加快污水资源化的规

划和建设，大型商贸中心、宾馆饭店和新建住宅区都应敷设中水回用管道，经过处理的污水，尽量回用于工业建设和城市建设，要把污水资源化作为一个重要组成部分纳入水资源的统一管理和调配。

3. 实行清污分流，加快城市污水回用设施建设

在企事业单位、机关院校、生活小区、家庭用水，对不同水质、不同用途的水，实行清污分流，减少废污水排放量；提高清污分流、中水回用的经济效益，引入市场机制，拓展融资渠道，吸引社会资金和外资，加快城市污水回用设施的建设步伐。

4. 加大政策与法律、法规的力度

要抓紧制定污水资源化方面的法规和规章。河北省在再生水利用上还处在起步阶段，工程设施设计、建设的标准、规范及相关的配套政策均不完善，需要在政策、法律上给予一定的支持。因此，要重视城市再生水利用政策、法规和技术标准的研究和配套，并在实践中验证，随时修订和改进，并开展相应的管理体制研究。制订鼓励城市再生水利用工程建设与运营的管理政策和经济政策，采取行之有效的鼓励政策和行政管理手段，促进工、农业生产部门和市政用水部门积极使用再生水。在城市再生水利用工程的可行性研究、立项、设计、建设或改造中，要建立相应的规范和标准，改革管理体制和服务体系，保障每一个再生水使用单位，在卫生安全、生产过程、产品质量等方面，享有免受不良影响的基本权益。

5. 合理确定自来水和中水价格，促进和鼓励中水利用

现行的自来水价格偏低，建设中水回用设施又需要很大的投入，造成人们不愿意主动使用再生水。要运用经济杠杆，提高水价和征收污水处理费，处理好自来水水价、中水水价、水资源费以及污水处理费之间

的关系，水价越高，中水回用的作用与优势就越明显，企业、单位和家庭对中水回用的积极性和自觉性就越高。

6. 推进技术创新，加大推广回用技术

由于经济、技术、认识、政策等方面的原因，目前河北省大部分城市“中水”回用率很低，可以说还是空白点。要抓紧制定适合河北省情况的中水回用技术措施，加快污水处理技术创新，大力推广“中水”回用技术。

三、中水回用典型工程

1. 唐山丰南区污水处理厂中水回用国丰钢铁有公司

近年来，丰南区不断加强城市基础设施建设，为提升城市环境形象，改善环境质量提供有力保障。2004 年 3 月，按照“把废弃物转化为资源”的循环经济理念，启动了中水回用工程，投资 1.2 亿元，占地 98.08 亩，建设了日处理能力达 5 万吨的城市污水处理厂，并于 2005 年 8 月投入运行。目前污水处理厂运转正常，日处理污水 3 万吨，其中生活污水 1.7 万吨，工业污水 1.3 万吨，主要包括国丰钢铁有限公司、燕泉啤酒厂、恒通精密薄板有限公司等重点企业生产废水。为进一步提高水资源利用效率，有效减少地下水的开采，污水处理厂已与国丰钢铁有公司签订中水回用合同，从 2005 年 12 月到目前，国丰钢铁有限公司初步达到回用中水 1 万吨的规模，预计年底前可实现回用中水 4 万吨。污水处理厂的建设使用，使城区生活污水得到有效处理，使城区重点工业企业生产废水处理率达到 100%，彻底改善了城区水环境质量，有效缓解了水资源短缺问题，促进了全区循环经济的快速发展。

2. 邯郸市第一座中水回用处理厂

东污水处理中水回用工程 2007 年 4 月建成，已通水运行。东污水

处理厂中水回用工程是邯郸市重点工程项目，总投资 8 200 万元，位于东污水处理厂北侧，占地 1 公顷，该工程利用东污水处理厂处理后的水作为水源，采用沉淀、过滤、消毒工艺对水源进行深度处理。处理后的中水可用于厕所冲洗、园林和农田灌溉、道路保洁、城市喷泉、河湖补水等，有效地节省水资源。为缓解城市缺水状况，科学合理利用水资源，用中水替代新鲜水源是邯郸市一项积极有效的节水措施。该工程以邯郸市东污水处理厂尾水作为水源，采用法国得利满水处理系统公司专有技术，通过混凝沉淀—过滤—消毒的基本处理工艺再次对水源进行深度处理。根据国家《城市污水再生利用城市杂用水水质》和《城市污水再生利用景观环境杂用水水质》标准设计出水水质，设备运行具有很高的自动化控制程度，一期工程日处理水量为 3 万米^3，邯郸市龙湖公园将成为首家用户。

3. 亚太大酒店中水处理系统

投资 80 多万元人民币，2006 年 8 月下旬正式投入使用。据悉，亚太大酒店是省内同行业首家采用中水回用技术的酒店。根据目前的实际使用情况测算，每天可以生产中水 120 吨，一年可达 43 800 吨，每吨中水的处理费用是 0.8 元，而目前餐饮服务业所用的自来水现行价格是 5.27 元/吨，这样污水经过处理再利用每吨就能够节约 4.47 元，一年可节约水费 19 万多元，4 年就可以收回项目投资。据了解，经过处理的污水被用来冲厕所、洗车和浇花，可以说是社会效益和经济效益双丰收。

4. 秦皇岛港中水回用项目

斥资 4 000 万元，大力开发中水除尘技术，使煤炭在储运过程中洗上“中水澡”，既保护了环境又可增加经济效益。据介绍，把免费获得的污水加工成中水，每吨成本 1～2 元，而现在工业用水每吨 4 元多。

这样既节约了宝贵的水资源，又降低了企业用水成本。此外，把本来要排入渤海的污水加以利用，大大减少了入海污染物。

5．沧州市运东污水处理工程

2004 年 10 月，沧州市运东污水处理厂中水调试成功，污水经过复杂处理工序后变得清澈。这些中水各项指标都达到了国家有关标准。这些污水都是市区的生活污水和企业的工业污水，通过刚铺设的管道进入污水处理厂。经过沉沙池、厌氧池、终沉池等一系列物理处理后，污水中的污染有害成分被去除。污水再经加入混凝剂等药剂的沉淀池、上向流滤池等，最终成为可用来浇灌花草、冲洗厕所、工业使用的中水。据了解，沧州市运东污水处理工程总投资 2.2 亿元，占地 130 亩，设计规模每天处理污水 10 万吨，中水 3 万吨/天。市运东污水处理工程是国家“渤海碧海行动计划”项目之一，也是近年来沧州市最大的市政建设工程项目。工程所采用的各项工艺均处于国际先进行列。其中上向流滤池工艺是法国本土以外的第一家，抗浮结构设计在全国是第三家使用。

6．兴泰公司废水处理及回用工程

为保护地下水资源，解决公司污水排放问题，兴泰发电公司于 2009 年 6 月正式投运“废水处理及回用工程”。工程投运后，实现年节约地下水 935 万吨，减少污水排放 394.2 万吨，减少 COD（化学需氧量）排放量 115.2 吨。此项工程投运前，兴泰公司全厂生活、消防及锅炉补给水均采用地下水；公司生产用的循环水补给水采用的是朱庄水库地表水；公司生活区、厂区每年污水外排量为 394.2 万吨（按 360 天计），这些污水经化粪池一级处理后，排入灰场，在对环境造成了污染的同时也严重浪费了水资源。为了保护地方水资源，2008 年 8 月，兴泰公司正式启动“废水处理与回用工程”。工程投运后，将生活污水全部回收处理，作为工业补给水，可使大量污水变废为宝，公司实现了生产、生活污水“零排放”。与此同时，公司的发电耗水率也由1997年的3.97千克/（千瓦·时）降低到2010年的2.18千克/（千瓦·时）。

第四章　固体废物污染防治

《固体废物污染环境防治法》对固体废物的概念采用了概括性和列举性的解释。该法第74条规定，所谓“固体废物”，是指在生产建设、日常生活和其他活动中产生的污染环境的固态、半固态废弃物质。作为中国《固体废物污染环境防治法》所要控制和防治产生污染的固体废物，主要包括上述分类中的三类，即工业固体废物、城市生活垃圾以及危险废物。《河北省实施〈中华人民共和国固体废物污染环境防治法〉办法》已经河北省第九届人民代表大会常务委员会第二十六次会议于2002年3月30日通过并公布，自2002年9月1日起施行。

河北省通过制定规划、出台标准、建立台账、印发名录、抓好消耗臭氧层物质淘汰管理工作等5项措施，强化固体废物污染防治及危险废物监管，组织制定了全省固体废物处置规划，为加快建设、规范管理奠定了基础。

为提高危险废物产生单位及处置单位管理水平，河北省将监督危险废物产生企业建立完善系统的危险废物产生、处置档案；监督危险废物处置单位建立危险废物管理台账及危险废物储存场所和处置设施运行台账。河北省环保厅印发了《关于电子废物拆解利用处置单位申请列入名录有关事项的通知》，进一步规范电子废弃物拆解管理工作。

第一节 工业固体废物的处理与处置

河北省区域面积 18.77 万平方千米，矿产资源丰富。工业作为全省经济发展的重点快速增长，经济效益明显。其中黑色金属冶炼及压延加工业、石油和天然气开采业、黑色金属矿采选业是拉动全省利润增长的主要力量，也是工业固体废物产生的主要来源。2008 年，全省工业固体废弃物产生量为 19 769.3 万吨；工业固体废弃物排放量为 60.84 万吨；工业固体废弃物综合利用量为 12 756.9 万吨，综合利用率为 64.14%。其中省会石家庄 2008 年工业固体废物产生总量为 1 107.61 万吨，处理利用率为 96.26%。2009 年工业固体废物处置利用率平均为 97.03%，其中秦皇岛、邢台、邯郸、张家口等 4 市增幅较大，分别比上年提高 14.26、9.55、9.3 和 8.39 个百分点。

一、固体废物的种类

工业固体废物是指工业生产过程和工业加工过程产生的废渣、粉尘、碎屑、污泥等。

1．钢铁行业固体废物

钢铁工业固体废物（即冶金渣或废渣）是指钢铁生产过程中产生的固体、半固体或泥浆废弃物。主要包括：采矿废石、矿石洗选过程排出的尾矿、冶炼过程产生的各种冶炼矿渣、轧钢过程中产生的氧化铁皮和各生产环节净化装置收集的各种粉尘、污泥以及工业垃圾。此外，按固体废物管理范畴还包括容器盛装的酸洗废液和废油等。

（1）钢铁行业固体废物来源。

钢铁工业固体废物产生于钢铁生产的各个环节，换言之，伴随着从矿石的采掘到钢铁成品的出厂，每一步工序都有其特定的固体废物的产生、排放，其品种因工序而异，其发生量因工艺技术而增减。表 4-1 列出了钢铁厂通常产生的固体废物和副产品。

表 4-1　钢铁厂通常产生的废物和副产品

生产阶段	废物和副产品
焦炭生产	硫酸铵、苯、浓焦油、萘、沥青、粗酚、硫酸、焦油； 锅炉与冷却器清除残渣； 氨生产中排出的石灰泥浆； 焦化废水机械澄清排出的污泥； 熄焦水与温法除尘器排出的湿尘泥； 焦化废水处理的活性污泥； 粉尘
烧结厂	废气净化产生的粉尘； 二次烟尘产生的粉尘
高炉	高炉渣； 铸造厂烟气除尘产生的粉尘； 煤气净化产生的粉尘； 煤气洗涤水净化产生的污泥
炼钢	钢渣； 二次排放控制产生的粉尘； 干法烟气除尘产生的粉尘； 钢厂除尘用工艺水产生的污泥
热成型和连铸	铁屑； 轧机污泥； 铁皮坑渣； 辗磨与切削废物； 轧辊辗磨产生的污泥
精加工	来自表面机械处理的铁屑； 工艺水处理产生的铁屑； 粉尘； 再生设备产生的 Fe_2O_3； 再生设备产生的 $FeSO_4 \cdot 7H_2O$； 酸洗废液； 中和污泥； 废热处理盐； 来自金属表面除油与清洗的残渣

生产阶段	废物和副产品
其他辅助部门	含油废弃物； 液态废弃物：如废油和废油乳化液，含油污泥； 含油固体废弃物：如润滑剂生成的固体废物及含油的金属切削物 轧钢废料，建造和拆除的废钢； 废耐火材料； 屋顶集尘； 挖掘出的土； 下水道污泥； 家庭废物； 大块的废物

（2）钢铁工业固体废物的特点。

①量大面广，种类繁多。

如前所述，钢铁生产消耗原材料和燃料多，但80%以上的消耗又以各种形式的废物排出。其中除废水外，以固体废物为主，即每生产1吨钢，固体废物排放量即超过半吨。河北省现已成为全国第一产钢大省，年产量逾3 112万吨，固体废物利用量3 003万吨。

②蕴含有价元素，综合利用价值高。

钢铁工业原料多为各种元素共生矿物。生产过程中“取主弃辅”，必然导致排出废物中蕴含各种不同的有价元素，如：铁、锰、钒、铬、钼、铝等金属元素和钙、硅、硫等非金属元素。这些元素对主产品或许是无益甚至是有害的，但对其他产品生产则可能是重要原料。因此，钢铁工业固体废物是一项可再利用的二次资源。有些固体废物稍加处理即可成为其他生产部门的宝贵原料，如高炉渣经水淬处理成为粒化高炉矿渣，是生产矿渣水泥的重要原料。尤其应指出的是，含铁固体废物即是钢铁厂内部循环利用的金属资源，不仅综合利用价值高，而且减少废物外排，有利于减少污染。

③有毒废物少，便于处理与利用。

钢铁工业除金属铬与五氧化二钒生产过程产生的水浸出铬渣和钒

渣；特殊钢厂铬合金钢生产过程中产生的电炉粉尘以及碳素制品厂产生的焦油、轧钢过程废水治理产生的含铬污泥等少量有毒有害废物外，其他固体废物，如尾矿、钢铁渣、含铁尘泥等，虽然量大，但基本属于一般工业固体废物。因而，较易燃、易爆、腐蚀性、有毒等危害的危险固体废物易于收集、输送、加工、处理，也便于作为二次资源加以利用。

（3）钢铁行业固废实例。

钢铁企业固体废物种类繁多，有的是在生产过程中直接产生的，有的则是在废气、废水处理过程中形成的次生物质。这些种类繁多的固体废物会在堆存的过程中发生物理、化学变化而污染环境，加之占据土地、损伤地表、污染水质，给社会带来巨大的危害。

钢铁工业固体废物主要有尾矿、高炉渣、钢渣，这些固体废物以铁、硅、铝、钙、镁的氧化物为主，含量在80%以上。经过多年的科学实验和大量的实践证明，钢铁工业固体废物可实现减量化、资源化和高价值综合利用。目前，钢铁渣主要利用途径在建筑材料上，特别是水泥行业，钢铁渣粉需求量前景非常广泛。

①高炉渣。

a. 高炉渣的组成和特性。

高炉渣是高炉冶炼过程中，由矿石中的脉石、燃料中的灰分和熔剂（一般是石灰石）中的非挥发组分形成的固体废弃物。按冶炼生铁种类的不同，可分为铸造生铁渣、炼钢生铁渣、特种生铁渣和炼合金钢生铁渣四种。

高炉渣的主要化学成分是CaO、SiO_2、Al_2O_3和MgO，其总量一般占90%以上；次要成分是少量的MnO、TiO_2、S、Na_2O和K_2O。高炉渣经过缓慢冷却后可生成钙黄长石（$2CaO \cdot SiO_2 \cdot Al_2O_3$）、硅酸二钙（$2CaO \cdot SiO_2$）、镁方柱石（$2CaO \cdot MgO \cdot 2SiO_2$）、钙镁橄榄石（$CaO \cdot MgO \cdot SiO_2$）等的固熔体和玻璃体的矿物。

表 4-2　我国矿渣化学成分

矿渣种类	化学成分/%								
	CaO	SiO_2	Al_2O_3	MgO	MnO	FeO	S	TiO_2	V_2O_5
普通矿渣	31～50	31～44	6～18	1～16	0.05～2.6	0.2～1.5	0.2～2		
锰铁矿渣	28～47	22～35	7～22	1～9	3～24	0.2～1.7	0.17～2		
钒钛矿渣	20～31	19～32	13～17	7～9	0.3～1.2	0.2～1.9	0.2～0.9	6～31	0.06～1

高炉渣的产生数量与矿石品位有关。目前我国冶炼 1 吨生铁约排出高炉渣 0.6～0.8 吨，一年大约排 2 100 万吨高炉渣，最初高炉渣都是花费巨额资金设置堆渣场，随着科学技术的发展，目前已有多种加工处理方法，将高炉渣加工成可资利用的材料。

b．高炉渣的处理工艺。

我国通常是把高炉渣加工成水淬渣、矿渣碎石、膨胀矿渣和膨胀矿渣珠等形式加以利用。

水淬工艺：

水淬工艺是我国高炉渣在利用之前加工处理的主要方法。目前我国有 90%的高炉渣是采用水淬工艺处理成粒状水渣，主要用于水泥等建材行业。

水淬工艺主要采用的方法：池式水淬法和炉前水淬法。

池式水淬法是利用渣罐将接取的熔融渣送至水淬池进行急剧冷却的方法。这种方法要有渣罐、渣车和铁路运输线等设施，投资多，而且熔渣遇水急冷时，随同蒸汽产生大量硫化氢和渣棉散入环境，污染大气。

炉前水淬法是在炉台前设置 4%坡度的冲渣沟，以 10 倍的水在炉渣出炉后进行冲淬，然后积入沉渣池。这种工艺简单，节省设备，我国目前的钢铁企业都采用此法。缺点是在高炉前产生大量蒸汽污染环境，冲渣沟占地面积较大，冲渣水未实行闭路循环，造成水耗和电耗高。

矿渣碎石工艺：

矿渣碎石式高炉熔渣在指定的渣坑或渣场自然冷却或淋水冷却形成较为致密的矿渣后，再经过挖掘、破碎、磁选和筛分而等到的一种碎石材料。

此法工艺简单，生产方便。可以采用炉前热泼，省去大量抛渣线。也可把炉渣装渣罐运到渣场热泼。

膨胀矿渣和膨胀矿渣珠生产工艺：

膨胀矿渣是适量冷却水急冷高炉熔渣而形成的一种多孔轻质矿渣。

膨胀渣珠的形成过程是热熔矿渣进入流槽后经喷水急冷，又经高速旋转的滚筒击碎、抛甩继续冷却，在这一过程中熔渣进行膨胀，并冷却成珠。

高炉熔融渣制成膨胀矿渣的方法，有坑式法、池式法、流槽法、堑坑法、滚筒法、翻转盘法和离心机法等多种生产方法。近年来又发展了一种利用滚筒生产膨珠的新方法。生产过程是利用直径为 1 米，长 3 米左右的叶片滚筒，将熔融的矿渣打散抛向空中，在适量水和渣本身的气体和表面张力作用下，凝固成内含微孔、表面光滑、大小不等的膨珠。自然形成级配的膨珠是良好的轻混凝土骨料，也可代替水渣作水泥混合材料。该种方法较生产热泼矿渣周转快，也无需进行破碎，工艺简单；具有节水、投资省、排出的硫化氢和废水极少、对环境影响小等较多优点。膨珠还是空心砌块的优质原材料，也是良好的筑路材料。

c．高炉渣的综合利用。

炼铁过程产生的高炉渣，目前在多数企业得到了综合利用，利用途径主要有以下几个方面。

水淬渣：熔渣水淬急冷后磨细，与水作用可生成水硬性胶凝材料，故可用以制成硅酸盐水泥。掺入 15%水淬渣时，可生产 500#以上的硅酸盐水泥；掺入 30%～50%水淬渣时，可生产 400～500#矿渣硅酸盐水泥。目前有的企业将高炉水渣与生石灰混合制取矿渣砖用做建筑材料，其中生石灰约占10%～15%。

做矿渣混凝土粗骨料：炉渣离开高炉后，在空气中自然冷却可形成坚硬的石质材料，经破碎作为粗骨粹配制混凝土，具有保温隔热、耐热、抗渗性能，故被广泛用于建筑、防水工程。此外，经破碎的冷凝高炉渣还可代替石块用做铁路道碴。

热泼制取矿渣碎石：将熔融高炉渣泼成5～10厘米厚的渣层，喷以适量的水，凝固后经破碎和筛分成为碎石，可做混凝土骨料及道路材料。目前，我国已将其用到公路、工业及民用建筑工程之中。

生产膨胀矿渣和膨珠：熔渣与少量水作用可形成块状或粒状膨胀矿渣或膨胀矿渣珠，可用做建筑材料，膨珠也是空心砌块的优质原材料。

生产矿渣棉：矿渣棉是酸性高炉渣用喷吹法制成的一种白色丝状矿物纤维材料，可用做保温、隔热及吸声材料。

浇注法制取铸石制品：适当控制熔渣冷却速度，可浇注铸石制品。铸石强度高，耐磨性好，在一些场合可代替石材及钢材。

生产高炉矿渣微晶玻璃：将矿渣与硅石、微晶促进剂一起熔化成液体或用吹、压等玻璃成型方法成型可制成矿渣微晶粒玻璃，这种玻璃具有抗腐蚀、耐热、耐磨、绝缘性能好等一系列优点，可用于工业部门。

用高炉渣生产硅肥：日本、韩国、东南亚等国家把水渣磨细（0.147～0.175毫米），利用高炉渣中含有的SiO_2和CaO并添入适量的硅元素活化剂搅拌混合成硅肥，在农业上的推广应用进行了富有成效的研究开发。

日本钢管公司将细粒化高炉渣覆盖在海边海床上以隔绝海边富集的胶质泥沙。由于高炉渣含有硅酸盐，可促进海水中硅藻的繁殖，防止赤潮发生。这项应用技术为大量消化高炉渣开辟了一条新途径。

②钢渣。

a．钢渣的组成和特性。

钢渣是炼钢过程中的副产物。钢渣按冶炼方法可以分为平炉钢渣

（初期渣、出钢渣、精炼渣、浇钢余渣）、转炉钢渣和电炉钢渣（氧化渣、还原渣）。

钢渣的主要化学成分有 CaO、SiO_2、Al_2O_3、FeO、Fe_2O_3、MgO、MnO、P_5O_2，有的还含有 V_2O_5、TiO_2 等。钢边的主要矿物组成为：硅酸三钙、硅酸二钙、钙镁橄榄石、钙镁蔷薇辉石、铁铝酸钙、铁酸钙、RO（FeO、MgO、MnO 形成的固熔体）、游离石灰等。

表 4-3　各种钢渣的化学组成　　单位：%

渣　别	CaO	FeO	Fe_2O_3	SiO_2	Al_2O_3	MnO	MgO	P_2O_5	S
转　炉　渣	44～55	10±	10	20	5	＜5	＜10	1	2
平炉前期渣	20～30	20	20	20	5	＜5	＜10	1	2
平炉精炼渣	35～40	15	15	20	5	＜5	＜10	1	2
平炉后期渣	40～45	10	10	20	5	＜5	＜10	1	2
电炉氧化渣	30～40	20	20	20	5	＜5	5	1	2
电炉还原渣	55～65	＜10	＜10	20	5	＜5	5	1	2

钢冶炼过程中，每生产 1 吨钢，要排出 0.15～0.25 吨钢渣，钢渣的产生量约为钢量的 20%。我国目前每年排钢渣约 900 万吨。

钢渣的构成中转炉渣所占比例较大，占 87.5%，电炉渣仅占 12.5%。转炉钢渣的预处理主要有水淬法、热闷法、热泼法及自然风化法等，经以上方法预处理后，再经过磁选回收废钢后，可用做生产建材制品、钢铁冶炼的熔剂或原料等，广泛地应用在各相关领域。

b．炼钢渣的处理工艺。

由于炼钢设备、工艺布置、造渣方式、钢渣物化性能的多样性及其多种利用途径，决定了钢渣处理工艺上的多样化。

热泼碎石工艺：

热泼碎石是将熔融钢渣用渣罐送到泼渣场，按每层厚度为大约 30 厘米的厚度倾倒。为了不让渣结成大块，当倒完一层钢渣后，喷以适量水，待其冷凝后再倒第二层。为了控制钢渣的强度和结晶情况，每层泼倒的时间间隔约 7 小时。这样，下面的冷渣受到热渣的影响，急冷急热，体积发生不均匀变化而破裂，一般碎成 15 厘米粒径的碎块，易于进一步破碎加工。另外，底层冷渣受上层热渣影响，发生“退火”作用，性质变脆，所以易于破碎加工。之后，经过破碎、筛分、磁选等工序，选出废钢后，不同成分和规格的钢渣，可供各种用途利用。

转炉钢渣盘式水淬法：

转炉钢渣由于碱度低、黏度大和夹钢多等原因，在水淬过程中，如果渣与水的比例不当，有可能发生爆炸，威胁生产安全。所以，一般处理高炉、电炉渣的水淬方法，往往不能适应转炉渣。

转炉钢渣可采用盘式水淬法（又称浅盘水淬法）。其工艺过程是：先用渣罐接取熔融钢渣运到距转炉约 200 米的水淬间，水淬间配置水淬盘；用吊车将渣倒在水淬盘上，使渣层厚度保持在 100 毫米左右；随即在渣层上淋水，使钢渣凝固并碎裂；待其颜色由红变为灰黑（温度约为 500℃）时，再用吊车倾翻渣盘，将渣倒在运渣车上，同时淋水使渣继续冷却；待渣温降到 200℃后，运到车间外的水池继续泡渣，使渣碎化。每炉钢渣的处理周期为 40 分钟左右。处理后的渣，大部分为 30 毫米以下的碎块和碎粒，有利于废钢的回收及利用。此法具有设备简单、周转快、操作环境好、节省劳动力等优点。

转炉钢渣滚筒水淬法：

此法是在水池边安装直径为 1～1.5 米，转速为 200～300 转/分的滚筒。将熔渣以每分钟 1～2 吨的流量倒至滚筒上。在滚筒的离心力和喷淋水的双重作用下，熔融渣被分散、冷却成细小颗粒，落入水池。渣粒度在 5 毫米以下，易回收废钢和加以利用。这种方法适用于处理流动性较好的大型转炉的钢渣。

c．炼钢渣的综合利用。

由于钢渣成分复杂，且各种成分含量的变化幅度较大，过去钢渣的利用率一直不高。目前，我国钢渣利用率约 80%。美国的利用率最高，20 世纪 70 年代达到了排用平衡。法国、德国、英国、日本等国的钢渣已做到了大部分利用。

钢渣矿渣水泥：主要原料是钢渣、高炉水渣、石膏和水泥熟料。目前生产的矿渣水泥有两种。一种是用石膏作激发剂，配比为钢渣 40%～50%，高炉水渣 40%～50%，石膏 8%～12%，生产标号达 300#～400#的水泥。另一种以熟料和石膏作复合激发剂，其配比为钢渣 35%～40%，高炉水渣 35%～45%，石膏 3%～5%，水泥熟料 10%～15%，生产水泥标号可达 400#以上。

白钢渣水泥：以电炉还原渣为主要原料，掺入适量经 700～800℃煅烧的石膏，经混合磨细制成的一种新型胶凝材料。

氧化渣由于其稳定性较转炉钢渣好，现已应用在路基材料中或返回烧结利用。

碱性炼铁炉（如托马斯炉）的钢渣经水淬后渣中钢形成小粒，可经磁选回收。选余渣再制磷肥和水泥（其成本仅为普通水泥一半）。钢渣磷肥含磷及多种微量元素，适用于酸性土壤，能改良土壤，又可作饮料添加剂，其有效成分五氧化二磷为 14%～18%。

钢渣返回烧结矿或直接回高炉代石灰石作助熔剂。

③其他固体废物。

a. 粉煤灰渣。

粉煤灰的利用途径较多，目前主要用于制砖等建材方面，也可从中提取玻璃微珠和回收精选炭等。冶金企业粉煤灰的利用率在 100%以上的企业约占 66.7%，其利用量约占冶金企业粉煤灰利用量的 40%。目前燃煤锅炉多采用湿法排灰，而且许多企业对粉煤灰的处理设施不完善，加大了粉煤灰的处理和利用的难度。为减少锅炉排烟对大气环境的影响，做到烟尘达标排放，现有一些湿法除尘的自备电厂将改用干法电除尘，这将有利于粉煤灰的综合利用，从而可提高其利用率。

b．含铁尘泥。

烧结尘泥：烧结尘泥的回收率为 98.58%，利用率为 99.97%。烧结尘泥的产生量在各类含铁尘泥中是最高的，占含铁尘泥总量的 30.4%，可直接返回用于烧结矿的生产之中。

高炉瓦斯灰：高炉瓦斯灰的回收率为 98.22%，利用率为 99.88%。高炉瓦斯灰和高炉出铁场的除尘灰可配入烧结配料中加以利用。

高炉瓦斯泥：高炉瓦斯泥的回收率为 97.88%，利用率为 94.65%。瓦斯泥脱水后可用于烧结作配料，也可考虑做烧结砖或免烧砖的原料使用；或在粉煤灰、钢渣砖中掺入一部分加以利用。提高高炉瓦斯泥利用率的关键是做好脱水处理以便于利用。

转炉尘泥：转炉尘泥的回收率为 98.44%，利用率为 98.93%。转炉除尘污泥铁含量高，是较好的烧结原料；亦可经压球后用作转炉炼钢造渣剂。有烧结的企业可考虑采用管道输送浓缩泥浆的方法，使转炉尘泥作为添加剂喷入烧结一次混合机中加以利用。对有条件的企业还可参照宝钢 LT 法转炉粉尘热压块技术，将 LT 法干式烟气净化系统收集下来的金属含量较高的自燃粉尘，采用氮气保护下间接加热后压制成块，可直接作为矿石重新入转炉冶炼，使转炉尘进行内部循环。

电炉尘：电炉尘的回收率为 86.88%，利用率为 88.96%。电炉尘可采用造小球后用于烧结的方法加以利用。

轧钢氧化铁皮：轧钢氧化铁皮的回收率为 99.91%，利用率为 100%。轧钢氧化铁皮可用于烧结；也可将其烘干后代替矿石作为转炉化渣剂加以利用，可节约矿石，并回收了金属。近年来随着粉末冶金工业的不断发展，已将氧化铁皮还原成铁粉，直接用于生产金属材料和制品。

2. 制药行业固体废物

（1）制药行业固体废物现状。

对于制药行业，生产过程中产生的菌丝体、废活性炭、釜残废液、废溶媒、废树脂、废机油、过期（报废）药物和沾有药物的包装等均是列入了《国家危险废物名录》的危险废物。河北省制药行业固体废物产生量 144 196 吨/年，固废处理量为 2 899 吨/年，固废利用量为 141 296 吨/年；其中炉渣产生量为 59 040.54 吨/年，炉渣利用量为 58 982 吨/年；粉煤灰产生量为 4 313 吨/年，粉煤灰利用量为 4 309 吨/年；其他废物产生量为 64 985 吨/年，利用量为 62 445 吨/年。河北省土霉素年产量约为 1.3 万吨，其中，华北制药为 900 吨/年，华曙制药为 8 000 吨/年，栾城大城圣雪公司为 2200 吨/年，邢台宁晋健民制药厂为 2 000 吨/年，经处理后可作为饲料应用的滤渣 2.4 万吨/年，而不经处理土霉素滤渣经检测土霉素残留在 0.3%左右，年产生湿料超过 16 万吨/年，水分含量在 85%左右，大量的滤渣若在地面上长期堆放会发霉粉化，严重污染环境，并占用大量土地。

（2）制药行业固体废物处理现状。

对于抗生素及化学制药生产过程产生的固废如菌丝废渣、废活性炭和废溶媒及釜残液等均属于危险废物，必须安全处置，或焚烧处理；其釜残液，主要是采取焚烧处理，或与抗生素废水混合后，进行生化处理；菌丝废渣，过去一直采用干燥加工处理后，作为饲料或饲料添加剂。近年来，随着人们对抗生素菌渣用于饲料途径引起的争议，从 2002 年 8 月份起，国务院、最高人民法院等政府有关部门已开始禁止将抗生素菌渣用做饲料或饲料添加剂。目前，对菌丝废渣的处理，还在寻求妥善的处置途径。

对于废水处理过程中产生的剩余污泥，经脱水后，可做农肥外售，也可作为污水生物反应器的启动污泥外售；过期药物一般采取焚烧处理；中药废渣可经发酵后做有机肥料；药理试验后的动物尸体和粪便，为危险废物，在严格管理的基础上，进行焚烧处置。

混装车间产生的废包装材料，主要包括废玻璃瓶、纸箱、标签等，可收集后外售。

总体上说，焚烧的处理费用是比较高的，通过热能利用可以降低一些成本，但由于制药工业企业规模普遍不是很大，单独建设焚烧设施实际上是不经济的，比较妥善的办法是一个工业区域建一套相当规模的危险废物焚烧处理系统，配套相应的热能回收装置，同时便于环保管理，避免了二次污染。

（3）制药行业固体废物处理实例。

抗生素生产的主要原料为豆粉饼、玉米浆、葡萄糖、麸质粉等，经接入菌种进行发酵产生各种抗生素，然后再经固液分离，滤液进一步提取抗生素，滤渣即为药渣。不言而喻，将药渣采用掩埋或直接排入下水道，不仅严重污染环境，还会占用大量土地，同时，还浪费了宝贵的资源。实际上抗生素生产的主要原料均为粮食和农副产品，因此，药渣及处理污水的活性污泥都含有较高含量的蛋白质，可以用来生产高效有机肥废料或饲料添加剂。

①污水处理产生的活性污泥肥料化。

a．污泥直接干燥和造粒生产：

该工艺是将未经消化的污泥通过烘干进行杀灭病菌后，再混合造粒成为有机复合肥，工艺流程见图 4-1：

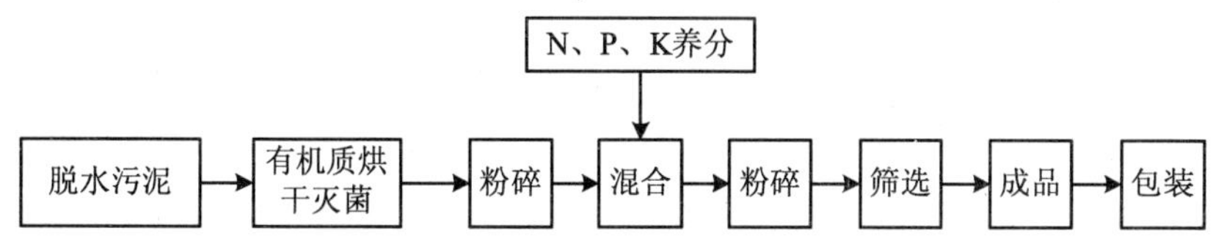

图 4-1　污泥直接干燥和造粒生产工艺

此工艺存在问题为污泥烘干过程中臭味较大，生产成本控制主要表现在燃料方面，燃料成本比较高。

b．污泥堆肥发酵：

污泥经过堆肥发酵后，可使有机物腐化稳定，把寄生卵、病菌、有机化合物等消化，提高污泥肥效。工艺流程见图 4-2：

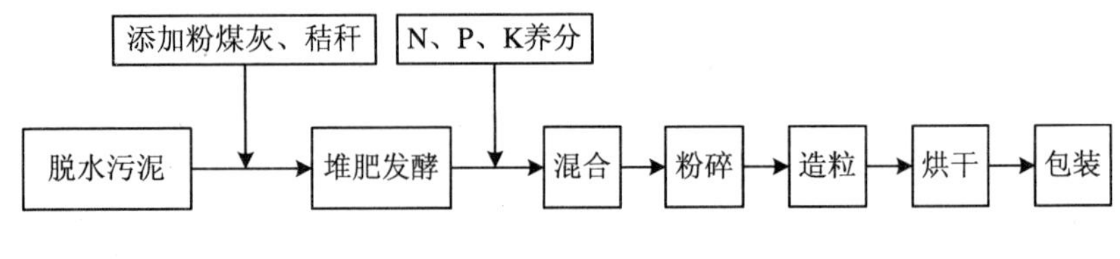

图 4-2　污泥堆肥发酵工艺

脱水污泥按 1∶0.6 的比例掺混粉煤灰，降低含水率，自然堆肥发酵。其中加入锯末或秸秆作为膨胀剂，也可增加养分含量。该工艺优点为恶臭气体产生相对减少，病菌通过发酵过程基本被消除，缺点是占地面积较大。

c．复合微生物肥料的生产：

复合微生物肥料是一种很有应用前景的无污染生物肥料，此类肥料目前主要依赖进口，国内应用与生产也刚刚起步。生产工艺见图 4-3：

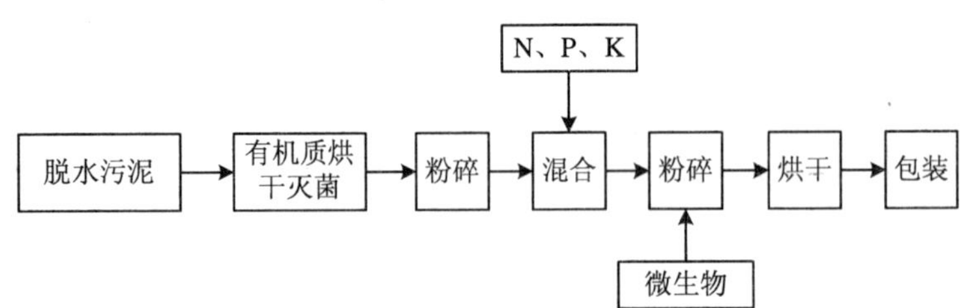

图 4-3　复合微生物肥料的生产

本工艺与普通工艺并无多大区别，仅在混合部分增加了一个掺混微生物的工序。本工艺以烘干工序为关键，控制不当对有机质及微生物均有一定影响。主要问题为目前微生物添加剂主要依赖技术引进，转让费较高，以及除臭除尘等。微生物复合肥由于技术含量较高，生产厂家较少，利润空间相对较大。

②焚烧回收热能。

焚烧正式减量化、无害化的有效手段，同时如果做好热回收利用，也为危险废物资源化创造了条件。另外，对于浓度最高，成分最复杂、可生化性最差的废水或废液，也可以采用焚烧处置，近年来，华北制药集团、石药集团先后配置了比较规范的焚烧系统，其中华北制药集团三废中心危险废物焚烧项目规模为日均处置危险废物 8 吨，年处置 2 400 吨，最大小时处理量为 350 千克废液，50 千克固体废物。整个项目投资近 300 万元，占地面积约 2 000 米^2。该套设备吸取了国内医药行业已建成焚烧炉的经验和教训，参照国外同类焚烧炉的先进技术，从工艺到设备均进行了较大改进，技术更加成熟，系统更加完善，在国内处于领先水平，该焚烧系统设置了热交换系统，利用高温烟气加热循环水，通过热水循环为废水厌氧处理提供热源。

拟建工程投产后每天产生 0.618 吨脱色后的废活性炭，0.55 吨黏稠状釜残液，废活性炭和釜残液中含有多种有机化合物，拟采用焚烧方式进行处理。主要处理装置由焚烧炉一台、柴油柜、引风机、电控装置、废液进料装置及尾气净化装置组成。全套装置价值 32 万元。

主要技术参数：

焚烧炉热容量：3.14×10^6 千焦/时

处理量：固体废物（废活性炭）1.5 吨/日，废液 2.5 吨/日

燃烧室最高温度：1 000℃

空气耗量：6 000 米^3/时

最大柴油耗量：30 升/时

最大动力消耗：15 千瓦

电机最高工作温度：＜450℃

焚烧是利用高温、氧化燃烧方式处理高浓度难降解有机化合物和有毒固体废物的有效处理方式，虽然存在着投资较大、运行费用高等缺点，但是对于化工制药行业的高浓度釜残液及吸附有大量有毒化合物的废活性炭，目前尚无更好的解决办法。国内外大多数化学制药厂都采用现场焚烧法处理上述污染物。该工程采用的焚烧设施配备有尾气净化装

置，焚烧尾气中含有的烟尘经净化处理后，可以达标排放。回收的粗盐（NaCl），可以作为化工原料，出售给有关企业。

3．石化行业固体废物

（1）石化行业固体废物现状。

石油炼制固体废物主要来源于延迟焦化装置、催化裂化装置、柴油加氢装置、航煤加氢精制装置、重整-抽提装置、异构化装置、制氢装置、脱硫脱硫醇装置、硫黄回收装置等装置。石油化工固体废物主要来源于石油化工生产过程中产生的废物。

石油炼制工业产生的固体废物主要包括各种装置中产生的废催化剂、废催化剂保护剂、废加氢精制催化剂、保护剂、支撑剂、废瓷球、废吸（脱）附剂包括脱氯剂、脱硫反应器中排出的废脱硫剂、废转化剂、废中变催化剂、脱硫醇罐排出的废脱硫醇催化剂、硫醇转化罐排出的废转化催化剂、汽油脱硫醇罐排出的汽油脱硫醇催化剂、溶剂再生产出的废溶剂及苯抽提塔排出的废白土吸收剂、干燥机和污水处理场“三泥”、污油，储罐、容器和塔中沉积的油泥、焦粉等。

石油化工工业产生的固体废物主要包括工业固体废物，包括粉煤灰、炉渣、保温包装物等和有毒有害（即危险）固体废物，包括化工固体废物。

石化行业产生的固体废物的特征主要有：

①有机物含量高。原油处理的损失率为 0.25%，其中大部分含在固废中。如石油炼制工业，油品酸、碱精制产生的废碱液，油的含量高达 5%～10%，环烷酸含量达 10%～15%，酚含量高达 10%～20%。石油化工行业产生的固废中绝大多数为有机废液，此外，罐底泥、池底泥油含量都高于 60%。

②危险废物种类多。如石油炼制产生的酸碱废液，不但含有油、环烷酸、酚、沥青等有机物，还含有毒性、腐蚀性较大的游离酸碱和硫化

物。有机废液中60%以上的物质属危险废物。油含量高的罐底泥、池底泥具有易燃易爆性，也属于危险物质。

③石化固废多数利用价值较高，利用途径较多，只要采取适当的物化、熔炼等加工方式即可从废催化剂、污泥、废酸碱液、页岩渣获得有用物质。

（2）石化行业固体废物处理现状。

石油炼制和石油化工在运行生产过程中产生的固体废物主要包括废催化剂、废催化剂保护剂、废吸（脱）附剂、干燥机和污水处理场“三泥”等。固废处理处置按资源化、减量化和无害化原则进行，对含有贵金属的加氢废催化剂、废催化剂保护剂等，送催化剂厂回收贵重金属，对没有利用价值的固废，如催化裂化装置产生的废催化剂、各装置产生的废瓷球等送至工业固废填埋场进行无害化填埋，体现循环经济的理念。

炼油厂的废水在处理场中经沉砂、隔油、加药絮凝气浮、生化曝气、过滤等净化过程所产生的废渣有油泥、浮选渣和剩余活性污泥等。废渣中所含的主要污染物较多各种废渣都含有大量的水，而且废渣体积庞大。为了对废水处理场废渣进行后续处理，必须先进行浓缩、脱水。

废渣脱水处理一般采用自然和强制相结合的脱水方法。在自然脱水方面有污泥干化、重力浓缩等工艺；在强制脱水方面有压滤、离心及真空过滤等技术，这些脱水技术在絮凝药剂和助滤剂辅助下，一般可使污泥含水率由99%降到85%左右。

据河北省工业污染源调查结果表明，2008年原油加工及石油制品制造业固体废物产生量约为110 724.234吨，其中炉渣产生量为37 979.657吨，粉煤灰产生量为62 263.38吨，其他废物产生量为8 694.6吨，污泥产生量为986.6吨，冶炼废渣产生量为800吨。石化企业产生的固体废物，种类固定，易收集，相比与生活中所产生的电池之类的固体废物更加容易监管，可以100%地监管和处理。

（3）石化行业固废处理实例。

石家庄炼油化工股份有限公司：

该公司是河北省规模较大的涉及石油炼制及石油化工的公司。其主要产生的废物为废水、废气和废渣三部分。其生产工艺装置及配套的公用工程和三废治理设施运行过程中产生的固体废物主要有废催化剂、碱渣、污水处理站三泥、废白土等危险废物和燃煤锅炉产生的粉煤灰和炉渣等。

其中非催化剂产生量约为 878 吨/年，其中重整和加氢工段较贵重的 138 吨/年废催化剂有厂家回收利用，催化装置的分子筛废催化剂由下属实业公司的磁分离回收装置回收一部分，剩余少量废催化剂（为 $AlSiO_3$）委托河北曲寨水泥集团公司综合利用生产水泥。

碱渣包括柴油碱渣、汽油碱渣、航煤碱渣和脱硫醇碱渣，每年产生量约为 400 吨，进碱渣处理装置后，废水进入污水处理站。

污水处理站三泥年产生量约为 6 740 吨，三泥中剩余污泥经过浓缩、离心脱水后，脱水污泥掺在每种送入锅炉燃烧，油泥和浮渣脱水后送焦化装置回炼。

废白土为油品车间航煤精制脱色过程中产生，年产生量为 70 吨，经过蒸汽吹脱除油后委托石家庄市龙腾环保服务有限公司处置。

粉煤灰和炉渣由 3 台燃煤锅炉运行过程中产生，年产生量约为 105 700 吨，粉煤灰由河北曲寨水泥集团公司综合利用生产水泥，炉渣由藁城市三联建筑安装有限公司用于制砖。

固废处理设施主要有碱渣处理装置和污水处理站三泥脱水处理设施。

目前碱渣处理装置处理能力为 1 吨/时，处理工艺流程见图 4-4。

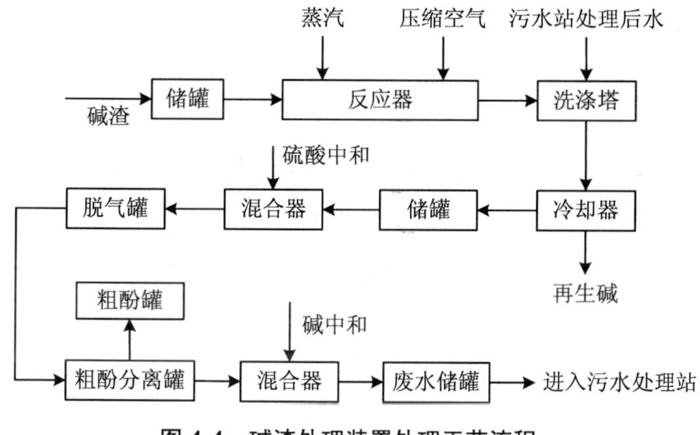

图 4-4 碱渣处理装置处理工艺流程

碱渣进入混合碱渣罐，在储罐内进行自然沉降脱油，通过反应器进料泵加压进入湿式氧化反应器，然后从废碱渣循环泵的出口排出，通过反应器，洗涤塔、换热器及输送管线形成一个全循环。在过量空气和一定温度压力下，进行氧化反应，反应方程式如下：

$$2S^{2-}+2O_2+H_2O=S_2O_3^{2-}+2NaOH$$

$$S_2O_3^{2-}+2OH^-+2O_2=2SO_4^{2-}+H_2O$$

反应后的流出物从反应器顶部抽出，以气液混合形式排入洗涤塔下部，气液分离后，尾气由塔顶部排出，液相冷凝后和冷却水一起由塔底排出，用循环泵加压部分返回洗涤塔的上部，部分排入脱臭废碱渣罐，下一步进入中和单元。

经湿式氧化的脱臭废碱渣与98%的浓硫酸通过管道直接混合，进入中和塔，与加入的酸量将 pH 控制在 6～9。在此静置沉降除油后，出水送至污水处理场高浓度污水处理系统。

湿式氧化将废碱渣中高浓度的硫化物氧化成无害的硫酸盐，氧化效率扩大 99%～100%，避免了可能的硫化氢气体的大量释放，从而减少对环境的危害，氧化尾气基本不含 H_2S、有机硫化物、酚类等恶臭污染物，出水中污染物含量也大大降低，减轻了后续污水处理设施的负荷。

污水处理站三泥脱水设施工艺：污水场三泥经浓缩池浓缩沉降分离后，清液返回污水处理站，浓缩污泥送入离心机进行脱水，离心机脱水时加高分子絮凝剂，增加絮凝效果，脱水后污泥掺入煤中由厂内锅炉焚烧。脱水后含水率 85%，油泥和浮渣脱水后进焦化回炼。

4. 电力行业固体废物

（1）固体废物来源。

电力行业固体废物按照组成可分为粉煤灰、炉渣和脱硫渣三类。粉煤灰是高温下高硅铝质的玻璃态物质，经快速冷却后形成的蜂窝状多孔固体集合物，属火山灰类物质，外观类似水泥，颜色从乳白到灰黑，其物化性质取决于燃煤品种、煤粉细度、燃烧方式及温度、收集和排灰方法等。粉煤灰单体由 SiO_2、Al_2O_3、CaO、Fe_2O_3、MgO 和一些微量元素、稀有元素等组成，杂糅有表面光滑的球形颗粒和不规则的多孔颗粒的硅铝质非晶体材料，粉煤灰属硅铝酸盐，其中 SiO_2、Al_2O_3 和 Fe_2O_3 的含量约占总量的 80%，由于富集有多种碱金属、碱土金属元素，其 pH 值较高；同时，粉煤灰具有粒细、多孔、质轻、容重小、黏结性好、结构松散、比表面积较大、吸附能力较强等特性。

炉渣是由熔融体组成的较大颗粒，从锅炉底部排出的底灰。根据锅炉燃烧情况不同，一般飞灰产量占 70%～90%，底灰占 10%～30%。对于飞灰，世界各国均给予极大重视，因而在建筑、建材、化工等领域已得到较广泛的应用，而底灰的利用水平则不高。炉渣的主要成分为 SiO_2、Al_2O_3、Fe_2O_3 和未燃尽的炭，与飞灰差别不大；有害元素 Pb、Hg、Cd、Cr 等均未超过作为建材用的国家标准。底灰的外观为多边形或多孔形的物质，其粒度比飞灰要粗得多，大于 0.154 毫米粒级的产率为 49.8%，小于 0.045 毫米粒级的产率为 23.6%。炉渣的主要矿物组成是玻璃相、钙长石，其次是莫来石、赤铁矿、钠长石和少量钙铝黄长石。莫来石为针状，交织分布于玻璃相中和气孔周围。

脱硫渣是电力行业烟气脱硫过程中产生的，按照脱硫工艺的不同，可分为脱硫石膏和脱硫灰。其主要的成分为硫酸钙、氧化钙和亚硫酸钙。

（2）电力行业固体废物利用现状。

目前河北省电厂粉煤灰的综合利用途径主要为：用做建材原料（如水泥或混凝土掺料、制砖、空心砌块、硅钙板、陶粒等）；用于工程填筑（如路面路基、低洼地或荒地填充、废矿井或塌陷区充填等）；用于农业（如复合肥、磁化肥、土壤改良剂等）；用于环境保护（如废水处理、脱硫、吸声等）；生产功能性新型材料（如复合混凝剂、沸石分子筛、填料载体等）；从粉煤灰中回收有用物质（如空心微珠、工业原料、稀有金属等）。

电厂炉渣主要运用于在建材工业中水泥混合材、小型空心砌块、屋面轻质隔热板、代替水泥熟料晶种配料、在建筑砂浆中的应用、热液态渣制微晶铸石等。

作为天然石膏的替代品，脱硫石膏可用作水泥缓凝剂、墙板材料（纸面石膏板、石膏砌块、石膏天花板和粉刷石膏等）、农业土壤改良与修复、矿井回填、道路路基等。脱硫石膏在其生产、加工、应用等方面产生的对人体健康和环境有害的作用较小。用脱硫石膏替代天然石膏生产各种石膏建材，不仅可以减少天然石膏的消耗量，减少矿山开采带来的生态环境破坏问题，而且还可以形成脱硫石膏制品的新产业和新市场。

二、河北省工业固体废物的排放及处置情况

固体废物的排放与本地区的经济、文化、社会发展情况密切相关，在 2009 年第一次全国污染源普查技术报告中，河北省主要的城市工业固体废物的排放差异巨大，具体如下：

承德市共有 1 895 家固体废物排放企业。排放的固体废物种类包括：冶炼废渣、粉煤灰、炉渣、煤矸石、尾矿、脱硫设施产生的石膏、

污水处理设施产生的污泥、放射性废物以及其他工业固体废物等。经统计 2007 年全市共产生固体废物总计 25 312.908 5 万吨，利用量总计 761.867 8 万吨，处理量总计 23.211 5 万吨，2007 年贮存 24 493.558 1 万吨，往年贮存量 47 800.381 3 万吨，倾倒丢弃量总计 36.826 9 万吨，相关数据见表 4-4：

表 4-4 承德市固体废物情况表

废物名称	产生量/t	利用量/t	处置量/t	本年贮存量/t	倾倒丢弃量/t
冶炼废渣	3 793 638.63	3 745 643.40	0	47 948.20	47.03
粉煤灰	699 711.73	188 177.21	1	511 312.48	221.04
炉渣	396 387.69	386 855.70	2 212.57	4 082	3 237.42
煤矸石	151 054.84	94 930.04	920	24 960	30 244.80
尾矿	176 816 902.90	948 994.43	6 829.40	175 753 947	132 690
脱硫石膏	761.71	640.05	0	121.66	0
污泥	165 313.00	163 351.00	62	0	0
其他废物	71 107 214.46	2 090 086.10	222 090.14	68 593 209.14	201 829.08
合计	253 129 084.93	7 618 677.93	232 115.11	244 935 580.51	368 269.37

2007 年，唐山市共产生工业固体废物 114765464.89 吨。其中：综合利用量为 57848713.64 吨（其中利用往年贮存量 1526133.11 吨），占产生量的 50.41%，固体废物综合利用率为 49.74%；本年贮存量为 57217489.14 吨，占产生量的 49.86%；处置量为 1053309.62 吨（其中处置往年量 12250 吨），占产生量的 0.92%；排放量为 184335.6 吨，占产生量的 0.16%。

张家口市 2007 年工业源产生固体废物共 48025394.74 吨，其中综合利用 6346199.86 吨（包括利用往年贮存量 305728.96 吨），处置 1169622.4 吨（包括处置往年贮存量 3800005 吨），本年贮存 33 913 445.87 吨，倾倒量为 175258.84 吨。

2007 年邢台市工业污染源固体废物产生量 1 566.138 8 万吨，综合利用量 627.3 万吨，综合利用率 40.05%，处置量 147.90 万吨，工业固废贮存量为 802.01 万吨，其中符合环保要求的贮存量 216.38 万吨，占 26.98%。邢台市产生工业固废的种类以尾矿最多，占全部工业固废的 53%，其次为粉煤灰、冶炼废渣和炉渣，分别占 13%、11%、11%，综合利用方面冶炼废渣达到 99.99%、炉渣达到 99.92%、煤矸石达到 95.76%，尾矿和粉煤灰产生量最大，但综合利用率较低，仅为 5%和 37.27%，具体情况见表 4-5：

表 4-5 邢台市工业源固体废物产生、综合利用、处置、贮存、排放情况汇总表

固体废物名称	产生量/t	综合利用量/t	处置量/t	贮存量/t	符合环保要求的贮存量/t	倾倒丢弃量/t
冶炼废渣	1 714 817.69	1 714 600.15	6.34	0	0	211.2
粉煤灰	2 075 407.86	773 494.86	1 472 776	0	0	0
炉渣	1 751 280.78	1 749 885.39	894.8	0	0	500.59
煤矸石	734 186.6	703 086.6	3 000	28 100	26 400	0
尾矿	8 377 232.52	449 445.2	0	7 919 687.32	2 095 740.42	8 100
脱硫石膏	82 674.4	82 674.4	0	0	0	0
污泥	28 535.15	27 109.44	1 069.42	0.21	0	356.08
放射性废物	0	0	0	0	0	0
其他废物	897 253.5	772 473.44	1 213.37	72 315.07	41 612	51 251.62
合计	15 661 388.49	6 272 769.47	1 478 959.93	8 020 102.6	2 163 752.42	60 419.49

2007 年邯郸年产生固体废物为 2 734.29 万吨，其中综合利用量为 2 289.84 万吨，处置量为 9.8 万吨，当年贮存量为 461.83 万吨，其中符合环保要求的贮存量为 245.13 万吨，倾倒丢弃量为 5.16 万吨；综合利用率为 84%，处置率为 0.36%。

表 4-6　邯郸市主要固废统计表

废物名称	冶炼渣	粉煤灰	炉渣	煤矸石	尾矿	脱硫石膏	污泥
产生量/t	14 461 565	2 508 036	1 513 122	3 981 593	3 653 157	90 834	18 142
综合利用量/t	14 461 236	1 872 608	1 425 369	3 500 776	856 804	90 834	15 357
综合利用率/%	99.3	74.6	94.2	88.3	23.5	100	83.3
处置量/t	308	9 750	12 413	52 680	8 080	0	730
处置率/%	2.1	0.4	0.8	1.3	0.2	0	4.0
当年贮存量/t	20	625 675	75 309	751 563	2 788 273	0	0
当年贮存率/%	0	45.6	16.7	28.4	76.3	0	0
倾倒丢弃量/t	1.2	2.36	30.06	0	0	0	2 055

石家庄市的工业固体废物主要包括冶炼废渣、尾矿、粉煤灰、炉渣、其他废物，分别占总量的 18.8%、17.4%、16.4%、10.2%、30.2%，还有少量的煤矸石、脱硫石膏和污泥。全市固体废物综合利用占 90.14%、处置占 1.23%、倾倒丢弃占 2.04%。具体排放如表 4-7 所示：

表 4-7　石家庄市工业固体废物产生、综合利用情况表

指标	产生量/t	综合利用量/t
冶炼废渣	3 560 127.37	3 533 360.93
粉煤灰	3 118 593.67	3 682 664.06
炉渣	1 941 897.87	1 844 090.18
煤矸石	1 035 242.20	1 013 945.20
尾矿	3 296 156.23	1 311 311.47
脱硫石膏	138 271.05	138 101.05
污泥	153 078.54	88 163.03
其他废物	5 727 519.17	5 488 102.82
合计	18 970 886.07	17 099 738.75

2007 年保定市工业固体废物汇总于表 4-8，其中冶炼炉渣主要是各

种金属冶炼行业中产生的；粉煤灰主要是各火电厂、砖厂及金属冶炼行业产生的；产生炉渣量最大的是炼焦和火电发电行业；尾矿全部由采选和开采行业产生；脱硫石膏主要是冶炼行业产生；污泥主要是纺织业和造纸业产生。工业源产生的主要固体废物，除了尾矿大部分被贮存外，其他各种固废基本全部被综合利用。

表 4-8 保定市工业固体废物汇总表

废物名称	产生量/t	利用量/t	处置量/t	贮存量/t	倾倒丢弃量/t
合计	26 822 902.069 9	8 606 981.4 675	2 175 605.891	18 945 033.21	165 281.501 4
冶炼炉渣	877 159.253	876 046.583	1 112.67	0	0
粉煤灰	869 837.741 84	838 623.887 44	31 185	0.13	28.724 4
炉渣	915 594.990 16	894 190.530 16	19 914.14	611.06	879.26
煤矸石	12.23	12.23	0	0	0
尾矿	18 096 691.45	1 639 938	238 534.35	16 281 042.1	7 177
脱硫石膏	68 990.45	68 990.45	0	97 800	0
污泥	143 215.59	136 696.76	6 517.61	1.22	0
其他废物	5 851 400.364 9	1 152 483.026 9	1 878 342.121	2 663 378.7	157 196.517

2007 年秦皇岛市共 1 220 家企业共产生工业源固体废物 2 240.86 万吨，主要集中在铁矿采选、炼钢、火力发电、钢压延加工、金矿采选、化学原料及化学制品制造业等六大行业，六大行业占全市工业源固体废物产生量的 92%。

2007 年沧州市固体废物排放见表 4-9：

表 4-9　沧州市固体废物排放表

废物名称	产生情况		综合利用情况		处置情况		贮存情况			倾倒丢弃情况
	产生量/t	汇总企业数/个	利用量/t	其中：利用往年贮存量/t	处置量/t	其中：处置往年贮存量/t	本年贮存量/t	其中：符合环保要求的贮存量/t	往年贮存量/t	倾倒丢弃量/t
合计	1 135 872.466	5 614	1 110 063.877	0	15 934.007 44	140	1 227.45	1 212	160	8 787.132
冶炼废渣	14 548.53	149	14 349.87	0	0	0	0	0	0	198.66
粉煤灰	430 396.482	1 342	428 321.68	0	907.251	70	5.05	4.04	80	1 232.5
炉渣	455 401.632	2 543	447 298.077	0	4 939.975	70	51.2	36.96	80	3 182.38
煤矸石	40	3	40	0	0	0	0	0	0	0
尾矿	26 374.56	1	26 374.56	0	0	0	0	0	0	0
脱硫石膏	59 542.54	5	59 542.54	0	0	0	0	0	0	0
污泥	11 564.611	116	5 964.05	0	3 341.17	0	0	0	0	2 259.391
放射性废物	0	0	0	0	0	0	0	0	0	0
其他废物	138 004.112	3 323	128 173.1	0	6 745.611	0	1 171.2	1171	0	1 914.201

2007 年廊坊市工业源产生固废 298.99 万吨，排放量为 0.025 79 万吨，处理量 298.952 54 万吨，其中综合利用量 296.33 吨、处置量 2.62 吨、贮存量 0.002 54 万吨，具体统计见表 4-10：

表 4-10 2007 年廊坊市工业固废产生量分类统计表

废物名称	产生量/（万 t）	汇总企业数/个
冶炼废渣	190.40	58
粉煤灰	23.64	995
炉渣	43.29	2 106
煤矸石	0.000 05	1
尾矿	1.31	3
脱硫石膏	2.38	3
污泥	1.25	53
放射性废物	0.00	0
其他废物	36.61	2 849
合计	298.99	4 364

2007 年全市共产生工业固体废物 1 549 108.57 吨。其中，综合利用 1 544 462.18 吨，达 99.70%；处置 2 024.815 吨；本年贮存 90 吨；倾倒丢弃 2 531.57 吨。

表 4-11 2007 年衡水市工业固体废物产生情况表

固体废弃物	产生量/t	汇总企业数/个
合计	1 549 108.57	2 227
炉渣	961 939.19	1 082
粉煤灰	161 299.22	566
脱硫石膏	152 049.21	14
冶炼废渣	63 974.26	119
尾矿	25 200.00	1
污泥	923.58	14
其他废物	183 823.11	1 120

其中“其他废物”主要包括肥料制造生产产生的磷石膏（干基）；谷物磨制、面粉生产、棉花轧花厂产生的小麦壳、棉籽、棉皮等；基础化学原料无机碱生产产生的盐泥、废硫酸；建筑用材企业的非成品、废成品的砖、陶瓷件等；金属类、橡胶类（如汽车摩擦片）、玻璃类等产品加工时裁割的边角料、废角料等。

三、河北省工业固体废物资源化发展趋势

目前河北省在采用传统的建材行业处理常规的工业固体废物如尾矿、炉渣、粉煤灰、煤矸石等的同时，积极开发新的工业固体废物处理工艺，对于难处理的高碳粉煤灰，单就石家庄市而言，每年的高碳粉煤灰排放量 50 万吨左右，通过高碳粉煤灰低温煅烧工艺，利用其自身的能量，减少煤的消耗，经改性处理后，与矿渣复合，使难以应用的高碳粉煤灰变成较高标号的水泥；以低硅尾矿为原料，少量矿渣和粉煤灰等固体废弃物作为调整助剂，辅之活性助剂和脱硫石膏等，经过加压成型后，在 170～220℃温度条件下，采用蒸压的养护方式制成蒸压标准砖；以粉煤灰和矿渣为主要原材料，通过添加适量的复合碱性激发剂，在常温下进行激发制造出新型生态型水泥。采用“一磨”工艺，改变了传统的“两磨一烧”的水泥生产工艺，大大降低了能耗（只有硅酸盐水泥的10%～30%）；以低成本的生态型水泥取代普硅水泥、硫铝水泥作为胶凝材料，粉煤灰、矿渣利用率达到 90%以上；研制了新型高效的有机树脂复合发泡剂；采用了低温湿热养护工艺，解决了免蒸养工艺早期强度低的缺点，制备轻质高强的新型墙体材料；以脱硫灰和矿渣为主，熟料用量低于 30%，原料无须煅烧，利用脱硫灰渣生产新型低碱度生态水泥，大量利用固体废弃物资源，实现了资源的二次利用，节约了能源和天然资源。生产能耗极低，只有正常水泥生产能耗的 10%～30%。不消耗现有一次资源，减少了二氧化碳、二氧化硫和粉尘排放。该产品生产成本相当于普通硅酸盐水泥的 80%左右。

第二节　生活垃圾污染综合防治

河北省环抱北京，东连天津并紧傍渤海。在京津冀都市圈规划区中，河北省涉及的面积占京津冀都市圈的85%。在城市化进程中，河北省城市生活垃圾资源化利用目前存在的主要矛盾是城市生活垃圾的日益增长与垃圾处理产业发展相对滞后的矛盾。垃圾无害化处理和资源化利用水平是实现可持续发展的重要标志，为了缓解能源紧张和改善城市环境，加速城市生活垃圾的产业化进程、完善产业链结构是实现垃圾处理和城市可持续发展的一种有效途径。

生活垃圾成分的变化与城市发展规模、居民生活水平和民用燃料结构等因素有关。河北省城市生活垃圾主要由有机物（以厨余物为主）、可回收物（金属、玻璃、塑料和纸类等）和不可回收物（织物和渣土）组成。

一、河北省垃圾处理方式

生活垃圾的处理方式包括：卫生填埋、焚烧和堆肥。

1. 卫生填埋

卫生填埋是目前河北省处理生活垃圾的主要途径，占垃圾处理总量的77.1%。它比较适合该省情况：垃圾中无机物含量高（＞60%）；填埋场征地较便利（如丘陵、山区）；地区（特别是场区）水文地质条件好；地区气候干旱，年蒸发量大于年降雨量。

垃圾在卫生填埋过程中存在着两个问题，一方面是渗滤液的产生，渗滤液是成分复杂的污染物质，表面水经过垃圾层和垃圾内含水分是渗滤液的主要来源，渗滤液易使附近的地下水和河流受到污染。因此填埋场底部要用防渗材料作衬层，要具备渗滤液收集系统，对渗滤液进行生化方法处理，达标后外排。另一方面是填埋层中的有机物经生物厌氧分解后会产生大量的填埋气体，主要成分是甲烷和二氧化碳，填埋气体一旦在垃圾填埋场中无控制地迁移和聚积极易引起爆炸和火灾事故，填埋气体是一类温室气体，它对大气臭氧层有破坏作用，其中 CH_4 产生的温室效应是当量体积 CO_2 的 21 倍。填埋气体又是一种潜在的清洁能源，每吨垃圾在填埋场寿命期内可产生 100～200 米^3 的填埋气，经处理后热值可达到 19～26 兆焦/米^3（天然气的热值为 37.3 兆焦/米^3），目前该省还没有对填埋气进行收集利用。

2. 焚烧法

其工艺过程是将城市生活垃圾作为固体燃料，投入专用垃圾焚烧炉内，在高温条件下，垃圾中的可燃成分与空气中的氧发生剧烈化学反应，放出热量，转化为高温燃烧气体和性质稳定的固态炉渣。燃烧后固体体积仅为原废物体积的 5%～10%，从而大大减少了固体废物量。

此方法的优点：①减容效果好。垃圾焚烧可减量 90%以上，有效地解决垃圾围城现象，有效地延长现有填埋场使用年限；②减少了土地使用面积，有效地解决城市垃圾填埋场选址的困难；③焚烧温度高。垃圾在专用锅炉内，经过 800℃以上高温焚烧，能彻底消灭致病原体，避免了二次污染；④系统包括垃圾渗滤液处理系统、灰渣黑色金属分选系统、发酵气体作为助燃空气利用系统、烟气氯化氢中和系统、静电除尘等环保设施。

从技术角度看，保证垃圾连续燃烧的基本条件是其低位热值达 3 200～4 180 千焦/千克。目前该省所收集到的垃圾多是以厨余物为主的易腐有机物，占垃圾总量的 50%～65%，城市垃圾中的纸、塑胶及纺织品等易燃、高热值废物占 10%～15%，垃圾热值多在 4.5～5.5 兆焦/千克，热值较高，从垃圾特性分析，该省城市生活垃圾适宜于焚烧处理，但是由于垃圾焚烧系统的投资较大，技术含量高等原因，焚烧处理仅占该省垃圾处理总量的 5.2%。

实例 1 介绍：廊坊市垃圾焚烧发电工程

1. 工程概况

建设内容：工程建设 2×500 吨/日机械炉排炉，配 2×9 兆瓦中压凝汽式汽轮发电机组，年最大发电量为 1.335×10^8 千瓦・时，日处理垃圾 1 000 吨，工程总占地面积为 68 274 米^2，总投资为 4.9 亿元，其中环保投资 7 034 万元，占总投资比例的 14.4%，拟建设期为 24 个月。

表 4-12　工程建设内容一览表

名称			内容或规模	备注
主体工程	生活垃圾焚烧系统		2×500t/d 机械炉排炉	新建
	垃圾热能利用系统	汽轮发电机组	2×9MW 中压凝汽式汽轮发电机组，年最大发电量为 1.335×10^8 kW·h	新建
		余热锅炉	2 台中温中压 400℃，4.1MPa（a）余热锅炉系统，MCR 工况下余热锅炉设计效率 80%	新建
		变压器	d11-d11 型油浸式节能型分列绕组无励磁调压电力变压器	新建
		烟囱	2 根高 80m、直径 1 820mm 集束烟囱	新建
公用工程	化学水处理站		2 套 15m^3/h 化学水处理设施	新建，一用一备
	维修间、化验室等			新建
	中水处理系统		2 套 250t/h 全自动净水器	新建，一用一备
	钢筋混凝土冷却塔		2 座，占地面积 735m^2	双曲线冷却塔
	循环水系统			新建
	柴油油库		油库内设 2 台 10m^3 油罐和 2 台供油泵	油泵，一用一备
	干灰库		2 座	新建

<table>
<tr><th colspan="2">名称</th><th>内容或规模</th><th>备注</th></tr>
<tr><td rowspan="4">储运工程</td><td>垃圾接收</td><td>卸料厅，设垃圾卸料门</td><td rowspan="4">有效容积约为 1.08 万 m³，密封且微负压的水泥大坑，垃圾坑旁设置渗滤液收集池</td></tr>
<tr><td>垃圾贮坑</td><td>垃圾坑的容积 60m×18m×10m，可储存 5 天的垃圾量</td></tr>
<tr><td>垃圾给料</td><td>垃圾抓斗起重机控制室，设有密闭安全的防护观察窗</td></tr>
<tr><td>渗滤液收集池</td><td>收集池大小 27.5m×8m×1m，容积约 220m³</td></tr>
<tr><td rowspan="6">环保工程</td><td>管网</td><td>厂区实行雨污分流</td><td>新建</td></tr>
<tr><td>烟气净化系统</td><td>2 套半干式反应塔+活性炭吸附+袋式除尘器</td><td>新建</td></tr>
<tr><td>恶臭防治</td><td>抽气、阻隔帘幕及其他密闭、除臭措施</td><td>新建</td></tr>
<tr><td>渗滤液处理系统</td><td>厌氧+膜生化反应器（反硝化+硝化+超滤）+一级纳滤</td><td>新建</td></tr>
<tr><td>噪声控制</td><td>采购选用低噪声设备、合理布局、厂房隔声、基础减震、安装消声器等</td><td>新增</td></tr>
<tr><td>炉渣和灰处理系统</td><td>炉渣采用除渣机和液压输送机处理，飞灰处理采用正压浓液相气力输送系统，飞灰固化装置</td><td>新建</td></tr>
</table>

2. 生产工艺流程

拟建项目主要由贮存进料系统、垃圾焚烧系统、助燃空气系统、余热利用系统、烟气处理系统、废水处理系统、灰渣处理系统、自动控制系统等 8 个系统组成。

（1）贮存进料系统。

①垃圾接收。

生活垃圾由廊坊市环卫部门负责运输，由垃圾转运车从各区垃圾中转站运入场内。进场垃圾经地磅过秤后沿栈桥进入卸料平台，倒入垃圾坑。卸完垃圾后的空车冲洗后经地磅驶出厂区。

拟建项目日处理垃圾量约为 1 000 吨，垃圾运输车，均带自卸装置，厂区内安装 3 台汽车衡，其中 2 台用于进厂垃圾和其他物料的称量，另外 1 台用于灰渣等出厂物料以及空车的称量。

卸料平台靠近垃圾坑侧设有垃圾卸料门，拟采用持久耐用、开关迅速、气密性良好的双开式电动卸料门。卸料时打开，卸料后及时关闭，使垃圾坑时刻处于密封状态。

②垃圾贮存。

本期工程设垃圾贮存池 1 个，长宽高尺寸为 60 米×18 米×10 米（坑底标高–7 米），其有效容积约为 10 800 米^3，可贮存 5 天垃圾处理量，通过单侧堆高等方式合理堆放，可贮存约 6 天以上的垃圾量。

垃圾坑上方设 2 台垃圾抓斗起重机（抓斗容积为 10 米^3），正常情况下，一台运行，另一台在线备用供焚烧炉加料，并对坑内垃圾进行搬运、搅拌、倒垛，按顺序堆放到预定区域，以保证入炉垃圾组分均匀、燃烧稳定。

卸料平台电动卸料门的开关与吊车抓斗位置互锁，通过与垃圾吊车的联动可在现场手动操作每扇门。

卸料平台及垃圾坑除臭设施

垃圾卸料平台地面采取防渗措施，卸料平台上设排水沟，抵免冲洗水和车辆冲洗水通过排水沟排入渗沥液收集池中，在卸料平台入口门前设空气幕，并通过一次风机抽送到焚烧炉焚烧，维持垃圾坑处于负压状态，避免垃圾异味扩散以及卸车和翻动、搅拌和抓取垃圾时粉尘外飘。

③垃圾给料装置。

垃圾进料装置包括垃圾料斗、落料槽和给料器，给料器采用液压驱动，生活垃圾经给料斗、落料槽、给料器进入焚烧炉排干燥段。

④渗沥液收集与输送系统。

垃圾坑中渗沥也应及时排出与收集，以提高垃圾热值，保证焚烧炉的稳定运转、防止垃圾坑臭味扩散。垃圾坑底沿宽度方向设有 2.5%的排水坡度，有利于坑内渗滤液流通，坡向设在卸料平台侧的污水沟，污水沟的坡度为 2%，使沟内污水能够排到渗滤液收集池中，由废水泵通过管道输送至厂区内渗滤液处理站处理。收集池设有液位检测与连锁调节、报警系统。

焚烧炉给料器在推料过程中挤压出来的渗滤液由其下方的收集斗集中处理，通过ϕ200 的斜管道排到渗滤液收集井，管道转弯处设有检修孔。

（2）垃圾焚烧系统。

垃圾焚烧系统采用机械炉排炉焚烧，由二段式垃圾焚烧装置组成，配备一套锅炉点火助燃油系统。二段式垃圾焚烧装置主要由落料槽、给料平台、逆推炉排本体、顺推炉排本体、风室及放风通道、出渣通道，液压出渣机、炉排密封装置、风门调节装置、结合部、气动除灰装置、风室保温及金属件、炉排电液控制系统、炉排自动控制系统及二次风喷嘴部件组成。

抓斗将垃圾投入落料槽内暂时储存，再送入焚烧炉内燃烧。落料槽中间部装有液压挡板门，在焚烧炉启停时及紧急状态下关闭。落料槽采用水冷方式，可避免垃圾受热自燃。

辅助燃烧器主要设计为保持炉出口烟气温度在 850℃以上，当垃圾的热值较低而无法到达 850℃以上的燃烧温度时，根据焚烧炉内测温度装置的反馈信息，本装置自动投入运行，喷入辅助燃料来确保焚烧烟气温度达到 850℃以上并停留至少 2 秒。

从落料槽下来的垃圾由滑动平台将其推入炉膛，落入逆推炉排的床面上，给料平台下部设置了八只收集斗，可将平台上的垃圾渗滤液收集后排出。落到炉膛内的逆推炉排上的燃料开始燃烧，其一次风来自风机从垃圾坑抽来的空气。

经逆推炉排燃烧后的垃圾落到顺推炉上进一步燃尽。

由于普通的半干法烟气治理措施对 NO_x 处理能力较小，因此在烟气处理系统前垃圾焚烧系统炉温控制在 850～950℃之间，并安装脱硝装置，提前进行脱硝脱氮。

（3）助燃空气系统。

助燃空气系统为垃圾的正常燃烧提供必要的氧气，助燃空气系统由

一、二次风系统组成。根据进炉垃圾热值的变化，一次风需要经暖风机加热至所需温度 150～225℃。暖风器采用蒸汽-空气热交换方式，采用汽保饱和蒸汽和汽轮机组的抽气作为加热源。为保证炉膛内的烟气温度在 850℃以上，防止炉膛温度变化较大，需要控制二次风送入炉膛的温度，二次风是否需要加热及加热到的温度视垃圾热值而定，二次暖风器也采用蒸汽-空气热交换方式。一、二次风机均采用变速调节。

另外每台焚烧炉设有启动点火燃烧器和辅助油燃烧器，它们使用的 0#轻柴油由地下油罐供给，当焚烧炉点火或炉膛内烟气达不到 850℃停留 2 秒工况时，需喷油时，启动油泵，将油送至燃烧器，回油通过回油管流至油罐。油库内设 2 台 10 米^{3}油罐和 2 台供油泵（1 用 1 备），供油量和油压满足焚烧炉点火或辅助燃烧的需要，地下油罐设有防雷、防火等安全措施。

（4）余热利用系统。

拟项目采用设置余热锅炉，进行余热发电。余热发电是余热锅炉过热蒸汽集汽联箱出口到汽轮机进口的蒸汽母管，以及从蒸汽母管通往各辅助设备的蒸汽支管均为主蒸汽管道。主蒸汽系统采用单母管分段制，2 台炉之间设一分段阀，2 台焚烧炉的主蒸汽管道经关断阀分别接到主蒸汽母管上，从主蒸汽母管上引出主蒸汽管道经关断阀分别接至汽轮机主汽门，进入汽轮机做功发电。蒸汽膨胀做功后，乏汽排入凝汽器凝结成水，由凝结水泵加压进入轴封加热器、除氧器等回热系统。

（5）烟气处理系统。

拟建项目选择使用的焚烧炉为机械炉排炉，主要大气污染物为酸性气体、烟尘、重金属、二噁英类。焚烧炉烟气治理采取“半干式洗塔+活性炭吸附+布袋除尘”。

废气处理系统。整套烟气处理系统与锅炉同在一个控制室，采用 DCS 控制，根据烟气在线监测系统测的 SO_2 浓度，及时调整石灰粉加料量，达到控制 SO_2 排放量的目的。烟气净化塔后采用高效布袋除尘器除尘，选用除尘效率 99%的布袋除尘器，排放浓度小于标准允许值，满足环保对排放浓度的要求。

拟建项目建一座双管集束烟囱，一炉进一管烟囱高度为 80 米，单管内径 1.82 米，大气污染物通过稀释扩散，落地浓度值降低，可以有效减轻对环境的影响。在运行中加强环境监测，拟建项目烟囱或烟道按 GB/T 16157 的要求，设置永久采样孔，并安装采样监测用平台。

（6）废水处理系统。

垃圾焚烧厂中废水主要来源于垃圾渗滤液、主厂房冲洗废水、垃圾平台清洗水、洗车废水、化学水处理排水、锅炉排水、冷却塔排水等。拟建项目废水处理系统中垃圾渗滤液、主厂房冲洗废水、垃圾平台地面清洗水和洗车废水拟采用“厌氧+膜生物反应器+一级纳滤”处理工艺，垃圾渗滤液经厌氧处理，进入膜生化反应器再经一级纳滤进行处理，出水与厂区内经过处理的生产废水、生活污水混合后达到相应排放标准和污水处理厂进水水质要求后，排入污水处理厂进行进一步处理：垃圾渗滤液回喷处理作为焚烧发电厂应急机制的一部分，可作为渗滤液处理的辅助方式；化学水处理排水、锅炉排水和冷却塔排水拟采用中和处理后排入污水处理厂进行进一步处理。渗滤液处理系统流程图见图 4-5。

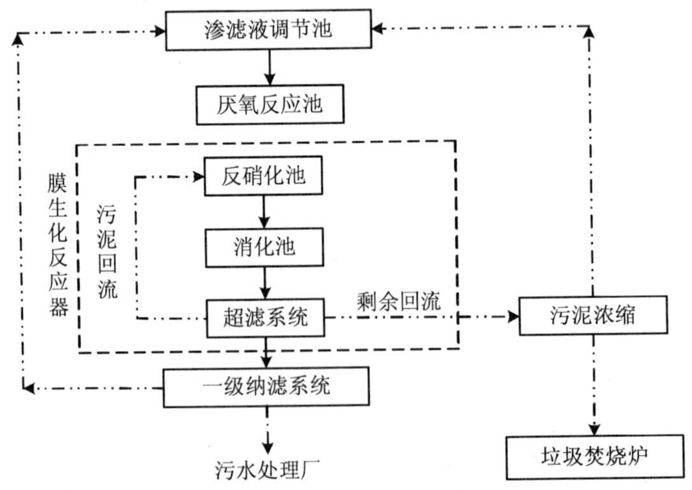

图 4-5　渗滤液处理系统流程图

（7）灰渣处理系统。

生活垃圾经过垃圾焚烧炉焚烧后，产生一定量的灰渣（炉渣和飞灰）。灰渣采用“干湿分排，灰渣分排”。

①飞灰处理系统。

除灰系统拟采用正压浓相气力输送系统，即每台炉除尘器设一个贮灰仓，仓下配一个仓泵，仓泵以压缩空气为动力，通过管道直接输送到各自的贮仓，再经定量螺旋给料机、双向螺旋输送机，进入飞灰固化混炼机，同时将水泥、螯合剂打入飞灰固化混炼机对飞灰进行固化，固化处理后由汽车外运填埋场。飞灰固化系统流程见图 4-6。

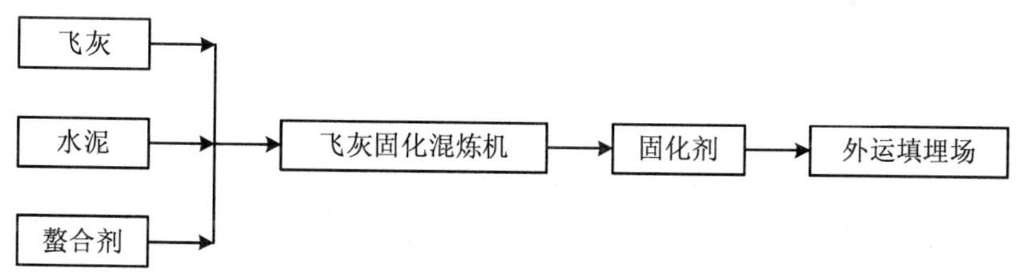

图 4-6 飞灰固化系统流程图

②除渣系统。

为防止排灰渣时产生扬尘，除渣系统设计增湿装置，每台焚烧炉设置带水封的除渣机排除，炉排下灰斗在运行过程中收集的漏渣采用湿式刮板输送机输送至焚烧炉排渣槽，与炉渣共同用液压排渣机排出。经磁选机磁选后，灰渣送入炉渣贮坑，由炉渣抓斗起重机将炉渣装入运输车运出厂外；含铁废金属则进入废金属贮坑，由抓斗起重机将炉渣装入运输车运出厂外。除渣系统流程图见图 4-7。

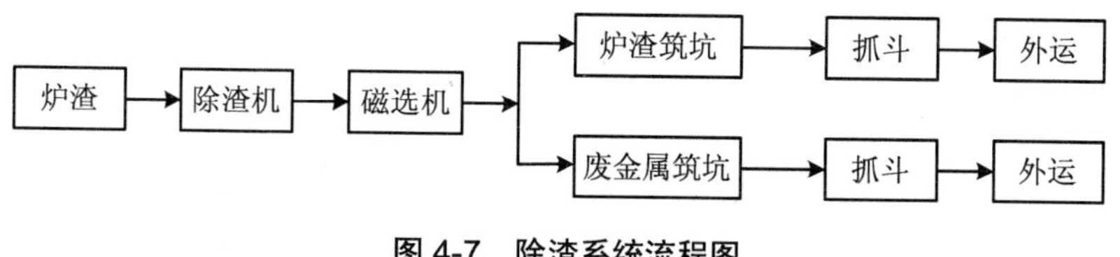

图 4-7 除渣系统流程图

（8）自动控制系统。

垃圾焚烧厂的自动控制采用集散控制系统（DCS），在少量就地仪表和巡回检查配合下，在中央控制室内通过集散控制系统实验堆垃圾焚烧线、汽机发电、烟气净化等工艺过程及辅助系统的集中监视和分散控制。DCS 的功能包括数据采集和处理功能、模拟量控制功能、顺序控制功能、保护与安全监控功能等。工艺控制系统采用分级网络结构：管理级、监控级、过程控制级、现场设备级和数据通讯系统。DCS 系统的控制级应有冗余设备；监控级应有互为热设备的站；系统控制回路应按照保护、连锁控制优先的原则设计，以保证机组设备和人身安全。

对于不影响整体工艺控制的辅助装置，将设立现场就地控制柜，实现就地控制，但重要的现场信息将全部送入中央控制室集中监视。设置独立于主控制系统的手动紧急停车按钮，用于主控制系统发生故障或需要紧急停车的情况。

垃圾焚烧厂的自动化控制系统包括：

①焚烧炉自动燃烧控制

②炉内温度、压力及含氧量等调节控制

③除尘器清灰、脱硫、脱酸控制

④压力、温度、汽包水位等蒸汽参数控制

⑤燃烧器控制级监视

⑥锅炉给水流量控制

⑦废水处理系统控制

⑧汽轮机组控制

⑨电气系统控制

⑩发电机-变压器组控制

3. 环境经济损益分析

（1）社会效益。

拟建项目的实施、建设过程将为当地的建筑、施工行业提供发展机会，带动相关行业及地方经济的发展。

项目建成投产后，每年上交税金，对城市经济发展有一定的促进作用，有利于增加地方财政收入，促进地方经济发展。

垃圾转化热电工成，不仅能够解决市区的城市生活垃圾的消纳问题，还可以将垃圾中能量转变为电能、热能，实现变废为宝、保护环境、节约能源，提高垃圾资源化综合利用。

（2）环境效益。

拟建项目采取污染治理措施后，各污染源均可实现达标排放，当地环境质量可维持现状水平，其中废气污染物消减比例均在 90%以上；废水中的 COD 消减比例为 96%，固体废物消减率达 100%。项目的环境效益是显著的。

（3）经济效益。

表 4-13　经济效益分析表

项目	数值
年均单位处理成本	156.77 元/t
运营期内年均单位经营成本	94.30 元/t
所得税前投资回收期	11.57 年
所得税前自有资金内部收益率	9.48%
所得税后投资回收期	11.20 年
所得税后财务内部收益率	8.14%
投资利润率	6.77%

由表 4-13 可见，项目投资利润率较高，建设投资回收期较短，具有较好的经济效益。

实例 2 介绍：泊头市垃圾堆肥处理

1. 工程概况

建设内容：采用生物发酵堆肥技术处理 300 吨生活垃圾，利用原有垃圾中的有效成分生产高效有机复混肥 6.0 万吨/年，生产硅塑建材 2.7 万米^3/年。总占地面积 180 000 米^2，总投资 10 514.79 万元，其中环保投资 357.5 万元，占总投资的 3.4%。建设期 1 年。

表 4-14　项目主体工程一览表

项目	项目内容
主体工程	建设日处理 300 吨生活垃圾生产线一条，硅塑建材生产线一条
辅助工程	变电所，锅炉房
生活设施	建设办公楼一座，职工倒班宿舍
环保工程	锅炉脱硫除尘设备，布袋除尘器，生物滤池，蓄水池
事故风险措施	储水池，消防水池，初期雨水收集池

2. 生活垃圾来源

居民生活垃圾、商业垃圾、集货市场垃圾、街道垃圾、公共场所垃圾、机关学校厂矿垃圾等。目前生活垃圾采用混合收集，生活垃圾仍以居民生活中的厨余垃圾为主，并混有少量的建筑垃圾。

3. 垃圾收集、清运和转运

垃圾收运主要包括三个阶段，第一阶段是收贮，由产生垃圾的住户或单位将垃圾送至贮存处；第二阶段是收集和清运，主要是垃圾的近距离运输，用清运车辆沿一定路线收集清运容器或其他贮存设施中的垃圾，并运至垃圾转运站；第三阶段是转运，将转运站贮存的垃圾转至大容量运输车上，运往垃圾处理厂。

4. 生产工艺流程

（1）复混肥工艺生产。

生产复混肥主要由垃圾分选、生物发酵、制肥系统组成。

①垃圾贮存、进料。

生活垃圾由垃圾专用车运输进厂，经汽车衡计量后卸入密闭式储料仓内。料仓外设有卸料平台、卸料口和上下车道。卸料口处设自动门，垃圾仓内设桥式抓斗起重机，按设定的控制量和速度将垃圾送至机械上料仓，经给料机送往分选线。储料仓的上方设吸风口，将舱内散发的臭气经风机抽至生物滤池处理，同时使舱内保持负压，尽可能减少舱内臭气外溢。卸料口处设保护气幕，以防开门卸料的粉尘、臭气外溢。仓底部带有一定斜度，并设导液沟和渗滤液收集槽，将渗滤液和料仓冲洗水收集于槽内，回用于发酵工序水分的调节，不外排。

②垃圾分拣、分选。

分选线将垃圾输送到分选平台，再由人工将砖、石、瓦物拣出，送到下道处理工序。金属通过磁选自动进入一个容器回收。袋装垃圾进入破碎机，把装有生活垃圾的塑料袋打破，便于下道工序工作。通过破碎机破碎后的生活垃圾进入筛分机进行筛选分离，筛上物由皮带输送机送入风选破碎机进行破碎风选，风选出的较轻物质经收集后进入分选平台，由人工分拣出的塑料袋和塑料制品，送硅塑建材生产车间。人工分选出的织物和纸类送废品收购部门回收。

筛分机筛下物质由输送机送至分拣平台，由人工进行分拣，在人工分拣区每个人工分拣工位设有吸风罩、滚筒气流分选机设沉降室和引风机，将含粉尘的废气引入布袋除尘器处理。

③生物发酵。

由城区清洁出来的粪便经过固液分离设备处理，粪液部分进入粪便储池，然后用泵打入撒粪车，粪泥与分拣后垃圾一并发酵处理。在垃圾发酵仓中待降解的有机垃圾堆内加入DGB培养液和粪液，进一步降解发酵后移至堆场，用堆积物搅拌机进行搅拌，再次推底送风，进行二次发酵。发酵过程中定期补充水分。生活垃圾在进行堆肥处理时，堆温药经历中温-高温-中温的循环过程，由于机械化处理技术采用强制通风，所以开始的中温阶段持续时间很短，2～3天便可以进入高温阶段，温度可升至60～70℃，由于加入DGB培养液大部分有机物的降解在这一阶段完成，主要是将垃圾中的糖类、脂肪、蛋白质等易分解的有机物首先分解，纤维素、半纤维素、木质素、单宁酸等只能部分分解。

发酵工艺指标：菌种扩培≤72小时，发酵温度50～60℃，发酵时间20～28天，干燥温度≤120℃，含水率≤12%，C/N为25/1～35/1，供风量：0.05～0.2米^3/（米^3·分），堆层氧浓度大于10%。

生活垃圾进入仓后，发酵仓上部喷淋菌种，加料完后由板链式封口盖将各仓顶部加料口封闭。发酵仓内配有鼓风系统，使垃圾堆处于好氧状态，同时蒸发水分，控制堆肥温度。发酵仓内配有淋滤、渗沥液循环系统，含水率过低时，仓顶设置的喷淋管将水均匀加喷到发酵仓内。发酵塔出来的原料由螺杆出料机和皮带输送机送至滚筒筛筛分，大于12毫米的筛上物经皮带机送出车间外运至填埋场处置，小于12毫米的筛下物（腐熟堆肥）送入复混肥生产车间进行精加工。

④复混肥生产。

利用垃圾生产有机复混肥是根据不同垃圾本身的特点及不同地区土壤成分，在堆肥中按农作物生长的需要加入相应比例的氮、磷、钾及其他微量元素，经过混匀、造粒干燥等步骤生产出产品。

基础物料粉碎：各种制备复混肥的基础物料必须经过粉碎。堆肥及添加的大块物料被送入物料机烘干粉碎，各种基础化肥被送入粉碎机粉碎。

配料混合：各种基础物料经过粉碎后被提升到料仓，按照配方计量后，进入密闭的混合设备进行混合。混合均匀程度直接影响到养分的均匀度，而混合机的充填度是影响均匀的主要因素，装得过多，物料运动不充分，混合程度差；装得过少，混匀程度高但能耗大，一般填充度在60%～70%较合适。

造粒：混匀的物料通过物流分配器均匀地进入造粒机造粒。

干燥：从造粒机出来的产品往往含有15%左右的水分，为贮存、运输和使用方便，需要经过干燥过程，使水分降到 5%以下。干燥过程的温度不宜过高或过低；温度过高，热敏性物料易受损；温度过低，起不到烘干的效果。温度宜控制在 70～80℃。

筛分：将干燥后的物料进行筛分，粒径在小于 4 毫米和大于 5 毫米的颗粒，经溜槽送到第一阶段重复上述过程；粒径在 4～5 毫米之间的为合格产品。

冷却：干燥后的颗粒由皮带输送机送至冷却筒冷却。

包装：合格产品被送入自定量包装机进行包装。

项目生活垃圾处理与复混肥生产工艺流程图见图 4-8。

（2）硅塑建材生产。

将分选出来的塑料进入自动清洗机进行清洗（自动干燥）后进入粉碎机粉碎，分拣出建筑垃圾进入粉碎机粉碎，将粉碎后的塑料、建筑垃圾与粉煤灰和添加剂（硅塑建材助剂）按一定比例混合。对混合料进行电动加热至规定温度，熔融后进入成型设备加工成半成品，放入水槽冷却。冷却后的半成品通过传送带进入造粒设备切割造粒，制成硅塑建材颗粒。其生产工艺流程见图 4-9。

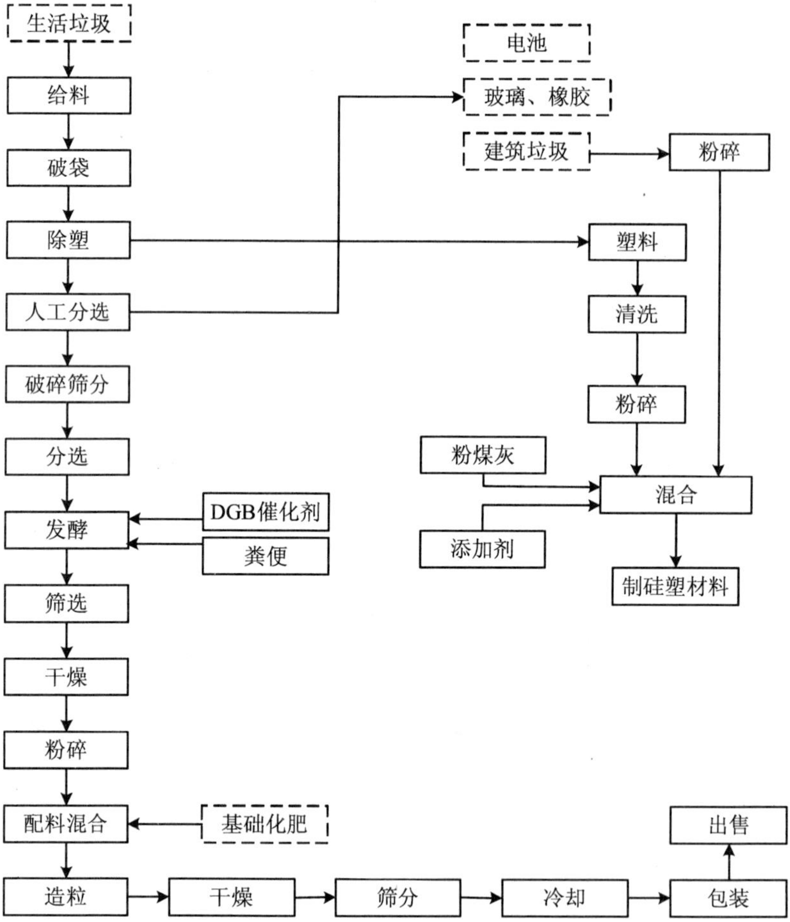

生活垃圾
给料
破袋
除塑
人工分选
破碎筛分
分选
发酵
DGB催化剂
粪便
筛选
干燥
粉碎
配料混合
基础化肥
造粒
干燥
筛分
冷却
包装
出售
电池
玻璃、橡胶
建筑垃圾
粉碎
塑料
清洗
粉碎
粉煤灰
添加剂
混合
制硅塑材料

图 4-8　项目生活垃圾处理与复混肥生产工艺流程图

塑料
清洗
粉碎
粉煤灰、添加剂
混合
熔融
造粒
硅塑建材
建筑垃圾
粉碎

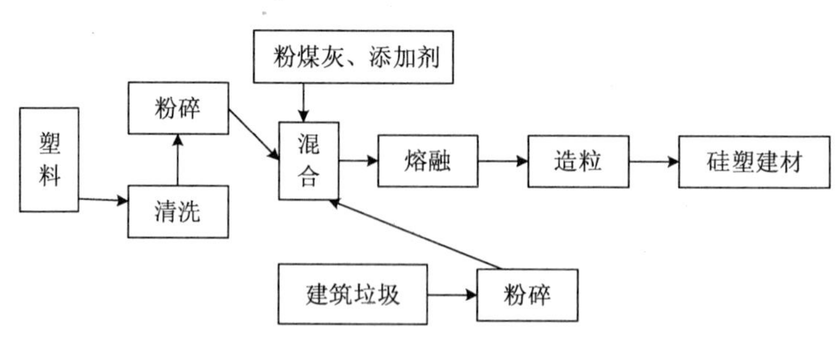

图 4-9　硅塑建材生产工艺流程图

5. 环境经济效益分析

（1）社会效益分析。

项目建成后对垃圾实施规范化处理，可以部分消除人们对垃圾处理场的厌烦心理，在处理措施的保障下防止了粉尘、恶臭气体的扩散与病菌的传播，减小了垃圾污染过程的渠道，达到减轻和消除垃圾对水体的污染，起到防患于未然的作用。采用堆肥方案，约30%的垃圾被提前取作为肥料施于农田，可使大量施用化肥而令土地板结的现象得到改善，其微生物不断分解而使土壤得到改善，提高土壤有机质含量。

（2）经济效益分析。

该工程作为城市公用设计工程，属于社会公益事业，为国家鼓励扶持的项目，项目运营收入有保障，投资风险相对较小。项目生产有机肥、硅塑建材及分拣出可回收物品的销售会带来一定的经济效益，年销售收入 16 890 万元，税后财务内部收益率 34.48%，投资回收期 4.41 年，具有一定的抗风险能力。

（3）环境效益分析。

该工程建成后能处理城市产生的大量生活垃圾，解决垃圾无组织堆放所带来的诸多问题，从而产生较好的环境效益。

二、河北省生活垃圾排放和处理现状

承德市城镇居民生活垃圾以集中填埋为主，经统计，2007 年共清运该市城镇生活垃圾 74.093 3 万吨，其中填埋 73.463 3 万吨，占全市城镇居民生活垃圾清运量的 99.15%。

2007 年，唐山市生活垃圾量为 76.047 67 万吨，其中，城镇居民生活产生的生活垃圾为 71.75 万吨，占全市生活垃圾产生总量的 94.35%。2007 年，生活垃圾清运量为 87.38 万吨，其中：无害化填埋量为 27.22 万吨；简易填埋量为 57.47 万吨；其他方式处置量为 0.86 万吨，生活垃圾无害化处理率为：（27.22+57.47/2）/87.38×100%=64.04%。

张家口生活垃圾产生的总量为 36.50 万吨，其中城镇居民垃圾产生量最大，为 34.45 万吨，占生活源垃圾总量的 94.38%。

邢台 2007 年生活源固体废物产生总量为 37.68 万吨，主要是生活垃圾，占总排放量的 99.76%，固体废弃物处贮、处置量是 35.24 万吨，处理率达 93.5%。

表 4-15　邢台生活垃圾排放表

住宿业	餐饮业	洗染服务业	理发美容业	洗浴服务业	摄影扩印业	洗车业	医院	居民生活
0.153 6	1.795 6	—	—	—	—	—	0.134 8	31.860 9

邯郸市生活源生活垃圾产生量为 54.11 万吨，清运量为 48.43 万吨，清运率为 89.49%。其中生活垃圾无害化填埋量为 25.25 万吨，占邯郸市生活源生活垃圾清运量的 52.14%；生活垃圾简易填埋量为 23.18 万吨，占邯郸市生活源生活垃圾清运量的 47.86%。

石家庄全年生活垃圾产生量为 101.17 万吨，无害化处理率为 57%。石家庄生活源固体废物及生活垃圾产生与处理情况见表 4-16：

表 4-16　石家庄生活源固体废物及生活垃圾产生与处理情况表

生活垃圾产生量/万 t			
住宿业	餐饮业	医院	城镇居民生活
0.61	3.68	0.37	96.51

锅炉及城镇居民生活固体废物产生及处理情况/万 t					
粉煤灰和炉渣集中处理量	生活垃圾清运量	生活垃圾无害化填埋量	生活垃圾简易填埋量	其他处置方式处理量	炉渣生产量
7.63	129.76	57.19	22.90	3.63	7.18

2007 年秦皇岛市生活垃圾产生量为 33.02 万吨，其中送往垃圾处理厂集中处理量为 22.40 万吨，生活垃圾处理率为 67.83%。

沧州市生活垃圾产生量为 37.84 万吨，主要来源于城镇生活。

2007 年廊坊市生活垃圾和炉渣产生量为 38.26 万吨，集中收集和清运量为 36.48 万吨，收集和清运率为 95.33%，具体见表 4-17：

表 4-17　2007 年廊坊市生活垃圾、炉渣和粉煤灰产生及处理情况汇总表

指标	数量/万 t
生活垃圾产生量合计	35.80
住宿业	0.34
餐饮业	1.75
医院	0.12
城镇居民	33.59
生活垃圾清运量	34.08
生活垃圾无害化处理量	10.32
生活垃圾简易填埋量	8.48
生活垃圾堆肥量	6.55
生活垃圾焚烧量	1.44
炉渣产生量	2.46
锅炉粉煤灰和炉渣集中收集量	2.40

三、河北省垃圾处理目前存在的问题

1. 无害化处理率低，资源化率低

据调研报告统计，在河北省垃圾处理场中，城市生活垃圾的无害化、减量化处理效果均不达标。现有填埋场大都不符合《生活垃圾填埋场污染控制标准》（GB 16887—1997）中“生活垃圾填埋场工程设计环境保护要求”，仅能达到符合基本处理标准的要求。这种状况与河北省的经济发展是不同步的，也是与可持续发展原则相违背的。

另外，河北省城市生活垃圾的资源化率较低。生活垃圾中蕴藏着巨大的价值：①能源：垃圾中的二次能源物质有机可燃物含量大、热值高，

每燃烧 2 吨垃圾可获得相当于燃烧 1 吨煤的热量，1 吨垃圾可获得约 300～400 千瓦的电力。不仅可增加能源资源，节约因开采煤炭所耗的大量人、财、物力，而且可减少因燃煤所造成的环境污染。②肥料：垃圾中有机质含量高达 50%以上。经过发酵有机质可迅速分解为容易被农作物吸收的物质，制成高效有机复合肥。如此既可减少垃圾危害，又可解决农业肥料问题。而目前，河北省垃圾堆肥场和垃圾焚烧厂仅有 6 座，占垃圾处理场的 37.5%。仅有的 4 座堆肥场均采用高温堆肥，但机械化程度低、周期长、运行成本高，生产的肥料得不到应有的利用。

2. 填埋场沼气利用率低

填埋场气体是一种可回收利用的能源，热值高达 19 兆焦/米^3，与城市煤气的热值接近，每立方米填埋场气体中所含的能量大约相当于 0.45 升柴油、0.6 升汽油的能量。垃圾填埋气的产气高峰一般在垃圾填埋 3～5 年之后出现，河北省运行中填埋场的使用时间均在 4～8 年之间，产气高峰已经到来。而现在还没有对填埋沼气进行利用，产生的填埋气体做直接排空处理不仅产生大气环境污染，存在安全隐患，还造成了资源的浪费。

随着城市垃圾填埋场气体问题的日益突出，填埋场释放气体的控制和利用已引起广泛的注意。由于现有填埋场大多不符合卫生填埋标准，对填埋后期填埋气体的收集利用增加了难度，现在一些建设较好的填埋场如石家庄峡石沟填埋场和邯郸市垃圾处理场正在积极进行填埋气收集利用项目的可行性论证。

3. 分类收集与后继回收设施不配套

垃圾分类收集是实现垃圾资源化的一个重要步骤和关键环节，从源头将不同废物分开堆放，可以避免废物之间相互污染，便于区分利用，可以提高各类再生资源的回收率及价值，减少垃圾的处置量，减轻对环境的污染。

河北省生活垃圾（除部分市区外）多采用混合收集方式处理垃圾，大量有害及可利用的物质直接进入垃圾填埋场，不仅增大了垃圾的运输和填埋量，而且增大了垃圾无害化处理的难度。在实行垃圾分类投放的小区或街道，存在分类收集率较低，分类垃圾的处理设施及废旧物资回收利用产业发展缓慢的问题。分类收集要求环卫部门对分类后的垃圾，配备不同的车辆运到不同的目的地；对于可回收利用的废旧物资，送到专门的垃圾回收利用工厂；对于含有机物较丰富的垃圾送到堆肥厂；对于热值较高的垃圾送到焚化站；对于可资源化极低的垃圾采用填埋等。只有对垃圾进行分别处理，分类收集才有了可持续运行的保证。

调查表明，分类垃圾后继回收设施的不配套，严重制约了城市垃圾分类收集的进度。分类收集的生活垃圾通常是经过再次混合后进行集中填埋或焚烧处理，难以达到垃圾资源化的目的。

4. 缺少相关政策和资金的扶持

城市生活垃圾在处理过程中监管力度不够，城市生活垃圾资源化处理技术的发展也需要市场化、产业化的配套政策。传统的体制和政策不利于城市生活垃圾资源化处理技术的发展。城市生活垃圾的管理、废旧物资回收、能源的利用分属于不相关的部门，没有统一管理。由于缺乏有力的政策支持，废旧物资回收行业规模小，发展缓慢，严重影响了城市生活垃圾的回收利用，不利于垃圾的减量化。长期以来，城市垃圾的处理作为一项公益事业，完全由政府部门投资建设和运行，缺少资金来源，成为政府部门的沉重负担，严重影响了垃圾处理和资源化设施的运行管理，不利于城市生活垃圾资源化处理产业的发展。这些不合理因素制约了市场化、产业化进程和资源化处理技术的发展。

四、河北省垃圾处理现状

河北省垃圾处理主要以填埋为主，占垃圾处理总量的77%，其他处理方式仅占垃圾处理总量的23%。2009年河北省共有无害化处理场16座，其中卫生填埋场10座，堆肥场4座，焚烧场2座，无害化处理能力为8 774吨/天，其中填埋处理6 764吨/天，堆肥处理1 550吨/天，焚烧处理460吨/天，无害化处理量为292.4万吨，填埋处理量256.9万吨，堆肥处理量31.3万吨，焚烧处理量4.2万吨，简易处理量199.3万吨，粪便清运量169.2万吨，粪便处理量159.9万吨，生活垃圾无害化处理率为41%。

2009年城市生活垃圾无害化处理率平均值为81.76%，比2008年提高了1.95个百分点。除邢台、衡水外，其余9个设区城市生活垃圾无害化处理率均在85%以上，唐山、张家口等两城市的生活垃圾无害化处理率增幅较大。省会石家庄市区全年产生生活垃圾94万吨，无害化处理率为85.22%；填埋处理量为45.90万吨，焚烧处理量34.21万吨。

第三节　危险废物的处理与管理

河北省贯彻落实《中华人民共和国固体废物污染环境防治法》和国务院《危险废物经营许可证管理办法》，进一步规范河北省危险废物的环境管理。

一、河北省危险废物管理政策

根据环保部《关于发布〈危险废物经营单位审查和许可指南〉的公告》（2009年第65号）和《关于发布〈危险废物经营单位记录和报告经营情况指南〉的公告》（2009年第55号）要求，河北省在危险废物的处理与管理政策如下。

1．严格执行危险废物许可经营

严格审批权限。各级环保部门应严格按照《危险废物经营许可证管理办法》中的规定权限，对危废经营单位进行审查许可。县级环保部门审批颁发机动车维修活动中产生的废矿物油和居民日常生活中产生的废镉镍电池的收集经营许可证；设区市级环保部门审批颁发医疗废物综合经营许可证；国家环保部门审批年焚烧危险废物1万吨以上，处置含多氯联苯、汞等对环境和人体健康威胁极大的危险废物，利用列入国家危险废物处置设施建设规划的综合性处置设施处置危险废物的综合经营许可证；除国家、市和县审批以外的危险废物综合经营许可证，由省级环保部门审批颁发。

严格规范审查程序和内容。各级环保部门应按照环保部《关于发布〈危险废物经营单位审查和许可指南〉的公告》（2009年第65号）和原河北省环保局《关于贯彻实施〈河北省危险废物经营许可证审批管理程序〉的通知》（冀环控[2006]164号）的有关规定对危险废物经营单位进行许可审查。申请单位应认真组织申请材料，装订成册后逐级上报审批。河北省危险废物经营许可证由省环保厅统一印制，医疗废物经营许可证和危废收集许可证由各设区市和县级环保局印制。

河北省环境保护厅将制订《河北省危险废物经营许可证审查和许可办法》，进一步加强和规范许可经营管理工作。

2．加强对危废产生和经营单位的环境管理

加强对危险废物产生和经营单位的监督管理，尤其对年产生危险废物50吨及以上的企业，当地环保部门要切实做好日常监督检查，包括危险废物识别标志设立情况；危险废物管理计划制定情况；危险废物申报登记、转移联单、应急预案备案、危险废物经营许可证等管理制度执行情况；贮存、利用、处置危险废物是否符合相关标准规范等情况。

危险废物经营单位应当按照环境保护部《关于发布〈危险废物经营单位记录和报告经营情况指南〉的公告》(2009 年第 55 号)要求，建立危险废物经营情况记录簿（或台账），如实记载收集、贮存、处置危险废物的类别、来源、去向和有无事故等事项。并就危险废物经营单位基本情况、经营情况总结、所接收危险废物利用处置情况、新产生危险废物利用处置情况、存在问题及改进措施等进行年度报告。

从 2010 年 6 月起，危废许可证年检申报材料除提交有效的监测报告、危废转移联单、所在市年检初审意见外，企业还应提交危险废物经营情况记录簿复印件和年度处置情况报告。

3. 切实规范转移处置

根据《中华人民共和国固体废物污染环境防治法》规定，危险废物跨省转移处置的，产废单位应当将《河北省危险废物转移申请表》、《排放污染物申报登记表》、排污许可证复印件、接受单位情况介绍、危险废物产生单位与接受单位签定的处置意向书、产生及接收单位《企业法人营业执照》副本复印件、接受单位《危险废物经营许可证》复印件以及运输单位《危险废物道路运输经营许可证》等申请材料逐级上报省环境保护厅，河北省环境保护厅商接收地省级环境保护部门同意后，持河北省环保厅批复的《危险废物转移申请表》和接收地省级环境保护部门同意接收的复函，办理危险废物转移联单，并严格按照《危险废物转移联单管理办法》的规定实施转移。

为确保危险废物转移途中的环境安全，河北省范围内有相应处置企业的，原则上不同意该类废物跨省转移。河北省环境保护厅定期公布全省危险废物经营许可证持证单位情况。

4. 严查危险废物环境违法行为

各级环保部门要对危险废物产生、收集、运输、贮存、利用和处置单位开展经常性的监督检查，确保危险废物得到安全处置或利用。对拒报、谎报危险废物产生量和流向；贮存设施或设备不符合规定；未执行危险废物转移联单制度；将危险废物交给未取得经营许可证的单位或个人收集、贮存、利用、处置；在运送过程中丢弃、遗撒危险废物；违法倾倒、堆放危险废物或混入其他废物和生活垃圾；不按国家规定处置危险废物；转让、买卖危险废物等环境违法行为，要依法立案查处、严肃处理，并采取挂牌督办、责任追究等多种形式严厉打击环境违法行为。

二、危险废物管理的处理与管理现状

目前河北省的危废产生量集中度很高，2004 年承德新新钒钛公司、华北制药集团、河北铬盐化工公司、安新县新鑫熔炼厂、平泉长城化工公司五企业的危废产生量已经占全省的 85%左右。结合河北省危险废物经营许可审批和管理现状，修订完善了《河北省危险废物经营许可证审批管理程序》，建立了危险废物收集、运输、处置的全过程环境监督管理体系，基本实现了危险废物的安全处置。

唐山、廊坊、邯郸、张家口、承德 5 市已建成符合《全国危险废物和医疗废物处置设施建设规划》要求的医疗废物处置中心（其中唐山、廊坊、邯郸 3 市经环保验收后稳定运行一年以上，张家口市 2009 年 12 月通过环保验收，承德市未通过环保验收），较 2008 年增加两个市，其余 6 个设区城市尚未建成，除衡水外其他 5 市采用的是“非典”期间建设的焚烧处理设施进行处置。

2007 年承德市各医疗机构共产生 488.1 吨医疗废物。其中经过无害化处置的为 260.7 吨，据统计各单位自行进行无害化处置的医疗废物共 190.4 吨，外送处置 70.3 吨。

2007 年，唐山市共产生危险废物 106 453.94 吨。其中：综合利用量为 86 859.87 吨，占产生量的 81.59%，危险废物综合利用率为 81.59%；本年贮存量为 755.4 吨，占产生量的 0.71%；处置量为 18 590.04 吨，占产生量的 17.46%；排放量为 248.63 吨，占产生量的 0.23%。

2007 年，唐山市共产生医疗废物 1 726.31 万吨，医疗废物无害化处理量为 1 671.29 万吨，医疗废物无害化处理率为 96.81%。无害化处理的医疗垃圾中，由本单位无害化处置的为 761.28 万吨，其中焚烧处理的为 698.17 万吨；送往医疗废物无害化处置厂的为 910.01 万吨。

张家口医疗废物产生总量为 1 478.01 吨，其中无害化处理量为 1 332.8 吨，占医疗废物产生总量的 90.18%。

石家庄危险废物产生情况见表 4-18：

表 4-18　石家庄危险废物产生情况

废物名称	产生情况		综合利用情况
	产生量/t	汇总企业数/个	利用量/t
医药废物	72 469.70	36	71 360.6
废医药、药品	71.57	10	11.80
农药废物	5 508.16	8	5 025.65
有机溶剂废物	601.34	15	384.65
废矿物油	27 025.50	6	26 963.60
废乳化油	1 171.28	16	1 164.16
精（蒸）馏残渣	43 650.47	14	43 372.77
燃料、涂料废物	810.57	46	617.02
有机树脂类废物	986.15	8	960.08
新化学品废物	96.00	1	96.00
感光材料废物	6.09	2	0
表面废物	1 029.80	18	419.81
含铬废物	33 805.83	82	61 755.83
含铜废物	42.53	2	42.50
含锌废物	465.04	27	462.34
含铅废物	5 522.72	36	3 846.79
无机氟化物废物	139.50	2	0
无机氰化物废物	0.004	1	0
废酸	2 033.32	11	1 706.10

废物名称	产生情况		综合利用情况
	产生量/t	汇总企业数/个	利用量/t
废碱	5 125.00	2	100
石棉废物	159.96	87	149.96
含酚废物	109 716.90	5	109 658.90
废有机溶剂	295.93	2	0
含镍废物	11.00	1	11.00
含钡废物	37 801.50	6	37 801.50
合计	348 555.94	376	365 911.1

邢台 2007 年共产生危险废物 2 249.14 吨，涉及《国家危险废物名录》中 13 种危险废物，主要为表面处理废物、染料、涂料废物、石棉废物、废乳化液、废矿物油、农药废物和有机溶剂废物。综合利用量为 1 828.77 吨，综合利用率 81.3%，处置量 420.14 吨，倾倒丢弃量为 0.24 吨，倾倒丢弃的主要物质为废矿物油、废乳化液和废石棉。

表 4-19 邢台市工业源危险废物的产生、综合利用、处置、贮存、排放（倾倒丢弃）情况

废物名称	产生情况		综合利用情况		处置情况		贮存情况		倾倒丢弃情况
	产生量/t	汇总企业数/个	利用量/t	其中：利用往年贮存量/t	处置量/t	其中：处置往年贮存量/t	本年贮存量/t	其中：符合环保要求的贮存量/t	倾倒丢弃量/t
合计	2 249.14	165.00	1 828.77	0.00	420.14	0.00	0.00	0.00	0.24
农药废物	195.16	2.00	5.16	0.00	190.0	0.00	0.00	0.00	0.00
有机溶剂废物	182.40	1.00	0.00	0.00	182.4	0.00	0.00	0.00	0.00
废矿物油	227.93	45.00	227.80	0.00	0.00	0.00	0.00	0.00	0.13
废乳化液	267.29	12.00	267.26	0.00	0.00	0.00	0.00	0.00	0.03
精（蒸）馏残渣	72.00	2.00	72.00	0.00	0.00	0.00	0.00	0.00	0.00

废物名称	产生情况		综合利用情况		处置情况		贮存情况		倾倒丢弃情况
	产生量/t	汇总企业数/个	利用量/t	其中：利用往年贮存量/t	处置量/t	其中：处置往年贮存量/t	本年贮存量/t	其中：符合环保要求的贮存量/t	倾倒丢弃量/t
染料、涂料废物	366.57	8.00	366.57	0.00	0.00	0.00	0.00	0.00	0.00
有机树脂类废物	75.30	6.00	74.90	0.00	0.40	0.00	0.00	0.00	0.00
表面处理废物	561.43	23.00	561.26	0.00	0.17	0.00	0.00	0.00	0.00
含铬废物	0.70	2.00	0.00	0.00	0.70	0.00	0.00	0.00	0.00
废酸	1.41	2.00	1.41	0.00	0.00	0.00	0.00	0.00	0.00
废碱	6.00	1.00	0.00	0.00	6.00	0.00	0.00	0.00	0.00
石棉废物	279.96	68.00	239.41	0.00	40.47	0.00	0.00	0.00	0.08
含钡废物	13.00	1.00	13.00	0.00	0.00	0.00	0.00	0.00	0.00

廊坊市 2007 年度工业危险废物产生情况见表 4-20。

表 4-20　2007 年廊坊市工业危废产生量分类统计表

废物名称	产生量/t	汇总企业数/个
医药废物	220.77	5
废药物、药品	0.00	1
农药废物	7.03	3
有机溶剂废物	586.50	3
热处理含氰废物	0.10	1
废矿物油	132.76	68
废乳化液	186.77	62
精（蒸）馏残渣	8.10	10
染料、涂料废物	1 802.31	131
有机树脂类废物	866.70	14

衡水市工业危险废物产生情况见表 4-21。

表 4-21　衡水市工业危险废物产生情况表

废物名称	产生情况	
	产生量/t	汇总企业数/个
合计	35 837.65	374
废酸	16 376.00	3
含钡废物	11 300.00	1
含锌废物	1 869.40	28
医药废物	1 758.83	6
染料、涂料废物	1 321.55	57
表面处理废物	1 316.19	54
废药物、药品	1 008.00	2
有机树脂类废物	307.30	50
含铅废物	247.63	9
农药废物	132.99	3
含铬废物	91.70	3
石棉废物	41.72	171
有机溶剂废物	33.46	3
废有机溶剂	11.00	1
废矿物油	9.75	19
废乳化液	6.39	29
含铜废物	4.88	2
含汞废物	0.84	1
精（蒸）馏残渣	0.03	1

为认真履行《关于持久性有机污染物的斯德哥尔摩公约》，根据环境保护部《关于开展全国持久性有机污染物调查的通知》（环发[2006] 207 号）要求，在全省范围内开展了持久性有机污染物二噁英类 POPs 调查工作，于 2008 年 3 月完成了全省的数据汇总上报工作，并通过了环境保护部验收。

2009年，河北省环保厅组织了对全省38家危险废物经营许可证持证单位的全面检查工作。吊销了3家问题较多企业的危险废物经营许可证。根据河北省行业结构特点，为加强对医药废物抗生素发酵菌渣的管理，下发了《关于加强抗生素发酵菌渣管理的紧急通知》。

第四节 其他固体废物的处置措施

一、建筑垃圾的循环与综合利用

我国建筑废弃物的数量已占到城市垃圾总量的30%～40%。近几年来，各城市的建筑废弃物的处理方式除了自发的建设工程回填利用和填海、填洼地外，绝大部分是未经任何处理便被运往填埋场。不少城市环卫部门在城市建筑废弃物回收、运输和处理方面都投入了大量人力、物力和财力。如省会石家庄正在使用的6个建筑垃圾消纳点，其总容量仅为180万米^3，按照拆迁1米^{2}产生1.1～1.5米^{3}建筑垃圾的方式来算，2008年石家庄市建筑垃圾处理量达到了1 300多万米^3，2009年，拆迁面积有所减少的情况下，省会的建筑垃圾产量也达到了1 000万米^{3}左右，为建筑垃圾寻找“新家”已迫在眉睫。按照清运1米^{3}建筑垃圾20元的运费计算，如果将1 000万米^{3}的建筑垃圾用于堆山造景，可节省运费耗资20 000多万元。

建筑垃圾作为可循环利用的资源，经过拆解、粉碎工序后，再加入特种材料生产出来的建筑砖料，无论在硬度、韧性、重量等方面都有明显的优势。其中主要成分混凝土块、砖渣、加气轻质砖块、废木屑都可以100%进行转化，废玻璃、废纸品、废塑料编织袋及金属材料可回收再利用，只有少部分混合泥土及其他杂质暂时不能进行转化，如在拆迁、装修、运输时事先分拣分类，转化率可达到95%以上。目前河北省投资最多、规模最大、处理能力最强的建筑垃圾处理项目——秦皇岛市建筑垃圾处理厂投入运营，作为公益性事业单位，为实现建筑垃圾的集中处理，该厂免费接收运送来的建筑垃圾。

二、放射性废物的处理处置

2008 年省环保局根据需要重新制定了核事故和辐射应急响应计划，成立了应急领导办公室；省辐射站承担了奥运期间核反恐监测任务，积极争取财政资金购置了车载移动式放射性监测系统、便携式 LaBr γ谱仪测量系统、背包式放射源搜寻系统、便携式γ辐射测量系统等，及时提高了河北省核与辐射应急监测能力。圆满完成了奥运前夕秦皇岛某海关发现含放射性物质的应急监测和处置工作；5 月 10 日河北省环保局和秦皇岛市环保局在北戴河共同举办了核与辐射反恐应急演练。

2009 年河北省共有废弃放射源 113 枚，全部安全送至河北省环保局专贮库。石门寨地区 16 家水泥企业取缔后，21 枚放射源全部安全运至省环保局专贮库，消除了辐射环境安全隐患。此外，在河北省环保局奥运督导组的大力支持下，成功处置了一起境外带入放射源的突发事件。奥运期间，编制处置核生化恐怖性袭击事件应急预案，在奥林匹克大道公园成功举办了核与辐射反恐应急演习，全省 300 余人现场观摩。

第五章　物理性污染防治

第一节　噪声污染防治

一、工业噪声治理

工业噪声是指工厂在生产过程中由于机械振动、摩擦撞击及气流扰动产生的噪声。例如化工厂的空气压缩机、鼓风机和锅炉排气放空时产生的噪声，是由于空气振动而产生的气流噪声；球磨机、粉碎机和织布机等产生的噪声，是由于固体零件机械振动或摩擦撞击产生的机械噪声。由于工业噪声声源多而分散，噪声类型比较复杂，生产的连续性声源也较难识别，治理起来相当困难。2009 年影响城市区域环境的噪声源主要分为生活噪声、交通噪声、工业噪声、施工噪声和其他噪声五类，其中工业噪声占 12.3%。

针对工业噪声的特点，在河北省邢台市、秦皇岛市、唐山市等依据《中华人民共和国环境噪声污染防治法》、《河北省环境保护条例》和《工业企业厂界噪声标准》（GB 12348—90）出台的《环境噪声管理办法》中，工业噪声的治理主要侧重于噪声源控制及传声途径噪声削减。主要内容包括：

（1）对准备建设的项目单位应在项目可行性研究阶段，编制建设项目环境影响报告书或填报环境影响报告表，经项目主管部门预审后，报环境保护行政主管部门审批。建设项目投入生产或使用之前，其噪声污染防治设施必须经过原批准单位检验，检验不合格者，不得投入生产或者使用。在居民住宅区、文教区、疗养区、风景游览区和医院、机关、科研单位附近，不准新建、扩建、改建有环境噪声污染的建设项目。

（2）向周围生活环境排放噪声的企业、事业单位，应当符合国家规定的环境噪声厂界标准。对排放噪声超过国家规定的环境噪声厂界排放标准，造成严重噪声污染的企业、事业单位，必须限期治理。

（3）省属及省属以上的企业、事业单位的限期治理，由当地环境保护部门提请省环境保护部门报省人民政府决定。市、县或者市、县以下人民政府管辖的企业、事业单位的限期治理，由市、县人民政府的环境保护部门提出意见，报同级人民政府决定。被限期治理的企业、事业单位必须如期完成治理任务。

（4）向周围生活环境排放工业噪声的单位，必须按照国家的有关规定，向当地环境保护行政主管部门申报登记拥有的排放噪声设施、噪声污染处理设施和正常作业条件下排放噪声的噪声源种类、数量和噪声强度，并如实提供防治环境噪声污染的有关资料。噪声源的种类、数量和排放的噪声强度有重大改变的，必须及时申报当地环境保护行政主管部门。拆除或闲置噪声污染治理设施的，应当征得当地环境保护行政主管部门的同意。

（5）进行产生强烈偶发性噪声活动的单位，应当在排放噪声六天前向当地环境保护行政主管部门和公安部门提出书面申请，由环境保护行政主管部门会同公安部门审查批准，经批准后方可进行。上述部门应当在接到申请后3天内作出答复，并在产生强烈偶发性噪声前向社会公告。

工业噪声较为突出的是风机噪声和释放气噪声，目前针对风机噪声采取的措施包括修建隔离间、隔声罩及隔声管道、隔声屏，使操作者与声源隔离，如把鼓风机、空压机、球磨机、发电机等放置在隔声间或隔声机罩内，与操作者隔开；也可以使操作者处在隔声性能良好的控制室或操作室内与一些发声机器隔开，从而使操作者免受噪声危害。针对释放气噪声选择消声器作为降噪的措施，消声器是一种使声能衰减而允许气流通过的装置，将其安装在气流通道上便可控制和降低空气动力性噪声；对于风机类的噪声可采用阻性或以阻性为主的复合消声器；而空压机、柴油机则宜使用抗性或抗性为主的复合式消声器和多级扩容减压等新型消声措施；对于大截面通道常用元件式砌筑成室式消声措施解决。

某电厂空压机房通过墙面选用 1.35 毫米厚铝丝板吸声构造（63.5～250 赫兹，平均吸声系数 0.6 以上），铝丝板后置 100 毫米空腔内填充 48 千克玻璃棉，顶面采用 20 毫米厚玻纤装饰吸声板架设金属龙骨后面置大于 250 毫米的空腔的安装方式，有效降低机房内因混响引起的噪声 4～10 分贝。

将机房原有的门换成隔声门，隔声门的大小均维持原有门的尺寸，要求隔声量≥25 分贝（实验室测试）；为保证室内通风降温的要求，在原来的窗户外侧安装消声装置，同时于后墙装配两台大功率抽风机，采用消声管道将室内热风送出室外。

这些措施的采用大大降低了电厂空压机房对周围环境及办公区的噪声影响。

二、交通噪声污染防治

交通噪声是一种不稳定的噪声。在交通干线两旁，噪声级随时间而变化。这种噪声与机动车辆的类型、数目、速度、运行状态、相互距离、是否鸣笛、道路宽度、坡度、干湿状态、路面情况和交叉路口建筑物的层数以及风速等因素有关。为防治地面交通噪声污染，保证人们正常生活、工作和学习的声环境质量，促进经济、社会可持续发展，根据《中华人民共和国环境保护法》和《中华人民共和国环境噪声污染防治法》，国家制定了《地面交通噪声污染防治技术政策》。

本技术政策规定了合理规划布局、噪声源控制、传声途径噪声削减、敏感建筑物噪声防护、加强交通噪声管理五个方面的地面交通噪声污染防治技术原则与方法。地面交通噪声污染防治应遵循如下原则：

（1）坚持预防为主原则，合理规划地面交通设施与邻近建筑物布局；

（2）噪声源、传声途径、敏感建筑物三者的分层次控制与各负其责；

（3）在技术经济可行条件下，优先考虑对噪声源和传声途径采取工程技术措施，实施噪声主动控制；

（4）坚持以人为本原则，重点对噪声敏感建筑物进行保护。

地面交通噪声污染防治应明确责任和控制目标要求：

（1）在规划或已有地面交通设施邻近区域建设噪声敏感建筑物，建设单位应当采取间隔必要的距离、传声途径噪声削减等有效措施，以使室外声环境质量达标。

（2）因地面交通设施的建设或运行造成环境噪声污染，建设单位、运营单位应当采取间隔必要的距离、噪声源控制、传声途径噪声削减等有效措施，以使室外声环境质量达标；如通过技术经济论证，认为不宜对交通噪声实施主动控制的，建设单位、运营单位应对噪声敏感建筑物采取有效的噪声防护措施，保证室内合理的声环境质量。

河北省依据此技术政策制定了适合本省的技术规范。内容包括：消防车、救护车、工程抢险车、警备车等特种车辆安装、使用警报器，必须持有公安部门核发的使用证。在执行非紧急任务时和禁止车辆使用警报器的地段，不得使用警报器。

拖拉机、农用车、机动平板车等车辆，未经公安部门批准，不得在划定禁止行驶的街道行驶。

在市区内行驶的机动车辆，一律禁止使用气喇叭、怪喇叭，禁止用喇叭唤人和在市区内道路上试验喇叭。在市区范围内行驶的机动车辆的消声器和喇叭必须符合国家规定的要求。机动车辆必须加强维修和保养，保持技术性能良好，防治环境噪声污染。在有禁鸣标志的地段禁止使用喇叭。

交警部门可以根据本市市区区域环境保护的需要，划定禁止机动车在市区行驶的禁鸣路段和时间，并向社会公告。

铁路机车进入市区范围内需要鸣笛的，应按铁道部《铁路环境保护规定》执行，要采取有效措施，减轻环境噪声污染。

河北省2010年投资781.34万元对2.6公里左右的高速路增设声屏障，防止交通噪声污染。2009年影响城市区域环境的交通噪声占32.7%，交通噪声属于污染强度大的噪声源。

石家庄市在高架桥两侧均设有隔声墙。

三、社会生活噪声污染防治

商业、娱乐、体育、游行、庆祝、宣传等活动产生的噪声，打字机、家用电器等小型机械，以及住宅区内修理汽车、制作家具和燃放爆竹等所产生的噪声均可称为社会生活噪声。商业、文体、游行、宣传活动等有时应用扩声设备，造成的噪声污染就更为严重。有些活动在室内造成的噪声经常在100分贝以上。

社会生活噪声可采取城市规划分区和制定有关法令等措施加以控制和限制。家用电器等小型机械的制造应提高加工精度和改革机械结构，以减弱噪声的辐射。在办公室内利用噪声调节器发出一种低声级低频的稳定噪声，来掩蔽某些扰人的噪声，这种方法在某些地方已得到应用。

同时，建筑设计单位应依据《民用建筑隔声设计规范》等有关规范文件，考虑周边环境特点，对噪声敏感建筑物进行建筑隔声设计，以使室内声环境质量符合规范要求。邻近道路或轨道的噪声敏感建筑物，设计时宜合理安排房间的使用功能（如居民住宅在面向道路或轨道一侧设计作为厨房、卫生间等非居住用房），以减少社会生活噪声干扰。地面交通设施的建设或运行造成噪声敏感建筑物室外环境噪声超标，如采取室外达标的技术手段不可行，应考虑对噪声敏感建筑物采取被动防护措施（如隔声门窗、通风消声窗等），对室内声环境质量进行合理保护。

依据《社会生活噪声排放标准》（GB 22337—2008），河北省制定了一些有针对性的规定，内容如下：

在城区内，未经县（市）、区以上人民政府批准，禁止使用大功率的广播喇叭和广播宣传车。严禁在商业活动中采用发出高大声响的方法招揽顾客。

学校、公园、舞厅、影剧院及其他文化娱乐场所使用的音响发出的声响，不得超过所在区域的环境噪声标准。露天卡拉 OK 和其他音响设备应在夜间（冬季：22:00—次日 6:30；春夏秋季：23:00—次日 6:00）停止营业。

居民住宅楼内不得兴办产生噪声的娱乐场点。新建营业性文化娱乐场所的边界噪声必须符合国家规定的环境噪声排放标准；不符合标准的，环保局不得核发排污许可证，文化局不予核发文化经营许可证，工商局不得核发营业执照。

在商业经营活动中使用空调器、冷却塔等可能产生环境噪声污染的设备、设施的，其经营管理者应当采取措施，使其边界噪声达标排放。

在噪声敏感建筑物集中区域内，禁止设立产生环境噪声污染或振动危害的金属加工、木材加工、车辆修理等小型企业，已经设立的应限期治理。任何单位和个人不得在住宅内从事上述活动。

使用家用电器、乐器或者进行其他家庭室内娱乐活动时，应当控制音量或采取其他有效措施，避免对周围居民造成环境噪声污染。

禁止任何单位、个人在城市市区噪声敏感建筑物集中区域内使用高音喇叭。

在城市市区街道、广场、公园等公共场所娱乐、集会等活动，使用音响器材可能产生干扰周围生活环境的过大音量的，必须遵守公安机关的规定。

在已交付竣工使用的住宅楼进行室内装修活动，应当限制作业时间，并采取其他有效措施，以减轻、避免对周围居民造成环境噪声污染。

防空警报试验及其他单位或个人产生强烈偶发性噪声的，应报公安机关批准，并提前向社会公告。2009 年影响城市区域环境的生活噪声占 45.2%，生活噪声和交通噪声两者的影响面较广，两者之和占了 77.9%。

四、施工噪声污染防治

建筑施工噪声，是指在建筑施工过程中产生的干扰周围生活环境的声音。在城市中，建设公用设施如地下铁道、高速公路、桥梁，敷设地下管道和电缆等，以及从事工业与民用建筑的施工现场，都大量使用各种不同性能的动力机械，使原来比较安静的环境成为噪声污染严重的场所。某些施工现场紧邻居住建筑群，对居民的生活造成很大的干扰。

在建筑施工现场，是随着工程的进度和施工工序的更替而采用不同的施工机械和施工方法的。例如在基础工程中，有土方爆破，挖掘沟道，平整和清理场地，打夯，打桩等作业；在主体工程中，有立钢骨架或钢筋混凝土骨架，吊装构件，搅拌和浇捣混凝土等作业；在施工现场，有自始至终频繁进行的材料和构件的运输活动；此外还有各种敲打、撞击、旧建筑的倒塌、人的呼喊等。因此噪声源是多种多样的，而且经常变换。

依据《建筑施工场界噪声限制标准》（GB 12523—90）和《建筑施工场界环境噪声排放标准及测量方法》（征求意见稿），河北省针对施工噪声采取了一系列措施。

凡在本市建筑施工中使用机构、设备，其排放噪声可能超过国家规定的环境噪声施工场界排放标准的，必须在开工 15 日前向所在地环境保护行政主管部门提出申请，按规定填写出建筑施工噪声登记申报表，申报工程的项目名称、施工场所、期限、使用设备名称及型号、可能产生的环境噪声值及所采取污染防治措施的情况，经批准后方可施工。

严禁夜间在建成区内进行产生噪声污染、影响居民休息的建筑施工作业，但抢险、救灾作业除外。因生产工艺和特殊需要必须连续作业的，须经市环境保护行政主管部门批准并由施工单位公告附近居民。

在市区范围内向周围生活环境排放建筑施工噪声的，应当符合国家《建筑施工场界噪声排放标准》。

在市区噪声敏感建筑物集中区域内使用打桩机、推土机、挖掘机、卷扬机、振荡器、电锯、电刨、风动机具等其他造成高噪声的施工设备以及产生环境噪声的施工运输，其作业时间一般限制在 6:00—22:00 时。禁止混凝土现场搅拌。

在中考、高考等特殊时期禁止建筑施工。禁止施工作业的时间和区域由环境保护主管部门规定。

根据噪声源特性、噪声衰减要求、声屏障与噪声源及受声点三者之间的相对位置，考虑施工工地位置、气候特点、周围环境协调性、安全性、经济性等因素进行专业化设计。宜合理利用地物地貌、绿化带等作为隔声屏障，其建设应结合噪声衰减要求、周围土地利用现状与规划、景观要求、水土保持规划等进行。绿化带宜根据当地自然条件选择枝叶繁茂、生长迅速的常绿植物，乔、灌、草应合理搭配密植。规划的绿化带宜与地面交通设施同步建设。2009 年影响城市区域环境的施工噪声占 5.2%。

同时积极改进作业技术，采用先进设备与材料，降低作业噪声的产生量。尽量选用低噪声或备有消声降噪声的施工机械，研制低噪声的施工机械并推广使用。如以液压打桩机取代空气锤打桩机，在距离 15 米处实测噪声级仅为 50 分贝。施工现场混凝土施工使用低噪声振捣棒、机械刨凿作业使用低噪声的破碎炮和风镐等剔凿机械，空气动力性机械，安装消声器和弹性支座，或采取有效降低噪声和振动。

五、噪声功能区划

根据《城市区域环境噪声标准》将城市区域分为五类功能区，昼间标准值分别为：0 类（需特别安静区）50 分贝，1 类（居住、文教区）55 分贝，2 类（居住、商业、工业混杂区）60 分贝，3 类（工业区）65 分贝，4 类（城市交通干线两侧）70 分贝。

噪声的功能区划分由县级以上人民政府划分颁布后，才具有法律效力。一般有明确进行划分的区域仅在有规划的城区范围，对于郊区及农村地区，一般无明文规定的功能区划分。按照现在情况，应按《城市区域噪声标准》各对应适用区域的划分和《城市区域环境噪声适用区划分技术规范》确定相应的执行标准，对大型建设项目特别是公路项目最好能发函给当地县级以上人民政府请求标准的确认。

六、噪声达标区建设

2008 年，声环境质量基本持平，生活噪声和交通噪声是影响城市声环境的主要噪声源。石家庄城市声环境以交通噪声和生活噪声为主要噪声源，城市功能区噪声昼间基本达到国家标准要求，夜间仍存在超标现象，区域环境噪声平均等效声级值为 50.1 分贝，比 2007 年下降 0.2 分贝。道路交通噪声平均等效声级为 65.3 分贝，比 2007 年下降了 1.8 分贝。廊坊市所辖各县区域环境噪声、道路交通噪声均达到国家相应标准。全市噪声源主要来自生活噪声、交通噪声和工业噪声。

河北省 11 个设区市均进行了昼、夜功能区噪声监测。11 个城市只有秦皇岛市设有零类功能区，按照各市各功能区噪声年均值统计：零类功能区昼、夜间功能区噪声年均值均达标；一类功能区昼间达标率为 100%，夜间达标率为 27.3%；二类功能区昼、夜间达标率均为 100%；三类功能区昼间达标率为 100%，夜间达标率为 10%；四类功能区昼间达标率为 100%，夜间达标率为 36.4%。总体而言，二类功能区达标率高于其他类功能区，昼间达标率高于夜间达标率。

第二节 放射性污染防治

污染防治、生态保护、辐射环境保护是环境保护领域的三大任务。与前两项工作相比，辐射环境保护工作起步相对较晚，近年来，随着河北省经济社会快速发展，电磁辐射、光污染、室内空气污染、危险废物等新的环境问题日益显现，污染事件和环境纠纷逐年增多，污染事件与生产事故叠加发生，环境风险不断增大，同时核技术应用的普及并且其具有极度敏感性的特点，越来越受到各级领导和广大群众的重视和关注。

近年来，在各级各部门的支持和帮助下，经过全省环保系统的共同努力，河北省的辐射环境保护工作取得了积极进展。一是大力推进了辐射环境法制建设，根据工作需要，2001 年以省政府令的形式出台了《河北省放射性污染防治管理办法》；二是组织开展了全省放射源清查专项行动，基本摸清了放射源底数，进一步完善了放射源资质管理制度，加强了闲置废弃放射源的收贮，强化了废物库安全运行管理；三是严格了辐射项目环境审批，加大执法监督检查，辐射项目环境运行评价和“三同时”验收执行率大大提高；四是优化了全省辐射环境国控站点布设，全面开展了辐射环境常规监测工作，省辐射站顺利通过了国家剂量认证复查扩项评审；五是稳步推进了放射性废物库扩建工程建设。

尤其在 2008 年奥运安保期间，河北省严格危险化学品、危险废物及核辐射的安全管理。各级环保部门要按照无一遗漏的标准，对辖区内可能存在的放射性同位素和射线装置、剧毒化学品、危险废弃物等各类危险物品开展全方位的排查。一是对产生、存放废弃危险化学品的单位要分类统计，登记造册，不符合要求的单位在 5 月 30 日前完成整改。二是对危险废物的处置加强管理，6 月 1 日起至 9 月 30 日期间，暂停危险废物跨省转移；本辖区内可以处置的危险废物就地处置，原则上不允许跨市转移；本辖区内不能处置的危险废物，由产废单位暂时安全存储；如有特殊情况需要跨市转移的，需报省环保厅批准后方可转移，并由转出地环保部门全程跟踪监控。三是对放射性同位素和射线装置，要逐一检查安全防护制度、防护措施落实情况，坚决堵塞和消除管理漏洞，消除安全隐患，对分散、隐藏在社会生活生产的废弃、闲置放射源一律于6月30日前强制送交省放射性废物库或有相应资质的收储单位。

制定完善环境应急预案。各级环保部门和所有企业、单位都要制定完善的环境应急预案。预案设想要全面，应急响应措施要明确具体，贴近实战，突出可操作性。各级环保部门还要重点针对存在环境安全隐患的企业和单位加大预案的指导力度，充分设置各类预想，按照“处置案例设想更全面、消除污染措施更具体、责任划分更明确、行动计划更快捷”的要求，督促其细化应急措施，完善治污截污备用设施，一旦治污设施发生故障，确保备用设施能够发挥作用，对突发的环境事件，要做到第一时间响应，第一时间处置，设想到位，处置到位，消除污染到位。

同时，各级环保部门要根据预案，切实加强应急力量建设和装备保障，健全和完善应急响应机制，自2008年7月1日开始，要做到每天24小时待命，做到通讯、交通、监测等装备完好，应急队伍能够随时处置各种环境突发事件，要强化应急报告制度。对于突发环境事件，各地要按要求迅速报告，及时启动应急预案，并采取有效措施进行妥善处置，杜绝瞒报、迟报、漏报行为。

2007年3月，中广核集团与河北省政府签订了《合作建设核电项目框架协议》，《河北核电项目规划选址报告》也通过了专家评审。核电厂建设加速，相应的核燃料需求增加、放射性废物增加，铀矿开采、核燃料循环及放射性物质运输量也都会相应增多，各个环节的监管都需要加强。同时随着核技术在工业、农业、科学和医疗等领域的广泛应用，放射源用户正以年均15%的速度增长，预计放射源定货量以年均20%的速度增加，放射源的使用必须做到严格监管、安全处置。

为了加强对全省核设施、核技术应用和辐射污染防护、放射性废物的统一监管，根据《行政许可法》的有关规定，河北省编办于2006年6月批准省环保局成立核安全管理处（挂辐射安全管理处牌子）。2008年前已完成1 699家企业的伴生放射性污染源普查监测工作，为下一步放射性核素分析、确定伴生放射性污染源打下了基础。

2009年12月在石家庄举办了“国家核技术利用辐射安全监管系统”使用培训班。2009年9月10—25日对重点辐射工作单位进行了执法检查。2009年全省辐射环境常规监测表明，全省陆地γ辐射剂量率为54.0～75.6纳戈/时，平均值为64.8纳戈/时，环境γ辐射水平与1983—1990年全国环境天然放射性水平调查的监测值相比，无显著升高，维持本底水平；土壤放射性核素和空气气溶胶总α、总β放射性水平监测表明，未发现人工放射性核素污染。环境中电磁辐射污染源数量增长较快，电磁辐射环境质量总体上保持稳定，满足国家相关电磁辐射环境保护规定。

2010年10月19—21日，河北省辐射环境管理站在唐山遵化市组织举行了全省γ辐射空气吸收剂量率培训测量比对活动，全省11个设区市环境保护局和扩权县迁安市环境保护局的辐射环境监测人员约50余人参加了培训比对。

为了解决河北省面临的问题，一是建议加快环保地方立法。为适应当前的环境保护和污染减排工作，建议省人大抓紧制定《河北省环境影响评价条例》、《河北省辐射环境保护条例》。二是建议充实加强环境监测、统计力量。国务院批转的主要污染物总量减排统计办法、监测办法和考核办法，对环境统计和监测工作提出了具体任务要求。当前河北省环境监测、统计工作基础比较薄弱，不适应减排管理工作需要，突出表现在统计、监测人员偏少，力量不足。如省环境监测站现有编制56人，远低于国家环境监测标准化规定的100人的下限标准，省环保部门专职环境统计人员2人，少于国家要求配备8人的最低标准。要加强省环境统计、监测人员力量。

第三节　电磁污染防治

1997年原国家环保局颁布了《电磁辐射环境保护管理办法》，对此2000年12月河北省政府以政府令的形式出台了《河北省电磁辐射环境保护管理办法》。该办法规定电磁辐射是指广播电视设施、无线通信设施和雷达等在信息传递中的电磁波发射，高压送变电设施、电气化铁路在运行中产生的电磁辐射，以及工业、科学、医疗设备应用中的电磁辐射；对电磁辐射建设项目的新建、改建、扩建和电磁辐射设备的安装使用，做了具体详细规定。2008年，省环保厅起草了《河北省辐射环境保护条例》（草案），并配合省人大完成了立法调研工作。

随着国民经济的快速发展，高压输变电和移动通信网络工程项目的快速上马，由此带来的电磁辐射环境安全问题逐渐被人们认识，电磁辐射环境保护的重要性也越来越突出。近几年的环境公报显示，河北省电磁辐射环境质量总体上保持稳定，满足国家相关电磁辐射环境保护规定。2008年全省工作重点是继续开展辐射安全监管执法检查，进一步强化对放射性同位素从生产、销售、使用、转移到最终处置的全过程监管，在年底前完成全省辐射安全许可证的合法工作，确保全省辐射环境安全。按期完成电磁辐射设备设施申报登记，严格电磁辐射建设项目环境管理，着力解决电磁辐射扰民问题。

第四节　光、热等辐射污染防治

当光辐射过量时，对人们的生活、工作环境以及人体健康产生不利影响，称为光污染。狭义的光污染指已形成的良好的照明环境，由于逸散光而产生被损害的状况，又由于这种损害的状况而产生的有害影响。

广义的光污染指由人工光源导致的违背人的生理与心理需求或有损于生理与心理健康的现象。

工农业生产和人类生活中排放出的废热造成的环境热化，损害环境质量，进而又影响人类生产、生活的一种增温的效应称为热污染。

这两种辐射污染的防治工作在河北省刚刚起步，还有许多问题需要进一步解决。

第六章　农业污染防治

第一节　农村环境污染防治

随着农村经济的发展，农村环境污染问题也日益突出。农村环境的好坏，不仅直接影响到广大农民的身心健康和生活质量的改善，而且也关系到建设小康社会战略目标的实现，关系到农村的可持续发展和国家大局的稳定。因此，对环境问题突出的村庄开展农村环境综合整治，解决农村环境问题，不仅十分必要，也是摆在当前各级政府面前的一项紧迫任务。

早在“六五”期间，原国家环保局把河北省的景县董庄列为北方半干旱地区的农业环境保护试点，该省抓住这一典型，在全省推广，先后在涞水县的魏村、黄骅县的孔家店、沧县的舍女寺、沽源县的丰拉山、唐县的昌屯无公害蔬菜生产点等地建立不同类型的生态农业典型。多年来，河北全省继续加强生态农业试点建设，促进无公害生产和农业废弃物、农村垃圾的转化利用。目前，全省已建生态农业试点市、县 27 个，试点村、乡 400 余个，试点总面积达三万多平方公里。全省完成无公害蔬菜环境评价 376 万亩，累计环评面积 690 万亩。各县积极开展秸秆综合利用，有效地利用了农业资源，基本上解决了露天焚烧秸秆的问题，进一步推动了农业废弃物资源转化利用和农业结构调整。2002 年全省秸秆综合利用率达 80%，个别地方达 100%，完成秸秆机械化还田接近 230 万公顷，秸秆覆盖、堆沤还田 146 万公顷，栽培食用菌 14.67 万公顷。

为加强农业环境保护，防治农业环境污染，保证农产品质量和人体健康，实现农业可持续发展，根据《中华人民共和国环境保护法》、《中华人民共和国农业法》和其他有关法律、法规的规定，结合该省实际，河北省于 1996 年 9 月公布《河北省农业环境保护条例》，2002 年对其进行了修订。为了贯彻落实《国务院转发国家环境保护部等部门关于加强农村环境保护工作意见的通知》（国办发[2007]63 号）精神，河北省环境保护厅（原河北省环境保护局）报请省政府印发了《关于加强农村环境保护工作的通知》（冀政办[2008]5 号）对农村面源污染、畜禽养殖污染等农村存在的突出环境问题明确了各部门责任，提出了工作目标和措施。

一、加强农村饮用水水源地环境保护

科学划定集中饮用水水源保护区，明确保护目标和管理责任；加强对饮用水水源地的水质环境监测和卫生监测，及时掌握水质变化情况，采取有效措施，保障农村饮用水达到卫生标准，防止污染事故发生；在保护区范围内设置标志牌，建设隔离防护工程，坚决依法取缔保护区内的排污口；制定饮用水水源保护区污染事故应急预案，强化水污染事故的预防和应急处理。开展地下水水功能区划，加强地下水污染调查，及时掌握农村饮用水水源环境状况，确保地下水环境质量。

二、推进农村生活污染治理

加快县城污水处理厂建设步伐，同步完善配套管网，将城镇周边村镇的污水纳入污水收集管网。有条件的镇和规模较大的村庄应建设污水集中处理设施，居住分散、经济条件较差的村庄的生活污水，可采取分散式、低成本、易管理的方式处理。提高垃圾、粪便的无害化处理水平。加快县城生活垃圾处理场建设步伐，推广户分类、村收集、乡运输、县处理的垃圾处理方式。以县城和中心镇为中心，联合周边村庄推进区域性垃圾集运和集中处理。建立健全环境卫生管理长效机制，搞好“一队”（村卫生清扫队）、“一池”（垃圾池）、“一车”（垃圾清运车）、“一站”（垃圾转运站）、“一制度”（卫生保洁制度）建设。按照国家农村户厕卫生标准，推广无害化卫生厕所。通过清垃圾、清路障、清杂院和硬化道路、净化街院、绿化村庄，逐步改变农村容貌环境。发展农村户用沼气，推广沼气池、畜禽舍、厕所、日光温室“四位一体”能源生态模式，推行秸秆气化、秸秆发电等建设。强化农村土地集约节约利用，大力推进空心村、城中村改造和砖瓦窑整治步伐。

三、控制农村地区工业污染

调整优化农村工业产业布局，推进分散的工业企业进园入区。加强对农村工业企业的监督管理，严格执行污染物达标排放和排放总量控制制度。按照国家产业政策和环保标准，淘汰污染严重和落后的生产项目、工艺、设备，防止“十五小”和“新五小”等企业在农村地区死灰复燃。发展县域经济要选择适合本地资源优势和环境容量的特色产业，防止城市污染向农村地区转移。加强对入海河流上游工业废水排放的综合治理，防止工业废水废物污染农田和水产养殖池塘。

四、加强畜禽、水产养殖污染防治

科学划定畜禽饲养区域，改变人畜混居和家禽家畜散放现象。鼓励建设生态养殖场和健康养殖示范小区，通过发展沼气、生产有机肥和无害化畜禽粪便还田等综合利用方式，实现养殖废弃物的减量化、资源化、无害化。重点治理规模化畜禽养殖污染，对不能达标排放的规模化畜禽养殖场实行限期治理等措施。开展水域养殖容量调查，根据水体承载能力，科学确定水库、湖泊网箱养殖规模。推行生态、健康养殖模式，加强水产养殖监管，限制在饮用水水源地水库从事吃食性鱼类的网箱、围栏养殖，禁止向饮用水水源地水库投放化肥和动物性饲料。

五、防治农业面源污染和土壤污染

在做好农业污染源普查工作的基础上，着力提高农业面源污染的监测能力。大力推广测土配方施肥技术，积极引导农民科学施肥。鼓励农民使用生物农药或高效、低毒、低残留农药，推广病虫草害综合防治、生物防治和精准施药等技术。进行种植业结构调整与布局优化，在高污染风险区优先种植需肥量低、环境效益突出的农作物。推行田间合理灌排，发展节水农业。发展秸秆还田等资源综合利用技术，禁止露天焚烧农作物秸秆。

做好土壤污染状况调查，查清土壤污染现状，研究建立土壤环境质量监管体系。开展污染土壤修复试点，加强对主要农产品产地、污灌区、工矿废弃地等区域的土壤污染监测和修复示范。积极发展生态农业、有机农业，加强农用水质管理，严格控制主要粮食产地和蔬菜基地的污水灌溉，确保农产品质量安全。

六、加强农村自然生态保护工作

坚持生态保护与治理并重，加强对矿产、水利、旅游、木材产品加工等资源开发活动的监管，努力遏制新的人为生态破坏。加强矿山生态保护，积极开展矿山生态监察工作，针对矿山、取土采石场等资源开发区、地质灾害毁弃地和塌陷地、大型项目建设区，实施矿山生态恢复工程。搞好地质灾害防治工作，保障人民群众生命财产安全。

加大自然保护区、重要生态功能保护区的建设和保护力度，改善农村地区生态环境质量。坚决制止新的草原开垦，严格控制农牧交错等生态脆弱地区的开发建设活动，防止草原沙化和水土流失。加强外来入侵物种、转基因生物和病原微生物的环境安全管理，严格控制外来物种在农村的引进和推广，保护农村地区生物多样性。

七、开展生态系列创建活动

以卫生村、镇创建为基础，积极开展生态县（市、区）、环境优美城镇、生态村等创建活动。各地编制的生态县（市、区）规划和城镇环境规划，在报经当地政府批准和人大审议通过后认真组织实施。对不符合生态县（市、区）规划和城镇环境规划的工业园区和建设项目，不予办理环保、土地利用等有关手续。对污染和破坏农村生态环境的项目，严把土地审批关。以生态县（市、区）规划为指导，大力实施循环农业行动计划，编制循环农业规划，开展生态种养殖示范区（场）创建，促进农业节能减排。

省政府出台了《关于转发落实“以奖促治”政策加快解决农村突出环境问题的实施意见》，编制完成了《河北省农村环境综合整治规划（2009—2015 年）》，组织实施了“百乡千村”环境综合整治三年行动计划，优先选择位于环境敏感区和重点区域的 1 000 个行政村作为试点，集中实施了环境综合整治。在重点整治的基础上，通过示范引领和带动，全面深化了农村环境污染防治工作。2009 年，会同财政部门争取国家 2009 年中央农村环保资金项目 41 个，累计资金达 3 835 万元。

第二节　土地保护与整治

土地是人类社会赖以生存和发展的物质基础，而耕地又是农业基本生产资料。当前，我们正面临着人口日益增多、各项建设对土地需求增大和新地不断减少的三大压力。据统计资料反映，1953—1996 年 43 年间，河北全省耕地减少 114.64 万公顷，年均减少 2.67 万公顷，同期全省人口增加 3 141 万人，年均增加 73 万人，人均耕地已由新中国成立初期的 0.235 公顷下降到目前的 0.1 公顷，人均减少 0.135 公顷。全省有 17 个县、市、区人均耕地低于 0.067 公顷。随着经济的发展，河北全省人口在 21 世纪初，即近几年以每年 45 万人左右的速度增长，大中型重点建设项目不可避免地还要占用一定数量的耕地，同时该省土地资源开发利用历史悠久，后备土地资源已严重不足。据调查，全省可开垦为耕地的后备土地资源仅 17.74 万公顷且大多为沙荒地、盐碱地、荒山荒草地，土地质量整体水平不高且开发障碍因素多，开发难度大，难以弥补耕地减少对生产能力的损失，人地矛盾不断加剧。因此，土地利用存在的主要问题体现在：耕地减少过快，人地矛盾日益突出；耕地质量偏低，浪费和破坏土地现象依然存在；城镇、村庄用地超标，不少城市盲目外延；土地利用不够充分，土地生产率低。

针对这些问题，河北省积极采取多种举措合理调整土地利用结构，科学安排各业用地规模与布局，加强土地生态环境保护建设，实现土地资源的充分、科学利用和优化配置，为国民经济持续、稳定、协调发展提供良好的土地条件。先后制订并发布了《河北省土地管理条例》（1987 年发布，经过 1990 年、1997 年、1999 年、2002 年、2005 年五次修正）、《河北省基本农田保护条例》（1993 年发布，2003 年修订）、《河北省农村土地承包管理条例》（1999 年）等多项法规条例。2010 年 7 月 3 日，国务院批准了《河北省土地利用总体规划（2006—2020 年）》。该规划是当前和今后一个时期河北省落实最严格土地管理制度，引导全社会合理利用土地资源的纲领性文件；是实施土地宏观调控和土地用途管制的重要手段；是城乡建设和指导市、县、乡三级编制相应土地利用总体规划的重要依据。

土壤污染状况调查是原国家环保总局开展的一项重要工作。2006 年，河北省全面启动了土壤污染状况调查工作，成立了土壤污染现状调查工作领导小组和领导小组办公室，负责组织指导全省土壤污染状况调查工作。编写完成了《河北省土壤污染状况调查实施方案》，并于 12 月通过了原国家环保总局组织的专家论证。全省共布设了普查点位 2 773 个，“七五”背景点位 148 个（含 20 个主剖面），在 13 类重点区域上布设点位 2 069 个，共计 4 990 个调查点位，基本覆盖了全省各类土地利用类型和污染类型。目前，全省普查区域、重点区域、背景点的 37 个专题的野外采样工作全部完成。无机样品分析工作已完成，有机样品分析工作完成 70%，以具备土壤样品分析数据 4 万多个。

河北省地貌类型复杂多样，区域气候与土地利用差异显著，土地生态环境脆弱，沙化土地面积占全省土地总面积的 14.5%，水土流失面积占全省山区土地总面积的 55.45%，草场退化面积占可利用草场面积的 53%，土地盐碱、污染等问题都比较突出。再加上河北省地处京津上游，是风沙危害进入京津的必然通道，加强土地生态环境建设对保障京津冀生态安全具有重要作用。20 世纪 80 年代以来，河北省先后实施了太行山绿化工程、平原绿化农田防护林工程、首都周围绿化工程、沿海防护林工程、治沙和省会周围绿化六大骨干工程，创造了太行山的“生态经济沟”、燕山的“围山转”、坝上的“林草间作”和“饲料薪炭林”等林业综合开发模式。到 20 世纪 90 年代末，该省累计治理水土流失面积 4.5 千米^2，造林 61.33 万公顷，种草面积达 11.8 万公顷，改良退化草场 2.2 万公顷，围栏封育 31.6 万公顷，植被覆盖度由建设前的 30%提高到 80%以上。要贯彻以预防为主、全面规划、生态综合防治、因地制宜的方针，建设河北省水土流失综合防治体系，形成以防止水土流失为中心的生态工程。

第三节　乡镇企业污染防治

随着农村城市化进程的加快，乡镇企业的迅速发展，并且以小型工矿和乡镇企业为主的经济区域会越来越多。首先，这些企业中相当一部分属于效益较差、能耗较大、环境污染严重的企业。并且企业技术含量低，尤以造纸、纺织、煤炭、非金属矿制品、化工及食品加工业为主。其中，造纸业的废水排放量占总排放量的44.9%。其次，乡镇企业领导和职工的环境意识淡薄，整体环境管理水平落后，工业布局不合理。使其环境呈现出脏、乱、差的局面，流经乡镇企业区域的河流水质往往较差。并且，由于乡镇企业设备陈旧、技术落后，多采用土法生产，直接污染严重。往往是一家小造纸厂、小印染厂污染一条河，一个小冶炼厂、小采选厂毁掉一座山。

河北省环境保护厅（原河北省环保局）于 1988 年 9 月发布了《河北省乡镇、街道企业环境保护管理实施办法》。为认真贯彻落实《中共中央、国务院关于促进小城镇健康发展的若干意见》（中发[2000]11 号）和《中共河北省委、河北省人民政府关于 2000 至 2002 年城市与小城镇建设的指导意见》（冀字[2000]26 号），切实加强小城镇发展中的环境保护工作，促进河北省小城镇的可持续发展，河北省原环境保护局、河北省建设厅于 2001 年 2 月印发了《加强小城镇发展中环境保护工作的意见》（冀环[2001]1 号）。

对于蓬勃发展起来的乡镇企业，政府和有关部门要统一规划、合理布局、综合治理，并将这些措施与乡镇企业产业结构的调整以及区域布局结合起来。对乡镇企业带来的污染物集中处理，也就是要因地制宜地建设城镇污水处理设施和污水处理厂。在这些活动中，政府的引导和督促将起到关键性的作用，因为企业不会主动为环保去考虑布局，更不会主动投入太多的环保资金，这就要求政府在合理规划乡镇企业布局和城镇建设布局的同时，加大对环保的投入。发达国家的环境保护经验表明，要控制水环境恶化的趋势，环保投入要达到 GDP 的 1.5%，要使环境改善则须达到 GDP 的 2.5%。而我国目前乡镇企业的环保投入仅达到 GDP 的 0.1%，与水环境的保持与改善要求的投入标准差距太大。在合理规划乡镇企业的同时，政府还要注重小城镇建设规划。应制定有利于水环境污染防治的经济技术政策及能源政策。鼓励发展对水环境无污染、少污染的行业和产品，提倡水资源的循环利用，推动工业清洁生产和生态农业的进程。有机地把发展乡镇企业和小城镇建设结合起来。

第七章　突发环境事件应对

第一节　组织机构及能力建设

2004 年原国家环保总局接到 67 起环境突发事件，2005 年 11 月 13 日突发松花江水污染事件，国家开始重视对突发环境事件应急机制的建立工作。2006 年 1 月 24 日国务院印发《国家突发环境事件应急预案》，在此之前河北省也发生了秦皇岛海上油轮爆炸起火、辛集化肥厂氨气泄漏等环境突发性事件，2007 年 2 月，河北省政府发布实施了《河北省突发环境事件应急预案》。

河北省环境应急工作，按照省政府制定的《突发环境事件应急预案》，省环保局成立了以局长为组长的环境应急工作领导小组，多次专题研究环境安全和应急能力建设问题。11 个设区市也成立了相应的环境应急组织领导机构。省环保局建立了以环境监察局、环境监测中心站、辐射管理站为主要力量的环境应急救援队伍和以环境科学院、环境应急专家为主要力量的技术支撑队伍。在河北省环境监察局设立了环境应急中心，健全了相应的全省环境应急组织机构，实行了分级负责、全力保障、一把手负总责的环境应急管理体系。同时，省级环境应急指挥、救援、监测和应急专家库等环境应急反应体系基本建成，全省 150 多家重点监控企业制定了突发环境事件应急预案，提高了应对突发环境事件的能力。

完善了应急预案，规范了管理，排除隐患成效明显。河北省环境保护局组织指导 11 个设区市制定了《突发环境事件应急预案》，建立了实际突发环境事件应急体系，在全省范围内对 77 家存在环境安全隐患的企业进行了排查，对各企业进行现场检查，指导企业制定了环境突发事件应急预案。对存在环境安全隐患的新建项目，要求制定环境安全应急预案，否则不予审批；对老污染企业要求补建应急设施，并监督落实，否则不予验收；对存在环境安全隐患的企业实行重点督察、挂牌督办、限期整改、停产治理等有效措施，避免了污染事故的发生。

畅通应急信息渠道，建立应急指挥网络。2007 年 3 月和 5 月，河北省环境保护局分别印发了《关于加强环境应急工作的通知》和《关于开展环境安全隐患排查的紧急通知》，加强环境应急工作的组织领导和突发环境事件的预防预警工作；对辖区内化工、石化、化肥、医药等各类化工企业以及危险化学品和放射源的使用、储存、运输等环节存在的环境安全隐患进行检查，督导企业建立、完善应急预案，完善各项防范环境污染的措施。省环保局昼夜值班，各市环保局实行 24 小时质保制度，负责环境应急工作的领导和工作人员保持不间断联系，“12369”环境举报热线 24 小时保持畅通，环保部门在 2 小时内到达事故发生现场。通过对突发环境事件的统计分析，造成突发环境事件的因素主要有交通事故、化工企业和设计化学品企业由于安全生产事故引发的环境事故、人为因素造成的事件，因擅自开工、操作不当引起污染物排放而引发群众集中发生事件等。为更好地应对环境突发事件，提高河北省环境保护局应对环境突发事件的能力，2007 年，省环保局购置、改装了环境应急救援指挥车，并在原国家环保总局举办的“松花江流域污染应急演练”中进行了展示。

规范环境应急管理，强化应急演练。2007 年 8 月，省环保局印发了《关于加强省级环境安全重点监控企业环境应急管理的通知》，督察企业加强应急队伍建设和各项基础建设，加强汛期选矿企业的环境监管，排查选矿企业环境安全隐患，杜绝污染事故的发生；健全应急值守制度和突发事件信息接报应急处置程序，强化信息报告制度。2007 年 8 月 6 日、10 月 26 日，秦皇岛市和石家庄市环境保护局分别举行了突发环境事件应急演练，检验了环保系统处置突发环境事件的组织协调能力、现场处置能力和突发环境事件应急预案的实用性、可操作性，收到了较好的效果。衡水市、迁安市和邯郸市环境保护局也针对辖区企业和环境隐患特点，分别进行了应急演练和应急业务培训。

组织开展了环境安全和专业培训。按照河北省政府和原国家环保总局对环境安全管理工作的要求，省环保局将环境安全的宣传、培训，强化公众的环境忧患意识和应急人员的能力培训作为2007年的工作重点，全省 11 个设区市共 23 人参加了应急专业培训。

随着工业化进程加快，农业环境污染事件逐渐增多，为最大限度维护广大农民的利益，促进农业可持续发展，近年来加强了依法调查和处理工作，并按照农业部和省政府要求，2007 年，制定出台了《河北省农业生态环境污染突发事件应急预案》，为处理河北省农业生态突发事件和农业污染事故提供了依据及保障。

为做好辐射事故应急准备与相应工作，确保发生辐射事故时，能够准确掌握情况、分析评价并作出正确决策，按事故等级及时采取必要和适当的相应行动，2007 年 9 月 30 日，省环保局根据《国家环保总局辐射事故应急预案》、《河北省突发环境事件应急预案》的有关规定，制定完善了《河北省环境保护局辐射事故应急预案》。该预案共分七个章节，明确了辐射事故应急组织与职责，设立了应急指挥领导小组和辐射事故应急办公室。明确规定了应急指挥领导小组负责审批河北省环保局辐射事故应急预案，决定河北省环保局辐射事故应急的启动和终止，指挥和协调河北省辐射事故应急组织体系中各部门的应急准备和相应行动，指导或指挥设区市级环保部门的辐射事故应急工作，组织对由省环保局颁发辐射安全许可证的辐射事故责任单位的应急行动和事故处理措施进行监督和评价，审定向省政府提交的辐射事故报告，根据省政府授权，负责发布辐射事故的新闻和信息等相关职责和要求。2007年省环保局组织开展了为期半年的全省辐射安全监管执法检查行动，有效消除了安全隐患；首次全面开展了国控点辐射环境质量监测工作，初步建立了全省辐射环境监测网络；修改完善了《河北省辐射污染防治条例（草案）》，制定出台了《辐射安全许可证申请办理程序》等一系列规范性文件，加强了地方立法和规章建设。

2008年河北省环保局投资230余万元购置、改装了环境应急救援指挥车，现已投放使用。三年来全省投入了1.2亿元加强环境监测能力建设，省、市、县环境监测网络初步建成，省市两级的环境监测网络得到完善，15个扩权县形成初步的环境质量监测能力，全省污染应急监测车、气质联机、空气自动系统和水质自动系统不断补充，现有在用大型仪器设备730台（套）。11个设区市和6个县级市建成了55 套环境空气自动监测系统，在省市界和饮用水水源地建成了 20 个水质自动监测站。环境监测领域不断拓展。从常规的水气声监测，拓展到室内环境监测、机动车尾气监测、装饰材料检测；环境监测与环境管理的关系日益密切，在环境应急事件调查处置、污染源普查、土壤调查、污染源减排以及各类环保专项活动中，环境监测工作都发挥了重要技术支撑作用。大力开展了辐射工作人员岗位培训和辐射监管人员业务培训工作，提高了辐射安全监管队伍和从业人员的整体素质；扎实推进了电磁辐射设备申报登记和伴生矿放射性污染普查工作；河北省城市放射性废物库建设取得了阶段性成果。

第二节　风险源的情况

2006年，全省共出动环保执法人员2.3万人次，排查企业1.3万家，对存在重大隐患的违法企业实施限期整改、关停和取缔，有效地预防了突发环境事件的发生。2009 年，河北省加大了辐射安全管理力度，确定了 500 名辐射安全监督员，收贮废旧放射源 1 600 余枚，极大消除了安全隐患，国家督导组高度评价了该省环保专项行动。根据河北省第一次污染源调查情况统计，河北省电磁辐射设备共 936 台（套），其中在用的 923 台（套），未用的 13 台（套）；含放射源的装置共 4 933 台（套），在用的 4 686 台（套），未用的 247 台（套）；射线装置共 3 466 台（套），在用的 3 349 台（套），未用的 117 台（套）。

针对辐射安全的特殊性，2007 年，张家口市制定了《全市开展辐射安全监管执法检查行动实施方案》，开展了辐射安全监管执法检查活动。全市共有使用放射源的单位 33 个，其中有密封源的单位 27 个，非密封源的单位 6 个，涉及 13 个县（区）；共有 ^{241}Am 等 9 种放射源 588 枚，其中密封放射源 579 枚，非密封放射源 9 枚。使用 X 射线装置的单位共计 187 家，X 射线装置 345 台，其中工业使用 X 射线装置的单位有 8 家，工业用 X 射线探伤机 21 台，医疗使用 X 射线装置的单位 174 家，医用Ⅱ类 X 射线装置 14 台，医用Ⅲ类 X 射线装置 305 台，车站使用 X 射线装置的单位 5 家，未计量 X 射线行李检查仪 5 台。

邢台市通过辐射安全监管执法检查，市人民医院、清河等八个县的 12 家医院的放射源和射线装置共 99 个，其中一类放射源 14 个。

同年，石家庄市也加强放射源管理工作。根据国家及河北省环保厅的要求，对石家庄市的辐射工作单位进行了认真检查，特别是对放射预案工作单位进行重点检查。2008 年，共检查了 127 个单位，1 298 个放射源，通过检查摸清了底数和放射源使用基本情况，为消除事故隐患，加大了对限制废气放射源的收缴力度，共 126 枚，对 2 枚限制多年的 1 类预案，纳入监管，建立健全全市放射源档案。

废物库扩建工程是环保部和省环保厅的一项重点工作，厅领导非常重视，多次召开专题会议进行研究部署。截至 2009 年底，废物库库区工程和配套实验室工程已经完工，实验室通风设备、库区通风及动力传输设备已安装到位，实验室配备的 20 多台（套）辐射监测及应急设备也已到位。2009 年 11 月 15 日，放射性废物库和配套实验室两个单体工程通过了鹿泉市质检站组织的工程质量综合验收。放射性废物库库区分为废源区和废物区，废源区库坑 27 个，废物区库坑 2 个，存贮坑总计 29 个。

第三节　突发环境事件应急处置

为规范环境应急监测行为，出台了《河北省环境监测中心站突发环境污染事件应急监测预案》。2007 年 9 月，在全省监测站长工作研讨会上对该预案进行了宣传和贯彻。其中对应急监测预案的启动程序，领导小组、专业监测小组、后勤保障小组的构成及职责作了详细的规定，制定了《河北省突发性环境污染事故应急监测技术规定》，使应急监测工作有章可循。

2007 年，河北省先后发生白洋淀死鱼事件、大沙河煤焦油泄漏事件、赤城尾矿垮塌事件等重大突发环境事件。面对严峻的考研，该省做到了快速反应，在第一时间赶赴现场，积极协调，配合有关市县政府采取果断措施，及时控制事态发展，最大限度降低了污染损失，保证了广大人民群众生命财产安全，全力维护了社会稳定。

2007 年 5 月和 7 月，省、市环境监测中心站参加了沧州大化 TDI 爆炸及秦皇岛洋河水库蓝藻污染事故应急监测。省及有关市监测站即刻启动应急监测预案，赶赴事故现场布点采样，每 10 分钟报一次监测数据，连续监测，直到监测数据正常，为妥善处理突发污染事件提供了强有力的技术保障，收到了良好效果。配合国家环境监测总站、沧州市环境监测中心站，在沧州大化 TDI 事故发生地下风向和达子店村布设了 3 个监测点，利用应急监测仪对可能产生的光气、总挥发性有机物、二氧化氮、二氧化硫、氯气进行了监测。同年积极稳妥地处理了保定顺平保琛建材有限公司放射源丢失等辐射事故和辐射举报信访案件。

2009 年，以辐射安全为生命线，狠抓执法监管工作，开展了“迎国庆 60 周年，保全省辐射安全”执法大检查。河北全省共检查辐射工作单位 820 家，下达整改要求 87 件。按照环保部门要求，从 9 月 1 日到 10 月 10 日，全省 800 多家放射源应用单位都签订了《国庆期间辐射安全工作承诺书》，落实了法人辐射安全责任制度、内部检查制度、值班、巡查和领导带班制度、每日向环保部门“零报告”制度，完善了应急预案。确保了国庆期间全省的辐射环境安全。

根据环保部辐射环境监测网国控点位建设工作安排，河北省截至 2009 年共优化布设了辐射环境监测国控点 26 个，其中：陆地辐射监测点 13 个（自动连续监测站点 1 个，常规陆地辐射监测点位 12 个），土壤监测点 7 个，水体监测点 2 个，电磁监测点 4 个。监测对象涉及空气、气溶胶、沉降物、土壤、水体以及广播电视塔和高压输变电工程，监测项目包括瞬时γ辐射空气吸收剂量率、γ辐射累积剂量、电磁场强度、总α、总β以及放射性核素等。全年共报送辐射环境监测数据 10 万多个。2009 年国庆期间，根据环境保护部要求，还实行了γ辐射连续监测系统日报制度，加强了数据的统计分析和会审，不断强化辐射环境质量监控。

为规范全省辐射环境监测工作开展，2009 年 4 月在石家庄举办了全省辐射环境监测仪器比对及技术培训会议，组织对各市配备的辐射监测仪器进行刻度比对，对各市辐射监测负责人及技术人员 30 多人进行了业务培训。通过开展比对培训，统一了监测规范，提高了市级辐射监测人员的技术水平。

第八章　清洁生产与循环经济

第一节　清洁生产

2001年以来，河北省环保厅（原环保局）积极宣传《中华人民共和国清洁生产促进法》，推广清洁生产政策。2006年河北省组建了“河北省清洁生产技术服务中心”，开展清洁生产审核工作，推广和规范该省清洁生产审核工作，之后又成立了“清洁生产与循环经济专业委员会”，专门从事清洁生产的咨询、审核、评估验收、课题研究以及参与标准制定等工作。该省积极开展清洁生产审核师的培训和管理，截至2010年8月全省共有1 000人取得了“清洁生产审核师培训合格证书”。通过推动和鼓励企业开展清洁生产审核，规范清洁生产咨询机构和审核专家，该省清洁生产和循环经济取得了良好的环境、经济和社会效益，为该省的“节能减排”作出了巨大贡献，使清洁生产和循环经济成为推动该省节能减排深入开展的“动力源”。特别是“十一五”期间，全省统一安排部署，清洁生产工作取得了良好的成效。

一、清洁生产政策

为了在全省范围内扎实推行清洁生产审核，河北省依据国家部门相关法规积极制定、出台政策，规范清洁生产审核程序，积极引导和鼓励企业开展清洁生产审核工作，完善评估管理，取得了卓越的成果，为环境的可持续发展提供了必要保障。

1．完善清洁生产评估验收管理

2001年河北省根据《关于开展清洁生产审计机构试点工作的通知》（环发[2001]154号）要求，在全省范围内启动了清洁生产审计机构的试点工作，由河北省环境科学研究院在环保部门和有关行业部门指导下对该省电力和煤气生产、供应和印刷行业部分单位进行了清洁生产审核，促进了清洁生产，提高了资源利用效率，减少和避免了污染物的产生，保护和改善了环境，保障了人体健康，促进了经济与社会可持续发展。

2003年《中华人民共和国清洁生产促进法》施行后，2004年河北省在11个区市选择各市环保局负责组织本辖区企业的清洁生产审核工作（冀环科[2004]136号），并在冶金、电力、化工、水泥、酿造、造纸、医药、印染8个行业中选择5～10家企业作为清洁生产审核试点单位，开展清洁生产审核工作，推广国家清洁生产政策，并认真贯彻落实《中华人民共和国清洁生产促进法》和全国人口、资源、环境会议精神，进一步推动河北省清洁生产工作的开展。同年，河北省环保厅（原河北省环保局）在邯郸市召开环保系统清洁生产工作座谈会，贯彻落实《清洁生产促进法》和相关管理文件，指导各市推动清洁生产，加强地方经验交流，推动该省清洁生产工作审核工作开展，确定河北冀衡化学股份有限公司等55家企业为河北省2004年度清洁生产审核试点单位（见表8-1）。

2007年河北省环保厅（原环保局）对2006年度清洁生产审核工作中周密组织、认真审核，取得显著经济效益和环境效益的河北西柏坡发电有限责任公司等32家企业进行表彰[《关于评选表彰2006年度清洁生产审核工作先进企业、先进单位和先进个人的通知》（冀环科[2007]67号）]，授予其“2006年度河北省清洁生产审核工作先进企业”称号，以此充分调动企业参与开展进行清洁生产审核的积极性。

表 8-1 河北省 2004 年度清洁生产审核试点单位

试点单位名称	试点单位名称	试点单位名称	试点单位名称
衡水市	石家庄市	沧州市	张家口市
河北冀衡化学股份有限公司 河北衡水老白干酿酒集团有限公司 美丽达股份有限公司 冀州市热电厂 邯郸集团衡水薄板有限责任公司	河北威远生物公司药业三厂 新乐国人啤酒有限公司 鹿泉市化鑫建材有限公司 石家庄宝石有限公司 河北兴华特种水泥有限公司	沧州大化集团股份公司 河北华煜化工有限公司 沧州沧井化工有限公司 沧州热电有限公司 中石化沧州炼油厂	金园黄金有限公司 长城葡萄酒公司 张家口发电厂 张家口制药集团 张家口宣化农药厂
邢台市	唐山市	保定市	秦皇岛市
河北邢台晶牛玻璃股份有限公司 河北兴泰发电有限责任公司 河北金牛能源股份有限公司水泥厂 河北金牛能源股份有限公司玻璃纤维分公司 上海复兴临西药业有限公司	唐山市国丰钢铁股份有限公司 河北津西钢铁股份有限公司 唐山市高压电磁有限公司 唐山三友集团化纤有限公司 唐山建龙实业有限公司	保定热电厂 保定天鹅化纤集团有限公司 保定风帆蓄电池有限公司 宝硕化工分公司（电化厂） 易县太行和益水泥有限公司	华夏葡萄酿酒有限公司 抚宁丰满造纸厂 恒力玻璃纤维有限公司 卢龙武山水泥有限公司 秦皇岛华瀛磷酸厂
廊坊市	承德市	邯郸市	
廊坊禾田生物化工有限公司 固安县恩康医药化工原料有限公司 天大天久科技公司霸州分公司 超尔固涂料（廊坊）有限公司 三河冀东水泥有限公司	万胜水泥有限责任公司 承钢连轧厂 克瑞特化工材料有限公司 滦平县三利水泥厂 承德九龙药业有限责任公司	码头铝业集团公司 邯郸制药厂 邯钢集团化肥有限公司 一五〇发电厂 太行水泥集团公司	

2009年该省继续针对省重点污染源企业开展清洁生产审核，对石家庄31家、承德市2家、张家口市22家、秦皇岛市4家、唐山市26家、廊坊市1家、保定市12家、沧州市9家、衡水市12家、邢台市15家和邯郸市18家，共152家省控（国控）重点工业企业继续开展清洁生产审核工作，并对2008年通过评估的企业进行验收。

2010年河北省政府组织开展全省工业企业对标行动，对标按照省政府《关于在全省工业企业开展对标行动的实施意见》（冀政[2010]58号）和环境保护厅《关于深入推进重点企业清洁生产的通知》（环发[2010]54号）要求开展工作。已颁布清洁生产标准的行业，污染减排依据国家已颁布清洁生产标准的企业，参照国家发改委发布的《行业清洁生产评价指标体系（试行）》进行对标；对既没有颁布清洁生产标准也没有评价指标体系可参照的企业，参照同行业整体水平做出对比评价。对属于强制性审核范围的企业，要实行强制性清洁生产审核，强力推进对标行动的开展。拟通过3至5年的努力，逐步缩小该省企业与国内外同行业环境保护与污染减排先进水平的差距，促进全省工业产业结构明显优化，环境保护与污染减排水平明显提升，经济效益明显改善。并对河北省重点企业实施清洁生产审核情况予以公布（见附表），要求省内各地认真落实国家和省相关规定，加强对重点企业实施清洁生产审核的监督管理。

2．严格规范清洁生产审核咨询机构

为认真贯彻《中华人民共和国清洁生产促进法》，落实环保部关于节能减排的有关精神，提高清洁生产审核质量，就加强省清洁生产审核的管理，保证清洁生产工作按时、保质完成，河北省政府组织发改委和环保厅等相关部门连续发文[《关于印发河北省2007年度清洁生产审核工作方案的通知》（冀发改环资[2006]431号）、《关于印发〈河北省清洁生产审核咨询服务机构考核（试行）办法〉的通知》（冀环科[2006]72

号）和《关于加强清洁生产审核质量管理的通知》（冀环办发[2007]79号）]通报2006和2007年度清洁生产工作开展现状，并对2007年度企业清洁生产审核验收，进一步规范了清洁生产的审核程序和制度，并对咨询服务机构进行了严格考核，保障了清洁生产审核质量。

2007年河北省在承德召开2007年度清洁生产工作现场会，落实《河北省2007年度清洁生产审核工作方案》，促进河北省清洁生产审核工作不断规范、深入地开展，实现节能、降耗、减污、增效的总体目标，充分发挥清洁生产在污染减排和建设沿海经济强省中的作用，省环科会成立了“清洁生产与循环经济专业委员会”。

2007年河北省在石家庄召开省重点企业清洁生产审核会议，取得了丰硕的成果。2007年为了规范清洁生产审核程序，河北省对清洁生产审核咨询服务机构进行了备案，分两批公布了清洁生产审核咨询服务机构名单，第一批25家，第二批11家。同时河北省将严肃处理清洁生产审核过程中出现的违规行为，并接受社会各界监督。并且出台政策规定，清洁生产审核咨询服务机构进行年审制，进一步规范了清洁生产审核。2007年河北省环保厅（原环保局）对在2006年度清洁生产审核咨询服务中认真踏实开展工作，并协助企业取得显著效果的河北众德环保科技有限公司等5家清洁生产审核咨询服务机构，授予“2006年度河北省清洁生产审核咨询服务先进机构”称号（冀环办发[2007]80号）。

2008年河北省环保厅（原环保局）公布了清洁生产审核咨询服务机构推荐名单，其中含有37家企业。截至2009年，河北省清洁生产审核咨询服务机构备案38家，其中A类咨询服务机构4家。

鉴于河北省目前需要进行清洁生产审核的企业较多，咨询服务机构少，难以满足审核要求，为了保证审核工作保质保量地顺利开展，根据《河北省清洁生产审核机构考核（试行）办法》，2010年省环保厅新增加的清洁生产审核咨询服务备案机构，共计9家，分别是：河北省可持续发展研究会、沧州市金桥安全环保咨询服务有限公司、河北惠泽环境工程技术有限公司、石家庄晶淼环境咨询有限公司、河北汇铭环境科技有限公司、石家庄慕田峪环境工程有限公司、河北师范大学资源与环境科学学院、海航认证咨询有限公司、中国环境管理干部学院。

贯彻党和国家有关环境保护的法律、法规和方针、政策，维护环境科技工作者的合法权益，促进清洁生产事业的健康发展，为建设和谐社会、保障人民健康作贡献，河北省环境科学学会清洁生产分会于 2010 年 11 月 29 日经河北省民政厅批准，依法登记成立，并于 2010 年 12 月 17 日在石家庄召开了第一次会员大会，会议选举产生了河北省环境科学学会清洁生产分会第一届会长、副会长和秘书长，白进杰高工当选为会长。协会的成立能切实解决河北省清洁生产实践中出现的各种问题，规范清洁生产审核技术咨询市场，做好行业自律，确保企业通过清洁生产审核取得实效。

3. 建立清洁生产专家库

根据《中华人民共和国清洁生产促进法》、《关于印发重点企业清洁生产审核程序的规定的通知》（环发[2005]151 号）和《关于进一步加强重点企业清洁生产审核工作的通知》（环发[2008]60 号），河北省公布了清洁生产专家库第一批 88 位专家名单，从技术层面上保障了清洁生产审核工作质量。

为促进清洁生产在河北省的推进，规范重点企业清洁生产审核评估验收活动，进一步落实环发[2010]54 号《关于深入推进重点企业清洁生产的通知》和冀环防[2010]384 号《关于进一步加强重点企业清洁生产审核工作的通知》精神要求，河北省环境科学学会制定并通过了清洁生产专家（库）管理办法——《河北省环境科学学会清洁生产专家（库）管理办法》，进一步完善了清洁生产专家库建设，实现了对专家库的动态更新。从而规范了清洁生产专家，保障了清洁生产审核过程的规范性、审核报告的真实性；企业污染防治措施、技术工艺路线和中高费方案的可行性和合理性以及清洁生产方案实施绩效的有效性。

二、清洁生产实例

1. 钢铁行业清洁生产实例

河北省钢铁行业主要产品产量已经连续 9 年位居全国各省之首，不断创造并刷新历史新高。从 2004 年到 2009 年，河北省粗钢、钢材和生铁产量分别从 5 641.39 亿吨、5 283.54 亿吨和 4 697.79 亿吨增长到 13 536.27 亿吨、15 134.47 亿吨和 13 084.86 亿吨，仅用 6 年时间河北省钢铁行业的主要产品产量就平均增长了约 2.7 倍。而在 2009 年全国钢铁行业步履维艰的情况下，河北省粗钢、钢材、生铁产量仍能均超 1 亿吨并保持两位数的同比增长率，分别高于全国 3.98、8.33 和 0.98 个百分点。可见河北省钢铁行业在全国发挥着举足轻重的作用。钢铁行业历来也是污染较大的行业，影响钢铁产品竞争力的很重要的因素在于价格，而降低产品耗能，提高能源利用率能在很大程度上降低产钢铁品的生产成本，从而使其具有成本上的竞争优势。为此河北省积极推动钢铁行业进行清洁生产审核，积极开展节能减排工作，加快节能工程建设，提高能源利用率。

如唐钢炼铁北区煤气利用新增发电能力工程，具体情况如下。

（1）工程概况。

唐山钢铁股份有限公司是国家重点钢铁联合企业，经过多年的改扩建，已建设成为一个工序配套、工艺合理的特大型钢铁联合企业。目前已拥有配套完善的烧结、炼铁、炼钢、轧钢、焦化、制氧等主体生产单位和机修、运输、建安、科研和设计等辅助单位，分为唐钢南区、唐钢北区和炼焦制气厂 3 个厂区，2006 年实现生产总值 260.52 亿元，利润 19.32 亿元，其中唐钢北区主要包括烧结和炼铁生产工序，2006 年年产烧结矿 712 万吨、铁水 532 万吨。

唐钢北区高炉炼铁副产高炉煤气除供现有用户消耗外，仍富余煤气量约 5 300 米^3/时，目前全部通过放散管点燃放散，造成一定的能源浪费。同时，根据唐山市城市煤气利用规划，将对城市煤气用户燃料结构进行调整，用气种类将由现状供应的焦炉煤气逐步置换为天然气，为充分利用以上富余的高炉煤气和焦炉煤气资源，唐山钢铁股份有限公司投资 5 987 万元，在唐钢北区内现有闲置场地建设本次煤气利用新增发电能力工程，项目实施后年发电量为 2×10^8 千瓦·时，外供电量 1.86×10^8 千瓦·时。

该工程位于唐钢北区厂区内，工程采取完善的环保措施。总投资 5 987 万元，环保投资 374 万元。

（2）工艺流程（见图 8-1）。

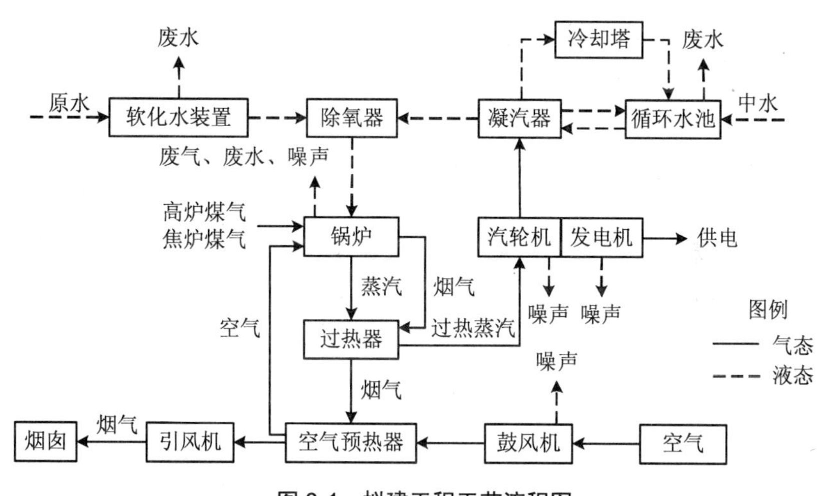

图 8-1　拟建工程工艺流程图

①煤气输送。

该工程锅炉燃气包括两部分，分别为目前点燃放散的高炉煤气和原供应唐山市区的城市民用焦炉煤气。北区内高炉炼铁产生的高炉煤气由重力除尘器和湿式除尘器净化后，通过厂区架空煤气干管送各用户使用，其中该工程燃气由输气干管上引出支管，经调压装置调压后分别引至锅炉燃烧器，在炉膛内与助燃风混合燃烧。其中燃用焦炉煤气由唐钢炼焦制气厂供应，直接利用现有炼焦制气厂至唐钢北区的焦炉煤气输送管道（原为北区煤气供应的备用管道）。焦炉煤气经管道输至锅炉燃烧器，在炉膛内与助燃风混合燃烧。

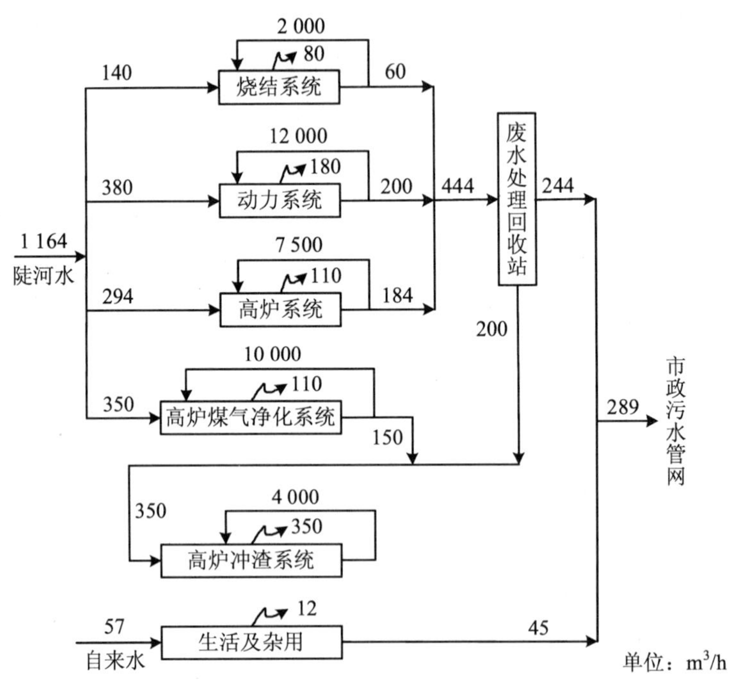

图 8-2　唐钢北区水量供应现状平衡图

②锅炉给水处理。

工程用水由唐钢北区现有供水管网供应，其中机组循环冷却水系统补水采用北废水处理站深度处理（采用混凝反应池+沉淀池+V 型过滤池制备工艺）后的中水，锅炉补水为化学水处理站供应的除盐水。拟建工程锅炉补水由现有动力厂化学水处理站供应，采用离子交换树脂制备工艺。

③蒸汽生产。

高炉煤气和焦炉煤气经管路从锅炉两侧送燃烧器，经喷嘴喷入锅炉膛内燃放出热量，燃烧所需空气由鼓风机供给，空气先经锅炉尾部预热器加热，再过热风管道将空气送入炉膛。煤气燃烧过程中产生的烟气经过热器、空气预热器由引风机抽出，最后进入 60 米烟囱外排，锅炉内水冷壁、对流管束吸收煤气燃烧放出的热量，产生饱和蒸汽，饱和蒸汽经过热器进一步吸收热量变为过热蒸汽，然后经主蒸汽管道进入汽轮机房。本工程主蒸汽系统为集中母管制运行，接自锅炉过热器出口联箱的主蒸汽管道与系统主蒸汽母管相连，再由其引出后接至汽轮机主气门，经自动主气门调节后进入汽轮发电机做功。

锅炉运行过程中需要定期排污，有一定量排污废水产生；鼓风机及引风机运行过程会产生噪声。

④发电。

来自蒸汽管道的过热蒸汽进入汽轮机膨胀做功，汽轮机带动发电机将机械能变为电能。汽轮机乏汽进入凝汽器凝结为凝结水，凝结水进入除氧器除氧后，再返回锅炉循环使用。

本工程主要污染源为锅炉烟气，锅炉、循环冷却水系统、软化水系统排污水，鼓风机、引风机、发电机、汽轮机、水泵等设备噪声。

（3）主要设备和运行条件。

①主要生产设备和技术经济指标。

主要生产设备见表 8-2，技术经济指标见表 8-3。

表 8-2　主要生产设备参数

序号	设备名称	型号	台（套）	序号	设备名称	型号	台（套）
1	锅炉	130 t/h	1	6	除氧器	YDQ-150	1
2	汽轮机	N25-3.43-2	1	7	循环水泵	KQSN450-M19/460	5
3	发电机	QFN25-2	1	8	给水泵	DG85-160	2
4	送风机	Q4-73$N_0$18D	2	9	机力通风冷却塔	φ8.53 m	1
5	引风机	Y4-73$N_0$22D	2	10	烟囱	*H*60 m　φ2.5 m	1

表 8-3 经济技术指标

序号	项目	单位	指标	序号	项目	单位	指标
1	总投资	万元	5 984	8	年节标煤量	t/a	80 089
2	单位千瓦投资	元/kW	2 394.8	9	锅炉额定蒸发量	t/h	130
3	年有效运行时间	h	8 000	10	汽机额定蒸气量	t/h	120
4	锅炉热效率	%	86	11	过热蒸汽压力	MPa	3.82
5	年发电量	万 kW·h	20 000	12	过热蒸汽温度	℃	450
6	年供电量	万 kW·h	18 600	13	厂用电率	%	9
7	高炉煤气单耗	$m^3/(kW·h)$	2.12	14	总占地面积	m^2	45 000
	焦炉煤气单耗	$m^3/(kW·h)$	0.33	15	厂区绿化率	%	20

②给排水。

工程实施后生产总用水量为采暖期 5 046 米^3/时（非采暖期 7 003 米^3/时），循环水量为 4 807 米^3/时（非采暖期 6 741 米^3/时），循环水利用率为 95.3%（非采暖期 96.3%），新水用量为 6 米^3/时（非采暖期 6 米^3/时）。

a．给水。

补水：该项目采暖期补水量为 129 米^3/时（非采暖期 152 米^3/时），包括中水和新水，其中中水由北区现有废水处理回收站深度处理后的中水供应，主要供应发电机组循环冷却系统补水，补充水量为 123 米^3/时（非采暖期 146 米^3/时），中水处理采用混凝反应池+沉淀池+V 型过滤池处理工艺，供应中水满足《城市污水再生利用工业用水水质》（GB/T 19923—2005）中循环冷却水系统补充水水质标准要求；新水用量为 6 米^3/时（非采暖期 6 米^3/时），主要供应化学水处理站补水，生产补充新水由北区内现有供水管网供应，来自陡河地表水。

循环水：本项目循环水分为设备冷却循环水和锅炉循环水。其中设备冷却循环水主要用作凝汽器、空冷器等设备间接冷却用水，循环水量为采暖期 4 807 米^3/时（非采暖期 6 米^3/时），为了消除循环冷却水系统冷却设备及管道内结垢，防止菌藻生长，本项目采用向水中投加水质稳定剂及缓蚀剂等，同时排放少量废水。锅炉循环水为蒸汽经汽轮机做功后乏汽，由凝汽器凝结成水，经除氧器除氧后循环使用，循环水量为采暖期 110 米^3/时（非采暖期 110 米^3/时）。

b．排水。

工程实施后生产废水产生量采暖期为 38 米^3/时（非采暖期 45 米^3/时），产生废水主要包括设备冷却循环水系统排污水、化学水处理站排污水和锅炉排污水，其中化学水处理站排水经中和池处理后全部用作高炉冲渣系统补水，替代其目前使用的部分新水。循环冷却水系统排污水及锅炉排污水经污水管道送北区废水处理回收站处理后全部回用，不外排。生活污水经化粪池处理后经厂区污水管道和其他生产废水排水混合后外排入市政管网，送唐山市北郊污水处理厂处理，该项目职工全部由唐钢北区内部调剂解决，生活设施依托现有设施，故拟建项目不增加生活用水量及排污水量。

③废水处理回收站。

唐钢北区内设有一座废水处理回收站，主要是为收集北区内产生的生产废水。厂区内产生的生产废水均通过地下污水管道送废水处理回收站澄清池内，经混凝沉淀处理后，用作系统补水，其余部分与经化粪池处理后的生活污水一并外排入市政污水管网，进北郊污水处理厂处理。厂区内废水处理目前采用混凝反应池+沉淀池处理工艺，废水处理能力为 500 米^3/时，目前实际回用水量为 200 米^3/时。该工程拟通过在后续增加套 V 型过滤池，将混凝沉淀后的中水通过过滤池进一步处理，处理后中水供应本工程及在建工程发电机组循环冷却系统补水，为此增加中水回用量 203 米^3/时。

④化学水处理站。

工程锅炉补水仍由唐钢北区动力厂内化学水处理站供应。现有化学水站采用阴阳离子交换除盐工艺，除盐系统工艺流程为：原水—阳离子交换器—除 CO_2 中间水箱—中间水泵—阴离子交换器除盐水箱—锅炉，出水水质为硬度≤3 微摩尔/升、二氧化硅≤100 微克/升、电导率≤5 微西/厘米，能满足余热锅炉补给水的要求。

⑤供热：拟建项目主控楼辅助间、循环水泵房值班间等设采暖系统，热源由北区内现有热力蒸汽管网供应。

唐山钢铁股份有限公司污染源已通过“一控双达标”验收，近几年建设生产设施也已完成环保“三同时”验收工作。根据河北省环境监测中心站和唐山市环境监测中心站近期对唐钢污染源的监测结果，并结合唐钢环保监测站日常监测资料，唐钢各类污染源均能达标排放。

唐钢厂区内生产设施均不属于《产业结构调整指导目录（2005 年）》中淘汰类设备，各生产设施技术装备水平均符合国家产业政策的要求。

（4）清洁生产。

该工程属资源综合利用项目，符合国家的产业及行业政策，该工程循环冷却水补水全部利用中水处理设施处理后的中水，不取用地下水，可有效减少新水用量，同时从工艺设备与全过程控制和节能降耗分析，该工程的建设均满足清洁生产的要求。

总之，唐山钢铁股份有限公司炼铁北区煤气利用新增发电能力工程属资源综合利用项目，符合国家产业政策要求，有利于公司清洁生产水平的提高；工程采取了完善的环保治理措施，可实现各类污染物的稳定达标排放，不会对周围环境产生明显影响。

2．制药行业清洁生产实例

河北省是我国重要的医药加工制造基地，拥有华北制药集团有限公司、石家庄制药集团、神威药业和以岭药业等众多大型制药企业。截至 2008 年底，全省规模以上入统制药企业共计 159 个，其中 31.45%的企业分布在石家庄，16.35%的企业分布在保定，其他分布在唐山、邯郸、廊坊、秦皇岛和张家口等地。产品种类主要包括化学原料药、化学药品制剂、生物生化药品、中成药等。其中化学原料药生产能力为每年60万吨，年实际产量为56.39万吨，占全国总量的51.74%，居全国第1位。

在化学原料药的生产中，河北省以抗生素生产为主，其主要产品有青霉素、土霉素、链霉素、头孢类抗生素等抗生素原料药16种，生产企业13家，年产抗生素原料药（含中间体）约4万吨，占全国总量的35%以上，其中青霉素产量1.616万吨，占全国产量的50.50%，土霉素产量1.418万吨，占全国产量的58.81%，链霉素产量1 349吨，占全国产量的70.60%。

目前，河北省制药行业废水治理涉及了包括生化、物化及化学方法在内的数十种单一处理工艺及组合工艺，主要以生化处理为主。由于制药废水大多是高浓度有机废水，单独使用好氧处理的不多，一般均采用厌氧-好氧、水解酸化-好氧等组合工艺，另还有物化法及化学法预处理、后续处理与生化处理相结合的组合工艺。

在制药行业中，化学合成药生产废气主要为生产工艺粉尘、工艺废气和挥发性有机物等气体。其中工艺废气主要有二氧化硫、硫化氢、氮氧化合物、卤化烃气体、氨气和有机烃类废气等，有害气味主要产生于各种易挥发性的原辅材料、挥发性有机物（Volatile Organic Compounds，VOCs）的无组织排放和废水处理过程产生的恶臭气体（如硫化氢）等。挥发性有机物含废气的污染防治问题逐渐受到重视，引进国外治理设备存在投资大、运行成本高的问题，国内传统工艺存在技术落后、运行不稳定、效率低的问题，因此亟待研究开发新的治理工艺。华北制药集团公司和石药集团公司以吸附和冷凝回收原理为基础，采用吸收塔和精馏塔联用新型吸附技术，在净化废气的同时，回收了大量的二氯甲烷和乙腈溶剂，使环保投入产生了较好的经济效益和社会效益。

河北省各类抗生素菌渣（含水 70%～85%）年产生量约为 35.686 万吨，占全国抗生素菌渣（110 万吨）的 32.44%。固废处理量为 2899 吨/年，固废利用量为 141296 吨/年；其中炉渣产生量为 59040.54 吨/年，炉渣利用量为 58982 吨/年；粉煤灰产生量为 4313 吨/年，粉煤灰利用量为 4309 吨/年；其他废物产生量为 64985 吨/年，利用量为 62445 吨/年。河北省土霉素年产量约为 1.3 万吨，其中，华北制药为 900 吨/年，华曙制药为 8000 吨/年，栾城大城圣雪公司为 2200 吨/年，邢台宁晋健民制药厂为 2000 吨/年，经处理后可作为饲料应用的滤渣为 2.4 万吨/年，而不经处理土霉素滤渣经检测土霉素残留在 0.3%左右，年产生湿料为 16 万多吨/年，水分含量在 85%左右，大量的滤渣若在地面上长期堆放会发霉粉化，严重污染环境，并占用大量土地。据悉，目前全国只有石家庄曙光饲料有限公司对土霉素滤渣进行了分解无公害化处理，去除了土霉素残留，又保留了蛋白质高含量的特性。河北省组织河北省固体废物污染控制与资源化工程中心（筹）积极开展化工制药过程典型废弃物（废菌丝体）的降解过程和机理研究，开发特征污染物降解及综合利用关键技术，形成典型清洁生产过程工艺。以石药集团清洁生产为例，2006 年以来，石药集团共提出 386 项清洁生产方案、196 项节能项目，合计投资 6000 多万元，项目实施后实现年节电 4000 万千瓦·时、年节蒸汽约 7 万吨、节水 80 万吨、节空气 20 万米^3，合计节约动力成本 3000 多万元，达到经济效益与环境效益的双赢。其在抗生素污水治理技术方面，居全行业领先水平。近几年来，通过加强环保培训和技术交流，石药集团共培养环保专业技术人才 300 余名，培养具有国家清洁生产审核资格的清洁生产审核师 60 余名。目前各子公司顺利完成清洁生产审核，并通过市环保局的验收审核。

第二节　循环经济

一、循环经济政策

2005年国务院发布《关于加快发展循环经济的若干意见》以来，河北省按照“减量化、再利用、资源化”的原则，统筹规划、示范带动、突出重点，从企业、产业（园区）、区域层面，积极推进循环经济发展。

河北省以国家实施宏观调控为契机，着力推进经济增长方式转变和循环经济发展，加大先进技术改造传统产业力度，促进传统产业新型化。通过大力调整优化产业结构，加快企业技术改造和加强管理，使得全省的资源利用效率有了较大提高，重点行业综合能耗水平有了一定下降，为全省进一步发展循环经济奠定了良好的产业基础。一是加快淘汰高耗能、重污染的落后生产能力，加强对氧化铝、电解铝、水泥等高耗能产业市场准入管理，实现企业的规模化、高起点发展。二是着力促进产业结构优化升级，全省重点耗能行业产品结构明显优化。省政府成立了工业经济结构调整专门机构，设立了结构调整专项资金，围绕改善质量、降低消耗、节约资源，支持重点行业和重点企业的重大项目和示范工程，推进产业结构优化升级。通过淘汰落后生产能力、实施产业结构升级等工作，全省重点耗能行业产品结构明显优化。为了全面完成“十一五”节能减排任务，河北创造性地实施了“双三十”节能减排示范工程。即选择30个重点县（市、区）和30家重点企业，对“双三十”单位逐个明确包括淘汰落后产能在内的各项目标任务，以点带面，实现突破。目前，“双三十”单位已累计关停各类落后产能1 532项，对推进河北省落后产能淘汰工作发挥了重要的示范带动作用。

2008年3月20日，省委、省政府通报了2008年度“双三十”单位节能减排目标考核结果。其中，4家为节能减排目标考核优秀单位，6

家为节能目标考核优秀单位，6 家为减排目标考核优秀单位，20 个重点县（市、区）和 18 家重点企业为节能减排目标考核完成单位。但是 2008 年度考核结果也显示，有 6 家未完成年度目标任务，分别是张家口市宣化区、兴隆县、霸州市、秦皇岛发电有限责任公司、河北邯峰发电有限责任公司、中国耀华玻璃集团公司。

2008 年度，"双三十"单位共完成节能减排项目 1 671 项，其中完成节能项目 338 项，年节能 309.12 万吨标准煤；完成减排工程项目 1 333 项，共削减化学需氧量、二氧化硫排放量 4.06 万吨和 6.66 万吨，分别占全省化学需氧量、二氧化硫减排量的 64.8%和 45.1%，与 2007 年相比，分别削减 21.5%和 11.5%。"双三十"单位在全省节能减排工作中发挥了重要的示范作用和引领作用，在调整结构、转变发展方式上产生了积极影响。其工作推进的主要特点是：减排工程项目强力推进。30 台燃煤机组新上脱硫设施，实现削减二氧化硫 1.96 万吨/年；新建成投运污水处理厂 15 座，日增污水处理能力 33.7 万吨，有 3 座已运行的污水处理厂通过扩大收水范围，提高日处理废水能力 2.9 万吨，总计实现化学需氧量削减能力 3.5 万吨/年；另有 10 座污水处理厂正在建设中，2009 年建成投运；新建成垃圾处理场 4 座，新增垃圾处理能力 87.24 万吨。产业结构调整力度不断加大。"双三十"单位共计淘汰 49 台烧结机（能力 2 200 万吨）、185 条玻璃生产线（能力 4 288 万箱）、74 家造纸企业（能力 37.9 万吨）、88 座水泥机立窑（能力 1 100 万吨）。

河北省在生态工业方面，积极开展资源综合利用。推广采煤—发电—粉煤灰—建材、城市垃圾发电和废水回收利用等发展循环经济的好形式，促进各相关产业间物质、能量的循环利用。建设农业生态县。重点发展城郊型、平原型、山区型等生态农业模式，培育形成了保定、唐山、衡水、邢台等再生资源循环利用基地。积极开展创建环境保护模范城市和节水型城市活动。廊坊市成为全国第一个在整个辖区内通过 ISO 14001 环境管理体系认证的中等城市，唐山市成为全国第一批节水型城市。从 2006 年起，河北省在冶金、石化、建材、电力、医药、煤炭、轻工 7 个行业，曹妃甸循环经济示范区、石家庄循环经济化工示范区、沧州临港化工园区、保定高新技术产业开发区、秦皇岛经济技术开发区和冀衡循环经济工业园区六个循环经济园区和石家庄市、邯郸市、唐山市、秦皇岛市、廊坊市五个城市组织开展循环经济试点示范工作。通过试点示范，探索重点行业、园区和城市循环经济发展模式，提出按循环经济模式规划、建设、改造园区以及城市发展的思路，为加快发展循环经济提供借鉴和示范。

曹妃甸循环经济示范区。以精品钢项目为基础，建设集产品制造、能源转换和社会废弃物再资源化为一体的新一代可循环钢铁流程，作为循环经济的典型示范，构建钢铁、石化、电力（海水淡化）为龙头的循环经济产业链条，建成国家级循环经济示范区，吨钢综合能耗达到 0.67 吨标准煤、耗新水 3.95 米^3，水重复利用率达到 97.6%，污水及固体废弃物基本实现“零排放”。

沧州临港化工园区。以建设 PVC、TDI、己内酰胺等重点项目为龙头，加快培育合成材料、石油化工、氯碱化工和精细化工为主体的循环经济产业链，到 2010 年，发展成为以石油化工、盐化工和精细化工为主体，以临港工业为特色的循环经济化工园区；园区万元工业增加值水耗降到 50 米^3、电耗 4 000 千瓦·时。

石家庄绿色化工示范基地。以石炼化 800 万吨炼油、40 万吨己内酰胺项目为龙头，重点发展高新技术产品、特色精细化学品等具有比较优势的产品，培育延伸产业链，建设石油化工、煤化工、氯碱化工“三化合一”的绿色化工循环经济示范基地。到 2010 年，化工基地水重复利用率达 90%以上，万元工业增加值水耗降到 45 米^3、电耗 5 600 千瓦·时。

保定高新技术产业开发区。以光伏发电和风力发电设备为龙头，大力发展输变电设备、新型储能装置、高效节能设备等相关配套产品，逐步形成新能源与能源设备产业集群和制造产业链。到 2010 年，发展成为技术领先、产业积聚的全国新能源与能源设备产业基地；万元工业增加值水耗降到 41 米^3、电耗 195 千瓦·时。

秦皇岛经济技术开发区。重点围绕高新技术和粮油食品加工产业发展，构建高科技、汽车及零配件、粮油加工、临港重大装备制造四条产业链，完善园区循环利用体系。到 2010 年，发展成为具有循环经济发展特征的高新技术产业基地和粮油食品加工基地，万元工业增加值水耗降到 23 米^3，电耗 1 650 千瓦·时。

冀衡循环经济工业园区。以高效消毒剂为龙头，整合现有资源，增品种，上规模，实现中间产品和废弃物的综合利用，发展成为亚洲最大的消毒剂生产基地。到 2010 年，万元产值综合能耗降到 1.6 吨标准煤，水重复利用率提高到 96%，实现三废零排放。

二、循环经济实例

1. 曹妃甸循环经济示范区

河北省委、省政府根据国家对曹妃甸的战略定位，着眼放大曹妃甸的品牌优势，实现区域经济一体化发展做出了重大战略决策——成立曹妃甸新区。2009 年 3 月 14 日，曹妃甸新区在河北省唐山市正式揭牌成立，标志着“渤海明珠”曹妃甸的开发建设进入了一个新阶段。该区位于河北省唐山市南部沿海，现管辖“两区一县一城”，即唐山市曹妃甸工业区、南堡经济开发区、唐山市唐海县和唐山市曹妃甸新城，体制规格定为副市级，规划面积 1 943.72 平方千米，陆域海岸线约 80 千米，常住人口约 20 万人。2008 年 1 月 25 日，国务院正式批准了《曹妃甸循环经济示范区产业发展总体规划》，标志着曹妃甸的发展正式作为国家战略全面启动。随着首钢迁建工程全面投入建设，二十二冶装备制造基地等项目竣工，一批符合循环经济发展要求、具有产业链特征的项目陆续入区建设，完善配套的循环产业集群雏形基本形成。曹妃甸港区对外开放也获得国务院正式批复。

唐山市曹妃甸新区功能定位为中国能源矿石等大宗货物的集疏港，新型工业化基地，商业性能源储备基地，国家级循环经济示范区，中国北方商务休闲之都和生态宜居的滨海新城。2009 年，唐山市曹妃甸新区累计完成投资 1 000 亿元。曹妃甸新区的成立，有利于发挥整体合力，早日把曹妃甸新区打造成环渤海地区的重要增长极、冀东经济区的龙头、新唐山的重要增长点、唐山湾“四点一带”的排头兵。唐山人民正以全球的眼光和世界水准，在这里建设世界一流的国际性大港，打造港口物流、精品钢铁、化学工业、装备制造四大产业链，描绘着建设滨海生态城市的美好愿景。在不远的将来，曹妃甸新区将成为全国的科学发展示范区、先进产业聚集区、生态文明样板区、跨越发展示范区。

唐山市曹妃甸新区管辖的“两区一县一城”：

曹妃甸工业区是曹妃甸新区的核心区和龙头带动区，位于曹妃甸新区南部，规划面积 310 平方千米，2005 年 10 月 8 日成立。将依托深水大港和国内外两种资源、两个市场，逐步建立以现代物流、钢铁、石化、装备制造四大产业为主导，电力、海水淡化、建材、环保等关联产业循环配套，信息、金融、商贸、旅游等现代服务业协调发展的循环经济型产业体系；建成依托京津冀，服务环渤海，面向世界的国家级临港产业循环经济示范区。

南堡经济开发区是曹妃甸新区以盐化工为主的海洋化工基地，位于曹妃甸新区西部，面积约 412 平方千米，1991 年成立，拥有亚洲最大的南堡盐场和国家大型化工企业三友集团，是省级经济技术开发区。

唐海县位于曹妃甸新区北部，是曹妃甸工业区产业辐射的承接区，建有曹妃甸新区临港产业园区。其陆域面积约 732 平方千米，拥有 81 万亩的湿地保护区。年产优质稻米 30 万余吨，是驰名中外的“小站米”主产地；年产河蟹 3 000 吨，是著名的“中国河蟹之乡”；建有亚洲最大的海水养殖场和国内最大的东方红鳍豚养殖基地，年产各类海产品 3 万余吨。

曹妃甸新城是唐山市曹妃甸新区未来的政治、文化、科技、金融、商贸中心，规划面积 150 平方千米，将形成 120 万人口的聚集。曹妃甸新城日前已正式开工建设。这标志着曹妃甸新区进入了一个港口、港区、港城齐头发展的崭新阶段，从此，唐山将逐步形成以唐山主城区和曹妃甸新城为核心的双核城市化的新格局。曹妃甸新城将力争利用 3 年左右的时间，形成城市的基本框架；用 5 年左右的时间，形成一个服务比较配套的城市。

曹妃甸新城位于唐山港京唐港区和曹妃甸港区之间，规划范围西至滦曹公路，北至沿海公路，东至大清河盐场，南至海岸线，远期规划面积约 150 平方千米，其中起步区为 30 平方千米，位于青龙河和溯河之间，南到未来滨海大道，北至八里滩北边界。按照规划，曹妃甸新城建设将按照“世界一流、中国气派、唐山特色”的要求，充分借鉴世界港口城市发展的经验，以港口、港区、港城协调发展的理念，努力打造成未来之城、创新之城、生态之城和幸福之城。

2009 年曹妃甸新城共谋划城市建设项目 46 个，总投资 1 027 亿元。其中，央企生活服务基地、生态城服务中心、通港大道、人工运河、海岸花园等大批项目已经开工建设。央企生活服务基地项目，主要是为曹妃甸工业区各央企提供职工住宅和生活环境。该项目总投资 53 亿元，建筑面积 150 万平方米，一期工程 2009 年底可达到入住要求。人工运河项目是新城第一个生态环境建设项目，计划开挖长 7.5 千米、宽 170 米的人工运河，使其成为城市与农田景观的过渡带和进入新城的第一道风景。生态城服务中心、通港大道、海岸花园等项目主要是完善生态城办公、交通、接待等城市服务功能，在 2009 年 6 月份形成接待能力。

曹妃甸的开发建设一开始就得到了党中央、国务院和河北省委、省政府的高度重视，把曹妃甸列入国家首批循环经济试点产业园区、“十一五”发展规划、河北省综合配套改革试验区和一号工程。

曹妃甸新区功能定位为：中国能源、矿石等大宗货物的集疏港，新型工业化基地，商业性能源储备基地，国家级循环经济示范区，中国北方商务休闲之都和生态宜居的滨海新城。2010 年，累计完成投资 2 000 亿元，实现国内生产总值 650 亿元，财政收入达到 100 亿元。

唐山市曹妃甸新区将形成港口、港区、港城协调发展的三大空间布局：

在唐山港曹妃甸港区 62 千米可利用岸线上，规划建设码头泊位 260 多个。其中 30 万吨级以上大型泊位 16 个，15 万吨级左右泊位 50 个，8 万吨级左右泊位 200 个。码头类型主要为矿石、煤炭、原油、液化天然气、化工、散杂货、集装箱。这些码头全部建成后，年吞吐量将超过 6 亿吨，成为世界上最大的港口之一。

唐山市曹妃甸新区以发展循环经济为立区之本，广泛采用循环利用、节能减排、清洁生产新技术、新工艺、新流程，最大限度地节约资源、保护环境，着力打造以四大产业链为重点的循环经济示范区。现代物流产业链：建设码头、铁路、公路、管道、仓储等综合储运设施，发展以陆海联运为特点的物流服务业，建成服务“三北”地区的能源原材料物流中心。钢铁产业链：建设具有 21 世纪国际先进水平的大型精品钢铁基地，主要生产汽车板、桥梁板、造船板、锅炉板、硅钢板等高附加值板材。远期形成 4 000 万吨生产能力。化学工业（石油化工和海洋化工）产业链：其中石化产业链，建设 2 000 万米^{3}原油储备基地，1 000 万吨以上炼油和 100 万吨以上乙烯大型石油炼化一体工程，发展聚合物、精细化工、日用化工及其下游产品。海洋化工产业链，发展氯碱、烧碱、聚氯乙烯及其制成品，逐步建成以盐化工为主的大型海洋化工基地。装备制造产业链，建设船舶、港口机械、石油钻探机械、冶金设备、工程机械等大型、重型装备制造项目，逐步形成中国北方地区钢材与装备相互依存发展的临港装备制造基地。

为实现港口、港区、港城协调发展，打造唐山“双核”城市群体系，在唐山港曹妃甸港区和唐山港京唐港区之间，规划建设总面积 150 平方千米、人口规模 120 万的唐山市曹妃甸新城。该城市以建设“生态城市、港口城市、滨海城市、示范性城市、国际性城市、环渤海中心城市”为目标，用世界的眼光、开放的视野，积极吸收借鉴人类文明最优秀成果，坚持“以人为本、资源节约、绿色建筑、城市安全、循环经济、绿色交通、清洁能源、文明生活、融合文化、设施高效”十大规划理念，走自主开发与国际合作开发之路，在世界范围内整合优势资源，打造“世界一流、中国气派、唐山特色”的国际示范城市，建成一座未来之城、创新之城、生态之城、幸福之城。

2．石家庄循环经济化工示范区

石家庄循环经济化工示范基地是河北省循环经济示范单位和重点产业支撑项目，是河北省政府与中石化集团战略合作项目，规划面积为 6.08 平方千米。化工基地分三期建设：一期工程（2005—2007 年）项目 12 个：500 万吨炼油、16 万吨己内酰胺扩能、10 万吨环己酮、10 万吨粗苯精制、5 万吨氨基乙酸、20 万吨硫酸、10 万吨离子膜烧碱等 7 个工业项目，道路、供水、供电、排污、供热等 5 个基础设施项目，总投资 30 亿元。二期工程（2008—2010 年）规划项目 14 个：800 万吨炼油、40 万吨己内酰胺扩容、大型煤气化、30 万吨环己酮、30 万吨甲醇、30 万吨合成氨、30 万吨醋酸、5 万吨醋酸酯、7 万吨尼龙专用料树脂、5 万吨环氧氯丙烷、10 万吨苯酚丙酮、10 万吨双酚 A、2 万吨甲基异丁基酮、6 万吨甲基丙烯酸甲酯等项目，总投资 120 亿元。重点建设石炼化 800 万吨炼油、40 万吨己内酰胺扩容和大型煤气化项目，形成石油化工、煤化工、氯碱化工“三化合一”的产业特色。三期工程将进一步延伸、拓展产品链，重点发展高新技术产品、特色精细化工产品，并建设高新技术创新平台，以形成开发生物制药及一系列可生物降解精细化学品等新兴产业的创新能力。石家庄循环经济化工示范基地发展规划秉持“一体化”先进理念，即产品项目一体化、公用辅助一体化、环境保护一体化、管理服务一体化。坚持高起点、高水平，装置规模经济，工艺技术先进，产品档次高，发展与现有企业产品的相关产品及系列化产品，实现深度加工，形成产品链和用户群，并进行优化延伸，相互配套降低成本，提高资源利用率；以发展比较优势产业为主，坚持差别化发展原则，最大限度降低区域内竞争。坚持可持续发展原则，尽量选择耗能少、效益高的环境友好产品，对于项目不可避免产生的“三废”都尽可能进行综合利用，在排放前加以无害化处理。

石家庄化工园区最大的特点是依托化工“巨头”。紧邻的石家庄炼油化工股份有限公司已建厂近 25 年，各项基础设施完善，公用工程设施经过多次实施技术改造和扩容，不仅能够自给，还具有外供的能力，能够与园区内的企业实现共享。在园区建设起步期，将以其大型石化项目——石家庄化纤有限责任公司的己内酰胺扩容项目为“龙头”。

按照产品项目一体化理念，化工示范基地遵从“三化合一”原则，以 500 万吨炼油、大型煤气化和 10 万吨离子膜烧碱作为石油化工、煤化工和氯碱化工的起点，带动环己酮、己内酰胺等主体核心项目，建成石油化工、氯碱化工、煤化工“三化合一”的高科技、绿色环保型工业园区，形成一条“产业链”，实现资源的合理配置、优势互补。产业链见图 8-3。

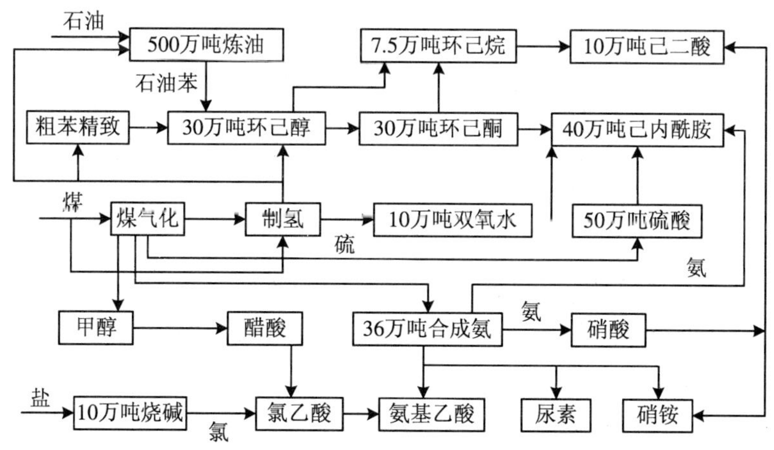

图 8-3　化工示范基地“三化合一”产业链图

目前准备入驻化工园区的企业还有石焦集团和石家庄电化厂。石焦集团拥有富含氢气的焦炉气，分离氢气成本较低，同时又有煤苯产品，都具有外供能力。石焦集团可利用资源优势单独或合资建设环己酮、过氧化氢装置，产品供石化纤，同时氢气可供石化纤。石焦集团建设的后序装置如合成氨的产品也可供石化纤。因此，石化纤与石焦化的联合，将会使苯、甲苯、氢气、硫黄、合成氨等得到充分利用。电化厂富产氯气、苛性碱、氢气等产品，石化纤、石炼化、石焦集团等均需要此产品。化工园区也可提供苯胺、苯甲醛、苯甲酸等众多医药基础原料和医药中间体，还可利用焦油、粗苯中杂环化合物生产众多的医药中间体和高级中间体，更好地服务于石家庄的“药都”建设。

按照环境保护一体化理念，化工示范基地采取先进的清洁生产工艺与环境无害化技术相结合、环境检测与企业自我管理相结合的方式，鼓励企业采用清洁能源、清洁生产工艺和环境无害化技术，通过对生产废弃物进行统一集中处理，抓住“源头把关/过程监控/末端出处理”三个关键环节，建立覆盖全区的环境检测系统，实现一体化的清洁生产环境。

严格规划入区项目，推行清洁生产工艺，提高整体技术水平，从源头减少污染物的产生。

化工示范基地区域采用清、污分流制排水系统。基地内污水实行统一处理，生产、生活污水和污染区的初期雨水经区内污水排水管网收集后汇入基地污水管网，排入石家庄经济开发区污水处理厂进行无害化处理达标后排放/回用。

经过多年建设，目前园区已经有石炼化公司、石化纤公司、金石集团、石焦化工公司、河北八维公司、河北东华集团、河北华旭等七家企业入驻，项目总投资达到 160 亿元，“十一五”末基地整体实现销售收入 600 亿元，利税 60 亿元。

河北省重点企业清洁生产情况

序号	企业名称	所属行业	主要产品及年产量	法人代表	地址	名单公布时间	提交审核报告时间	完成评估时间	完成验收时间	审核咨询服务机构名称	评估验收证明材料
石家庄市											
1	河北西柏坡发电有限责任公司	电力	电能	徐贵林	河北省平山县	2006年3月17日	2006年	2006年	2009年	河北省清洁生产中心	
2	华能上安电厂	电力	电能1 300 MW	刘玉杰	河北省井陉县上安镇	2006年3月17日	2006年	2006年	2009年	河北亚太环境科技发展股份有限公司	
3	河北华电石家庄热电有限责任公司	热电	热能、电能		河北省石家庄市	2006年3月17日	2006年	2006年			
4	华北制药集团海翔医药有限责任公司	医药化工	克林霉素磷酸酯原料药，产量45 t	孙国伟	河北省石家庄市	2007年4月1日	2007年	2007年	2010年	河北丽安评价技术咨询有限公司	

序号	企业名称	所属行业	主要产品及年产量	法人代表	地址	名单公布时间	提交审核报告时间	完成评估时间	完成验收时间	审核咨询服务机构名称	评估验收证明材料
5	石家庄钢铁有限责任公司	黑色金属冶炼及压延加工业	钢材/260 万 t	李松兴	河北省石家庄市	2006 年 3 月 17 日	2006 年	2006 年		河北鸿祥科技开发有限公司	
6	大唐微水发电厂	电力	电能/110 MW	张胜建	河北省井陉县微水镇	2006 年 3 月 17 日	2006 年	2006 年		河北鸿祥科技开发有限公司	
7	石家庄市金石化肥有限责任公司	氮肥制造业	尿素/12 万 t、硝铵/21 万 t	贾彤宙	石家庄市丰收路 65 号	2006 年 3 月 17 日	2006 年	2006 年	2009 年	河北鸿祥科技开发有限公司	
8	石家庄炼油化工股份有限公司	石油炼制业	无铅汽油/75 万 t	毕建国	河北省藁城市邱头镇	2006 年 3 月 17 日	2006 年	2006 年	2009 年	河北鸿祥科技开发有限公司	
9	鹿泉市东方热电有限公司	电力	电能/蒸汽	胡立文	河北省鹿泉市	2006 年 3 月 17 日	2006 年	2006 年	2009 年		
10	石家庄市东方热电公司热电二厂		电能/5 亿 kW·h	杨玉平	河北省石家庄市	2006 年 3 月 17 日	2006 年	2006 年	2009 年	河北圣洁环境生物科技工程有限公司	
11	河北新化股份有限公司	氮肥制造业	合成氨、甲醇、双氧水	刘文志	河北省新乐市	2006 年 3 月 17 日	2006 年	2006 年	2010 年	河北丽安评价有限公司	
12	河北省藁城市化肥总厂	氮肥制造业	合成氨 10 万 t、尿素 13 万 t	曹保增	河北省藁城市	2006 年 3 月 17 日	2006 年	2006 年			

序号	企业名称	所属行业	主要产品及年产量	法人代表	地址	名单公布时间	提交审核报告时间	完成评估时间	完成验收时间	审核咨询服务机构名称	评估验收证明材料
13	藁城市光明造纸厂	造纸	胶印书刊纸 6.5 万 t	张志强	河北省藁城市	2006 年 3 月 17 日	2006 年	2006 年			
14	河北元隆化工有限公司	氮肥制造业	合成氨 6 万 t、尿素 7 万 t	周志斌	河北省元氏县	2006 年 3 月 17 日	2006 年	2006 年	2009 年	石家庄昊瑞科技有限公司	
15	石家庄万力塑料制品有限公司	塑胶制品	PVC 手套	郑建明	河北省晋州市	2008 年 4 月 1 日	2008 年	2008 年		河北丽安评价技术咨询有限公司	冀环科[2008]31 号
16	元氏县金鹏纸业有限责任公司	造纸业	箱板纸 5 万 t	刘兰祥	河北省元氏县	2006 年 3 月 17 日	2006 年	2006 年	2009 年	石家庄昊瑞科技有限公司	
17	河北诚信有限责任公司	化工	氰化钠、黄血盐纳 苯乙腈	李一如	河北省元氏县	2006 年 3 月 17 日	2006 年	2006 年	2009 年	石家庄昊瑞科技有限公司	
18	河北海达化工有限公司	氮肥制造业	氰尿酸、硫酸氨	李永华	河北省高邑县	2008年11月	2008 年	2008 年	2009 年		
19	无极县张段固皮革有限责任公司	制革行业	加工猪皮 90 万张	靳国麦	无极县张段固镇	2008年11月	2008 年	2008 年		河北丽安评价技术咨询有限公司	冀环科[2008]31 号
20	石家庄新宇三阳实业有限公司	医药化工	冰乙酸、乙酸乙酯、食品添加剂、乙醇	李银江	河北省栾城县	2008年11月	2008 年	2008 年	2009 年	北方设计研究院	

序号	企业名称	所属行业	主要产品及年产量	法人代表	地址	名单公布时间	提交审核报告时间	完成评估时间	完成验收时间	审核咨询服务机构名称	评估验收证明材料
21	石家庄大明棉浆制品有限公司	造纸	纸棉浆 3 000t	马计晨	长安区	2008 年 4 月	2008 年	2008 年		河北惠泽环境工程技术有限公司	石环保[2009]102 号
22	石家庄宝石克拉大径塑管有限公司		大径塑管	尚建斌	石家庄市高新区	2009 年 4 月	2009 年	2009 年		石家庄市环境科学研究院	
23	河北冀川实业总公司	装备制造	机械加工、工程机械维修	赵福恩	河北省鹿泉市	2008 年 4 月 1 日	2008 年	2008 年	2009 年	石家庄昊瑞科技有限公司	
24	石家庄市福瑞德皮革工业有限公司	制革行业	加工牛皮 70 万张	陈红社	河北省无极县	2008 年 4 月 1 日	2008 年	2008 年		河北丽安评价技术咨询有限公司	冀环科[2008]31 号
25	河北名世锦簇纺织有限公司	印染	染色布 3 000 万 m	李立	河北省灵寿县	2008 年 4 月 1 日	2008 年	2008 年	2009 年	河北鸿祥科技开发有限公司	
26	辛集市试炮营制革工业区（污水处理厂）	制革行业		傅拴锁	河北省辛集市	2008 年 4 月 1 日	2008 年	2008 年	2010 年	河北科技大学	
27	石家庄洪生乳业有限公司				河北省行唐县	2006年11 月	2006 年	2006 年			

序号	企业名称	所属行业	主要产品及年产量	法人代表	地址	名单公布时间	提交审核报告时间	完成评估时间	完成验收时间	审核咨询服务机构名称	评估验收证明材料
28	无极县店尚皮革有限公司	制革行业	猪皮30万张和狗皮50万张	付彦群	河北省无极县	2008年12月	2008年	2008年		河北丽安评价技术咨询有限公司	冀环科[2008]31号
29	河北诺斯克龙腾纸业有限公司	造纸行业				2006年	2006年	2008年			
30	辛集市制革工业区污水处理厂	公共事业				2006年10月	2006年	2008年			冀环科[2009]56号
31	石家庄新乐东方热电有限公司	热电				2006年	2006年	2006年			
32	赵县赵州热电有限公司	热电	供热90万t、发电1.08亿kW·h	刘恒志	河北省赵县	2008年4月1日	2008年	2008年	2009年	秦皇岛文迪企业管理咨询有限公司	
33	藁城市宏嘉板纸厂	造纸行业	箱板纸3万t	于景彦	河北省藁城市	2009年3月16日	2009年	2009年		河北洁源安评环保咨询有限公司	
34	河北铬盐化工有限公司	化工	红矾20 000t	牛孟辰	河北省栾城县	2009年3月16日	2009年	2009年		石家庄市环境科学研究院	
35	河北金源化工股份有限公司	氮肥制造业	合成氨，碳酸氢铵，甲醇	于墨臣	河北省正定县	2009年3月16日	2009年	2009年		河北东方卓越技术发展有限公司	

序号	企业名称	所属行业	主要产品及年产量	法人代表	地址	名单公布时间	提交审核报告时间	完成评估时间	完成验收时间	审核咨询服务机构名称	评估验收证明材料
36	河北威远生物化工有限公司生物药业三厂	制药行业	农药杀虫剂、杀菌剂、除草剂	李建桥	河北省赞皇县	2009年3月16日	2009年	2009年		河北科技大学	
37	石家庄市华曙制药厂	制药行业	土霉素碱、盐酸多西环素、硫酸新霉素	何金锁	河北省石家庄市	2009年3月16日	2009年	2009年		河北绿华环境科技服务有限公司	
38	石家庄双联化工有限公司	化工	纯碱36万t，氯化铵36万t，甲醇2万t	王天华	河北省鹿泉市	2009年3月16日	2009年	2009年		石家庄市环境科学研究院	
39	石家庄海力精华有限公司	制药行业	氨基硫醚、雷尼替丁碱、胡椒环、联苯二酐	胡国田	河北省藁城市	2009年3月16日	2009年	2009年		河北科技大学	
40	河北威远生物化工股份有限公司	制药行业	农药杀虫剂、杀菌剂、除草剂	张庆	河北省石家庄市	2006年3月17日	2006年	2006年	2009年	河北洁源安评环保咨询有限公司	
41	石药集团维生药业（石家庄）有限公司	制药行业	维生素C/3万t	冯振英	河北省石家庄市	2006年3月17日	2006年	2006年	2008年		

序号	企业名称	所属行业	主要产品及年产量	法人代表	地址	名单公布时间	提交审核报告时间	完成评估时间	完成验收时间	审核咨询服务机构名称	评估验收证明材料
42	河北制药集团维尔康制药有限公司	制药行业	维生素 C 原料	米造吉	河北省石家庄市	2006 年 3 月 17 日	2006 年	2006 年	2009 年	河北绿华环境科技服务有限公司	
43	石家庄白龙化工股份有限公司	化工行业	苯酐、增塑剂、顺酐、蒽醌、反酸	党存国	河北省石家庄市	2006 年 3 月 17 日	2006 年	2006 年	2008 年	河北鸿祥科技开发有限公司	
44	石家庄化工化纤有限公司	化工行业	聚乙烯醇	韩玉强	河北省井陉县	2006 年 3 月 17 日	2006 年	2006 年	2009 年	河北鸿祥科技开发有限公司	
45	华北制药股份有限公司	制药行业	青霉素原料药、土霉素、大豆异黄酮	陈杰	河北省石家庄市	2006 年 3 月 17 日	2006 年	2006 年	2008 年		
46	华北制药集团威可达有限公司	制药行业	维生素 B12	黄品奇	河北省石家庄市	2006 年 3 月 17 日	2006 年	2006 年	2009 年	河北圣洁环境生物科技工程有限公司	
47	石药集团河北中润制药有限公司	制药行业	青霉素、头孢菌素	盖来兵	河北省石家庄市	2006 年 3 月 17 日	2006 年	2006 年	2008 年		
48	石家庄市高和化学有限公司	化工行业	烧碱 5 万 t、液氯 3 万 t、合成盐酸 6 万 t	祖培彦	河北省石家庄市	2006 年 3 月 17 日	2006 年	2006 年		石家庄市环境科学研究院	

序号	企业名称	所属行业	主要产品及年产量	法人代表	地址	名单公布时间	提交审核报告时间	完成评估时间	完成验收时间	审核咨询服务机构名称	评估验收证明材料
49	石家庄制药集团新诺威制药公司	制药行业	咖啡因、可可豆碱、茶碱、氨茶碱、二羟丙茶碱、己酮可可碱	岳进	河北省栾城县	2006 年 3 月 17 日	2006 年	2006 年			
50	石家庄深玉纸业有限公司	造纸行业	文化用纸 4 万 t	马壮国	河北省深泽县	2006 年 3 月 17 日	2006 年	2006 年	2008 年	石家庄市环境科学研究院	
51	鹿泉市瑞丰造纸厂	造纸行业	新闻纸	聂建瑞	河北省鹿泉市	2006 年 3 月 17 日	2006 年	2006 年	2009 年		
52	河北辛集化工集团化肥有限公司	氮肥行业	合成氨 4.5 万 t	赵小锁	河北省辛集市	2006 年 3 月 17 日	2006 年	2006 年	2008 年	石家庄市环境科学研究院	
53	河北玉环化工有限公司	化工行业	立德粉	高建会	河北省行唐县	2006 年 3 月 17 日	2006 年	2006 年	2008 年	石家庄市环境科学研究院	
54	石家庄广利纸业有限公司	造纸行业	新闻纸 5 800t	薛金铭	河北省鹿泉市	2006 年 3 月 17 日	2006 年	2006 年	2009 年	河北鸿祥科技开发有限公司	
55	石家庄经济技术开发区东方热电有限公司	供热、供电行业	蒸汽 58 万 t、电能 1.1 亿 kW·h	王凯宏	河北省石家庄市经济技术开发区	2006 年 3 月 17 日	2006 年	2006 年	2009 年	石家庄市环境科学研究院	

序号	企业名称	所属行业	主要产品及年产量	法人代表	地址	名单公布时间	提交审核报告时间	完成评估时间	完成验收时间	审核咨询服务机构名称	评估验收证明材料
56	石家庄市东方热电公司热电一厂	供热、供电	电能、热能	李向东	河北省石家庄市	2006 年 3 月 17 日	2006 年	2006 年		河北圣洁环境生物科技工程有限公司	
57	河北宏源热电有限责任公司	供热、供电	热能、电能	檀银贵	河北省栾城县	2007 年 4 月 2 日	2007 年	2007 年	2009 年	河北鸿祥科技开发有限公司	
58	石家庄柏坡正元化肥有限公司	氮肥制造业	合成氨 13 万 t	要富国	河北省平山县	2007 年 4 月 2 日	2007 年	2007 年	2009 年	河北众德环保科技有限公司	
59	河北敬业钢铁有限公司	钢铁行业	钢材 220 万 t	李赶坡	河北省平山县	2007 年 4 月 2 日	2007 年	2007 年	2009 年	河北众德环保科技有限公司	
60	晋州市鑫海化工有限公司	氮肥制造业	碳酸氢铵、甲醇、液氨	王丙强	河北省晋州市	2007 年 4 月 2 日	2007 年	2007 年		河北绿华环境科技服务有限公司	
61	石家庄正元化肥有限公司	氮肥制造业	尿素 14 万 t、甲醇 4 万 t	张立军	河北省灵寿县	2007 年 4 月 2 日	2007 年	2007 年	2009 年	石家庄市环境科学研究院	
62	华北制药集团华栾有限公司	制药行业	盐酸林可霉素 240t、硫酸庆大霉素 98t	崔振亚	河北省栾城县	2007 年 4 月 2 日	2007 年	2007 年	2009 年	河北鸿祥科技开发有限公司	
63	石家庄市永盛纸业有限公司	造纸行业	胶用新闻纸 6 000t	张俊路	河北省鹿泉市	2007 年 4 月 2 日	2007 年	2007 年		河北省自动化研究所	

序号	企业名称	所属行业	主要产品及年产量	法人代表	地址	名单公布时间	提交审核报告时间	完成评估时间	完成验收时间	审核咨询服务机构名称	评估验收证明材料
64	河北翼凌机械制造总厂	机械制造	特种车辆维修	王广合	河北省井陉县	2007 年 4 月 2 日	2007 年	2007 年		河北绿华环境科技服务有限公司	
65	华北制药集团康欣有限公司	制药行业	VB12 系列产品、淀粉及淀粉糖、制剂产品	王登峰	河北省石家庄市	2007 年 4 月 2 日	2007 年	2007 年		河北丽安评价技术咨询有限公司	冀环科[2008]31 号
66	石家庄市绿丰化工有限公司	化工行业	福美类	郭冀婵	河北省深泽县	2007 年 4 月 2 日	2007 年	2007 年	2009 年	河北鸿祥科技开发有限公司	
67	华北制药集团环保研究所	公共事业	三废处理	曾立星	河北省石家庄市经济技术开发区	2008 年 4 月 1 日	2008 年	2008 年		唐山新宇环保科技有限公司	冀环科[2008]31 号
68	石家庄高新技术产业开发区供水排水公司	公用事业	污水处理	林自强	河北省石家庄市高新技术产业开发区	2007 年 4 月 2 日	2007 年	2007 年	2009 年	河北绿华环境科技服务有限公司	
69	石家庄市桥西污水处理厂	公用事业	污水处理	李文国	河北省石家庄市	2007 年 4 月 2 日	2007 年	2007 年		河北省清洁生产中心	石环保[2009]102 号

序号	企业名称	所属行业	主要产品及年产量	法人代表	地址	名单公布时间	提交审核报告时间	完成评估时间	完成验收时间	审核咨询服务机构名称	评估验收证明材料
70	鹿泉市污水处理厂	公用事业	污水处理	王建华	河北省鹿泉市	2007 年 4 月 2 日	2007 年	2007 年	2009 年	河北圣洁环境生物科技有限公司	
71	赞皇县德众钢铁有限公司	钢铁行业	生铁 50 万 t	安建生	河北省赞皇县	2008 年 4 月 1 日	2008 年	2008 年		河北绿华环境科技服务有限公司	冀环科[2009]56 号
72	辛集市澳森钢铁有限公司	钢铁行业	铁 275 万 t、钢 300 万 t，钢材 235 万 t	王路敏	河北省辛集市	2008 年 4 月 1 日	2008 年	2008 年	2010 年	北方设计研究院	
73	河北吉藁化纤有限责任公司	化工行业			河北省藁城市	2008 年 4 月 1 日	2008 年	2008 年		河北洁源安评环保咨询有限公司	冀环科[2008]31 号
74	藁城天意热电有限公司	电力行业	电能2.8亿kW·h	张书国	河北省藁城市	2008 年 4 月 1 日	2008 年	2008 年		石家庄市节能技术服务中心	冀环科[2008]31 号
75	河北鑫源顺发化工化肥有限公司	氮肥制造业	合成氨 35 000t	刘兴利	河北省井陉县	2008 年 4 月 1 日	2008 年	2008 年		秦皇岛文迪企业管理咨询有 90 限公司	冀环科[2008]31 号
76	河北敬业化工集团股份有限公司	化工行业	水杨酸 8 000t、阿司匹林 3 000t	李赶坡	河北省平山县	2008 年 4 月 1 日	2008 年	2008 年	2009 年	河北科技大学	
77	神威药业有限公司	制药行业	软胶囊、颗粒剂和水针剂	李振江	河北省栾城县	2008 年 4 月 1 日	2008 年	2008 年	2009 年	石家庄市环境科学研究院	

序号	企业名称	所属行业	主要产品及年产量	法人代表	地址	名单公布时间	提交审核报告时间	完成评估时间	完成验收时间	审核咨询服务机构名称	评估验收证明材料
78	石家庄中冀正元化工有限公司	氮肥制造业	氨醇生产能力10万t	姚建泽	河北省无极县	2008年4月1日	2008年	2008年	2010年	河北丽安评价技术有限公司	
79	石家庄志诚农药化工有限公司	化工行业	氯碱、氯乙酸、片碱	周素志	河北省晋州市	2008年4月1日	2008年	2008年		河北绿华环境科技服务有限公司	冀环科[2008]31号
80	华北制药集团华胜有限公司	制药行业	硫酸链霉素、硫酸双氢霉素	李增民	河北省石家庄市经济技术开发区	2008年4月1日	2008年	2008年	2010年	河北丽安评价技术咨询有限公司	
81	河北天同齐盛皮革股份有限公司	制革行业	加工猪皮445万张	李建军	河北省无极县	2008年4月1日	2008年	2008年		河北丽安评价技术咨询有限公司	冀环科[2008]31号
82	无极县东风皮革有限责任公司	制革行业	加工牛皮70万张	崔拴杰	河北省无极县	2008年4月1日	2008年	2008年		河北丽安评价技术咨询有限公司	冀环科[2008]31号
83	河北圣雪大成制药有限责任公司	制药行业	土霉素、盐酸土霉素、硫酸链霉素	李金栋	河北省栾城县	2008年4月1日	2008年	2008年	2009年	河北绿华环境科技服务有限公司	
84	石家庄市金牛制革有限公司	制革行业	加工猪皮100万张	王建栓	河北省无极县	2008年4月1日	2008年	2008年		河北丽安评价技术咨询有限公司	冀环科[2008]31号
85	无极县金马皮革有限公司	制革行业	加工牛皮70万张	李亚龙	河北省无极县	2008年4月1日	2008年	2008年		河北丽安评价技术咨询有限公司	冀环科[2008]31号

序号	企业名称	所属行业	主要产品及年产量	法人代表	地址	名单公布时间	提交审核报告时间	完成评估时间	完成验收时间	审核咨询服务机构名称	评估验收证明材料
86	华北制药集团倍达有限公司	制药行业	半合成抗生素	平志存	石家庄市经济技术开发区	2008 年 4 月 1 日	2008 年	2008 年	2010 年	河北丽安评价技术咨询有限公司	
87	河北华电石家庄裕华热电有限责任公司										
88	元氏县槐阳热电化工有限责任公司										
89	石家庄东方热电股份有限公司热电三厂										
90	石家庄光华热电有限公司										
91	石家庄金石化肥有限责任公司										
92	石家庄南风日化有限责任公司										

序号	企业名称	所属行业	主要产品及年产量	法人代表	地址	名单公布时间	提交审核报告时间	完成评估时间	完成验收时间	审核咨询服务机构名称	评估验收证明材料
93	国营石家庄第二印染厂										
94	高新区热电煤气公司										
95	石家庄矿区恒兴热电有限公司										
96	石家庄诚峰热电有限公司										
97	工贸合营无极造纸厂										
98	河北盖乐亭明胶有限公司										
99	河北汇川轻化工有限公司										
100	河北西柏坡第二发电有限责任公司										
101	河北金赵威磷复肥有限公司										

序号	企业名称	所属行业	主要产品及年产量	法人代表	地址	名单公布时间	提交审核报告时间	完成评估时间	完成验收时间	审核咨询服务机构名称	评估验收证明材料
102	河北赵州利民糖业有限公司										
103	河北众诚集团石家庄第一印有限公司										
104	赵县兴柏淀粉糖业有限公司										
105	辛集市东方热电有限公司										
106	藁城市绝缘纸厂										
107	藁城市中兴造纸有限公司										
108	河北奇峰化工有限公司										
109	鹿泉市龙台福利造纸厂										
110	鹿泉市育才造纸厂										

序号	企业名称	所属行业	主要产品及年产量	法人代表	地址	名单公布时间	提交审核报告时间	完成评估时间	完成验收时间	审核咨询服务机构名称	评估验收证明材料
111	石家庄市桥东污水处理厂										
112	石家庄市恒兴热电有限公司污水处理厂										
113	正定县污水处理厂										
114	栾城县污水处理厂										
115	灵寿县污水处理厂										
116	高邑县凤城污水处理厂										
117	无极县废水处理管理中心										
118	赵县清源污水处理厂										
119	辛集市水处理中心										

序号	企业名称	所属行业	主要产品及年产量	法人代表	地址	名单公布时间	提交审核报告时间	完成评估时间	完成验收时间	审核咨询服务机构名称	评估验收证明材料
120	石家庄经济技术开发区污水处理厂										
121	藁城市水处理中心										
122	晋州市城市污水处理厂										
123	新乐市升美水净化有限公司										
124	无极县王先光明造纸厂										
125	平山县城市热力有限公司										
126	深泽县污水处理厂										
127	元氏县槐阳污水处理厂										

序号	企业名称	所属行业	主要产品及年产量	法人代表	地址	名单公布时间	提交审核报告时间	完成评估时间	完成验收时间	审核咨询服务机构名称	评估验收证明材料
承德市											
128	承德建龙钢铁有限公司	炼钢	年产铁水 98.86 万 t，热轧棒材 74.78 万 t	张志详	营子区	2006.5.25	2006.8		2006	河北省自动化研究所	
129	中国国电集团公司滦河电厂	火力发电	发电量 114 272 万 kW·h，供热量 801 088 GJ	赵胜军	双滦区滦河街道	2006.5.25	2006.8		2006	河北清洁生产技术服务中心	
130	华北制药天星有限公司	生物、生化医药制品的制造	盐酸四环素 919t	杨英	双桥区	2007	2007.6		2007	河北丽安评价技术咨询有限公司	
131	承德钢铁集团有限公司（炼钢厂）	钢延压加工	年产铁水 394.66 万 t、产钢 402.16 万 t	李怡平	双滦区	2008.3.5	2008.12	2008.12.30	2009.8.20	河北省众联能源环保科技有限公司	承环发[2009]1 号
132	承德九龙实业股份有限公司	白酒制造业	白酒 2 万 t，饮料 1 万 t	张林	丰宁满族自治县县城	2008.3.5	2008.9	2009.2.16		承德市清洁生产审核中心	
133	承德兴伊罐头食品有限公司	食品	白桃罐头 2 600 t，桃浆 1 500 t	周晓勇	兴隆县兴隆镇大东区	2009	2009.11	2009.12.3	2009.12.3（市局受省厅委托验收评估）	承德市清洁生产审核中心	

序号	企业名称	所属行业	主要产品及年产量	法人代表	地址	名单公布时间	提交审核报告时间	完成评估时间	完成验收时间	审核咨询服务机构名称	评估验收证明材料
134	承德双滦利民杏仁加工有限公司	坚果加工	年产脱苦杏仁980t	张青森	双滦区	2005.4.26	2005.12		2006.4.11	承德市清洁生产审核中心	承环科[2006]4号
135	承德乾隆醉酒业有限责任公司	白酒制造业	白酒1万t	缪如焕	承德县	2008.3.5	2008.12.8	2009.2.16		承德市清洁生产审核中心	
136	承德大银兴隆化工有限公司	氮肥制造	尿素生产能力为10万t，碳酸氢铵生产能力为1万t	王连银	兴隆县	2008.3.5	2008.12.29	2009.2.16		承德市清洁生产审核中心	
137	承德红源果业有限公司	酱油、食醋及制品的制造	年产水果汁1 380t	闫武	隆化县	2008.3.5	2008.12.4	2009.2.16		承德市清洁生产审核中心	
138	河北省兴隆县天民化工有限公司	无机酸制造	铁精矿1 282t	张权仪	兴隆县	2007			发改委验收	河北省自动化所	
139	承德避暑山庄酒业有限公司	饲料加工	饲料62 869.15t，玉米发酵酒精84 853.435 kL	尤文武	平泉县	2008.3.5	2008.12.3	2009.2.16		承德市清洁生产审核中心	
140	平泉县塔泉化肥有限公司	氮肥制造	氨水20 447t，碳酸氢铵54 214t	陈宝坤	平泉县	2006.5.25	2006.11		2007.2.25	承德市清洁生产审核中心	承环办[2007]7号

序号	企业名称	所属行业	主要产品及年产量	法人代表	地址	名单公布时间	提交审核报告时间	完成评估时间	完成验收时间	审核咨询服务机构名称	评估验收证明材料
141	平泉长城化工有限公司	无机酸制造	氢氟酸 6 310t	林玉果	平泉县	2007.8.15	2007.12		2008.1.24	承德市清洁生产审核中心	承环办[2008]8 号
142	承德启星矿业有限公司	铁矿采选	年生产铁精粉 16 万 t	雒明阁	滦平县	2005.4.26	2005.11		2005.12	承德市清洁生产审核中心	承环科[2006]4 号
143	承德御室金丹药业有限公司	中成药制造	中成药 1 666.7t	金东涛	隆化县	2006.5.25	2006.10		2007.2.25	承德市清洁生产审核中心	承环办[2007]7 号
144	宽城建龙矿业有限公司	铁矿采选	年生产铁精粉 25 万 t	谭志国	宽城县	2005.4.26	2005.11		2005.12	承德市清洁生产审核中心	承环科[2006]4 号
145	双九马铃薯淀粉有限公司	淀粉及淀粉制品的制造	马铃薯淀粉 1 040t	李文	围场县	2006.5.25	2006.9		2007.2.25	承德市清洁生产审核中心	承环办[2007]7 号
146	兴隆矿务局（兴隆矿务局矸石热电厂）	火力发电	电力 8 077.4 万 kW·h，热力 319.238 GJ	扬园	兴隆县	2006.5.25	2006.10		2007.2.25	承德市清洁生产审核中心	承环办[2007]7 号
147	承德信通首承有限公司	其他炼铁	球团铁矿 181.18 万 t	李志辉	滦平县	2007.8.15	2007.12		2008.1.24	承德市清洁生产审核中心	承环办[2008]8 号
148	承德隆合碳素厂	石墨及碳素制品制造业	其他炭电极 1 000t	武建和	承德市隆化县韩麻营镇韩麻营村委会	2006.5.25	2006.10		2007.2.25	承德市清洁生产审核中心	承环办[2007]7 号

序号	企业名称	所属行业	主要产品及年产量	法人代表	地址	名单公布时间	提交审核报告时间	完成评估时间	完成验收时间	审核咨询服务机构名称	评估验收证明材料
149	兴隆县兴隆热力有限公司	热力生产和供应	热力809 904 GJ	李春生	承德市兴隆县兴隆镇开发区居委会	2009.4.7	计划今年验收				
150	承德龙霄供热有限公司	签合同了								与承德市清洁生产审核中心签合同了	
151	长虹淀粉有限公司	没做盲核									
152	承德市新畅远酿造有限公司	没做盲核									
153	围场泓辉双合淀粉有限公司	没做审核									
154	承德格林食品有限公司	没做审核									
155	承德盛丰钢铁有限公司	没做审核									
156	国电承德热电有限公司	没做审核									

序号	企业名称	所属行业	主要产品及年产量	法人代表	地址	名单公布时间	提交审核报告时间	完成评估时间	完成验收时间	审核咨询服务机构名称	评估验收证明材料
157	河北四海发展股份有限公司	没做审核									
158	承德市城市污水处理有限责任公司	没做审核									
159	承德县绿溪污水处理有限责任公司	没做审核									
160	兴隆县污水处理厂	没做审核									
161	承德泽人乳业有限公司	停产									
162	承德帝贤针纺股份有限公司	停产									
163	承德热力集团有限责任公司	停产									
张家口市											
164	河北盛华化工有限公司	化工	聚氯乙烯10万t，烧碱10万t	常广华	桥东	冀环科[2008]194号	2008.11	2008.12.26	2009.9.23	省清洁生产中心	张环科通[2001]1号

序号	企业名称	所属行业	主要产品及年产量	法人代表	地址	名单公布时间	提交审核报告时间	完成评估时间	完成验收时间	审核咨询服务机构名称	评估验收证明材料
165	张家口制药集团有限责任公司	制药	青霉素工业盐，G-APA		桥东	冀环科[2008]194号	2008.11	2008.12.26	2009.9.23	省清洁生产中心	张环科通[2001]1号
166	张家口卷烟厂	卷烟	卷烟 81 万箱	胡自强	桥东	冀环科[2008]194号	2008.11	2008.12.10	2009.9.22	研究所	张环科通[2001]1号
167	斯必克冷却技术张家口有限公司	设备制造	空冷器	凯文·莱利	桥西	张环科通[2007]116号			2008.1.14	龙源环保安全技术服务有限公司	张环科[2008]22号
168	大唐国际发电股份有限公司张家口发电厂	火力发电	电，240万kW·h	韩旭东	宣化区沙岭子	张环科通[2001]41号				市研究所	
169	宣化钢铁集团有限责任公司动力厂	热力生产和供应	蒸汽，水，风	张海	宣化区东升东街 9 号	张环科通[2007]116号			2007.12.19	省清洁生产中心	张环科[2008]22号
170	宣钢集团有限责任公司炼铁厂	钢铁	炼铁	张海	宣化区	冀环科[2008]194号	2008.10	2008.11.13	2009.4.29	省清洁生产中心	张环科通[2001]1号

序号	企业名称	所属行业	主要产品及年产量	法人代表	地址	名单公布时间	提交审核报告时间	完成评估时间	完成验收时间	审核咨询服务机构名称	评估验收证明材料
171	宣化钢铁集团有限责任公司炼钢厂	钢铁	烧结矿：520 万 t；球团矿 165 万 t；生铁 455 万 t	底根顺	宣化区东部工业区	冀环科[2008]194 号	2008.11	2008.12.24	2009.4.29	省清洁生产中心	张环科通[2001]1 号
172	宣钢集团有限责任公司焦化厂	炼焦业	焦炭、硫铵、轻苯	张海	宣化工业街 1 号	冀环科[2008]194 号	2008.11	2008.12.25	2009.4.29	省清洁生产中心	张环科通[2001]1 号
173	宣化新钟楼啤酒有限公司	食品	啤酒 25 万 kL	郭进聪	宣化环城路	冀环科[2008]194 号	2008.11	2008.12.8	2009.4.30	龙源环保安全技术服务有限公司	张环科通[2001]1 号
174	中国昊华集团宣化有限公司宣化化肥厂					冀环科[2008]194 号					
175	宣化华联淀粉厂	食品	淀粉 6 000t	郭献钢	宣化区北门外大街 23 号	冀环科[2008]194 号	2008.11	2008.12.27	2009.9.15	龙源环保安全技术服务有限公司	张环科通[2001]1 号
176	宣化钢铁公司龙烟矿山公司	钢铁	原矿 150 万 t；剥岩 450 万 t；铁精粉 32 万 t	闫满志	宣化区庞家堡镇	冀环科[2008]194 号	2008.11	2008.12.9	2009.4.29	市研究所	张环科通[2001]1 号

序号	企业名称	所属行业	主要产品及年产量	法人代表	地址	名单公布时间	提交审核报告时间	完成评估时间	完成验收时间	审核咨询服务机构名称	评估验收证明材料
177	张家口金隅水泥有限公司	水泥制造	水泥	郑宝金	宣化区幸福街 1	张环科通[2001]41号				市研究所	
178	张家口市宣化区排水有限公司	污水处理	处理生活污水及工业废水	吕爱武	宣化区钟楼东街 36 号	冀环科[2008]194号	2008.11	2008.12.19	2009.9.17	龙源环保安全技术服务有限公司	张环科通[2001]1 号
179	大唐国际发电股份有限公司下花园发电厂	火力发电	电，200 MW	李长钢	区民生路 1 号	冀环科[2008]194号	2008.10	2008.11.18	2009.9.24	市研究所	张环科通[2001]1 号
180	宣化县坤源矿业有限公司	黑色金属冶炼	生铁	宇光洲	赵川镇义合庄村北	张环科通[2001]41号					
181	河北粤华化工有限公司宣化分公司	氮肥制造业	合成氨（停产）	陈巍	宣化县洋河南镇						
182	冀中能源张家口矿业集团有限公司宣东二号煤矿	煤炭开采	原煤	王怀玉	宣化县顾家营镇	张环科通[2001]41号				市研究所	

序号	企业名称	所属行业	主要产品及年产量	法人代表	地址	名单公布时间	提交审核报告时间	完成评估时间	完成验收时间	审核咨询服务机构名称	评估验收证明材料
183	张家口金圆黄金有限公司	金矿开采	黄金	王凤山	宣化县东望山乡小营盘村	张环科通[2001]41号				成辉环保技术服务有限公司	
184	河北省宣化县南洋实业公司	皮毛	羊皮，汽车座套	李全贵	沙岭子镇	冀环科[2008]194号					
185	张家口塞北现代牧场有限公司乳品厂					张环科通[2001]41号					
186	张家口塞北三鹿乳业有限公司					张环科通[2001]41号					
187	蔚县金利林糠醛制造有限责任公司					张环科通[2001]41号					
188	张家口圣元有限公司	农副产品加工	奶粉 26 000 t	吕春岭	黄山管理处	张环科通[2007]116号			2007.11.10	龙源环保安全技术服务有限公司	张环科[2008]22号

序号	企业名称	所属行业	主要产品及年产量	法人代表	地址	名单公布时间	提交审核报告时间	完成评估时间	完成验收时间	审核咨询服务机构名称	评估验收证明材料
189	察北乳业有限责任公司	乳业	奶粉 1 800t	赵福云	察北管理区	冀环科[2008]194号	2008.11	2008.12	2009.12.1	龙源环保安全技术服务有限公司	张环科通[2001]1号
190	蒙牛乳业（察北）有限公司	乳品行业	纯牛奶	赵刚	察北管理区	张环科通[2007]116号			2007.11.1	龙源环保安全技术服务有限公司	张环科[2008]22号
191	张家口永盛毛皮硝染有限公司	毛皮鞣制加工	毛皮硝染	李彬	西城镇东关水泉路	张环科[2006]68号			2006.12	市研究所	张环科[2007]40号
192	河北马利食品有限公司	发酵制品制造	酵母	Garth John Weston	工业北大街1号	张环科通[2007]116号			2007.11.	市研究所	张环科[2008]22号
193	河北华澳矿业开发有限公司	铅锌采选	锌精矿、铅精矿	宁可夫	三号乡蔡家营	张环科通[2001]41号				龙源环保安全技术服务有限公司	
194	博天糖业股份有限公司张北分公司	制糖	绵白糖	温凯	张北县	张环科通[2007]116号			2007.11.	市研究所	张环科[2008]22号

序号	企业名称	所属行业	主要产品及年产量	法人代表	地址	名单公布时间	提交审核报告时间	完成评估时间	完成验收时间	审核咨询服务机构名称	评估验收证明材料
195	河北玉晶集团食品有限公司	淀粉	淀粉	张玉峰	姚家房镇翟家庄村	冀环科[2008]194号				成辉环保技术服务有限公司	
196	张家口市鸿泽排水有限公司污水处	污水处理	处理污水10万t	赵广庆	纬三路建筑工程学院新校区	冀环科[2008]194号	2008.11	2008.12.18	2009.9.22	龙源环保安全技术服务有限公司	张环科通[2001]1号
197	国电怀安热电有限公司	火力发电	电	杨同贺	新区德政街南	张环科通[2001]41号				成辉环保技术服务有限公司	
198	张家口双环化肥有限责任公司										
199	怀安县富新纸业有限公司					冀环科[2008]194号					
200	怀安清源污水处理有限责任公司	污水处理	日处理污水量1.8万t	王新宇	柴沟堡镇	张环科通[2001]41号					
201	河北凯迪农药化工集团	农药制造	农药除草剂、杀菌剂	华生春	孔家庄镇西	张环科通[2001]41号				省清洁生产中心	

序号	企业名称	所属行业	主要产品及年产量	法人代表	地址	名单公布时间	提交审核报告时间	完成评估时间	完成验收时间	审核咨询服务机构名称	评估验收证明材料
202	河北粤华化工有限公司					张环科通[2001]41号					
203	万全县污水净化研究中心	污水处理	净化污水	刘玉山	孔家庄镇马家房南	张环科通[2001]41号				龙源环保安全技术服务有限公司	
204	河北怀来建海钢铁有限公司	冶金	钢坯	陈建太	工业路五号	张环科通[2001]41号				龙源环保安全技术服务有限公司	
205	张家口德泰全特种钢铁集团有限公司					张环科通[2001]41号					
206	河北全顺保健啤酒有限公司	制造业	易拉罐啤酒	秦安祥	存瑞东街	张环科[2006]68号			2006.10	市研究所	张环科[2007]40号
207	中国长城葡萄酒有限公司	葡萄酒制造	干红葡萄酒	曲喆	沙城镇桥南酒厂路	张环科[2004]129号			2005.1	无	

序号	企业名称	所属行业	主要产品及年产量	法人代表	地址	名单公布时间	提交审核报告时间	完成评估时间	完成验收时间	审核咨询服务机构名称	评估验收证明材料
208	张家口长城酿造（集团）有限责任公司	白酒制造	酒精、白酒	赵树军	沙城镇	张环科[2006]68号			2006.11	市研究所	张环科[2007]40号
209	怀来京西洁源污水处理厂	污水处理	5万t	苏彪	沙城镇六街村南	张环科通[2001]41号				河北嘉诚环境工程公司	
210	涿鹿玉晶淀粉有限公司	食品加工	淀粉	张玉峰	张家堡镇上太府村	张环科通[2001]41号				河北碧洁环保科技有限公司	
211	河北天宝化工股份有限公司	氮肥制造	液氨、甲醇、碳酸氢铵	李春湘	隆伏寺大街29号	冀环科[2008]194号	2008.11	2008.12.25	2009.4.28	省清洁生产中心	张环科通[2001]1号
212	河北涿鹿糠醛厂	化工	糠醛1 000t	朱全	涿鹿县城	冀环科[2008]194号	2009.7	2009.8	2009.11.24	河北东方卓越技术发展有限公司	张环科通[2001]1号
213	涿鹿县污水处理管理中心	污水处理	2万t	李波	界牌梁北	张环科通[2001]41号				市研究所	

序号	企业名称	所属行业	主要产品及年产量	法人代表	地址	名单公布时间	提交审核报告时间	完成评估时间	完成验收时间	审核咨询服务机构名称	评估验收证明材料
214	赤城县赤鑫矿业开发有限责任公司	矿业	铁精粉	陈军平	赤城县城关镇	冀环科[2008]194号	2008.11	2008.12	2009.9.24	成辉环保技术服务有限公司	张环科通[2001]1号
215	赤城县龙兴矿业有限公司	铅锌矿采选	铅锌精粉	马怀军	东万口乡青羊沟村	张环科通[2007]116号			2008.1.15	成辉环保技术服务有限公司	张环科[2008]22号
216	张家口虹基矿业有限责任公司	金矿采、选业	合质金	张海	镇宁堡乡黄土梁村	张环科[2005]90号			2005.12	市研究所	张环科[2006]18号
217	崇礼紫金矿业有限责任公司	金矿采选	黄金 1.2t	任林子	四台嘴乡东坪村	张环环办[2008]117号	2009.6		2009.12	龙源环保安全技术服务有限公司	张环科通[2010]1号
218	崇礼县龙泽排水有限公司	污水处理	8 000t		西弯镇	张环科通[2001]41号				龙源环保安全技术服务有限公司	
秦皇岛											
219	河北斌扬集团山海关公牛啤酒厂	啤酒制造	啤酒	王端柱	秦山东路9号	2005.2	2005.11		2005.11		秦环[2006]8号

序号	企业名称	所属行业	主要产品及年产量	法人代表	地址	名单公布时间	提交审核报告时间	完成评估时间	完成验收时间	审核咨询服务机构名称	评估验收证明材料
220	中国—阿拉伯化肥有限公司	化学原料及化学制品制造业	复合肥料120万t	王辉	建设大街东段	2006.2	2006.11		2006.11	秦皇岛博雅管理咨询有限公司	秦环[2006]8号
221	中铁山桥集团有限公司	铁路专用设备及器材、配件制造	钢梁钢结构、道岔	吴兆安	南海西路35号	2006.2	2006.10		2006.11	秦皇岛博雅管理咨询有限公司	秦环[2007]33号
222	昌黎淀粉有限公司	淀粉	淀粉20万t	李文义	龙家店镇	2006.2	2006.11		2006.12	秦皇岛博雅咨询有限公司	秦环[2007]33号
223	秦皇岛骊骅淀粉股份有限公司	轻工	玉米淀粉：36万t 口服葡萄糖：22万t 山梨醇：7万t	贺俊士	秦皇岛市抚宁县抚宁镇北环路6号	2006.2	2006.11		2006.12	秦皇岛市博雅管理咨询有限公司	秦环[2007]33号
224	卢龙县双益化工有限责任公司	化学品制造	磷肥、工业硫酸、硫酸铝	王振民	卢龙县蛤泊乡莲花池村北	2006.2	2006.10		2006.12	秦皇岛市博雅管理咨询有限公司	秦环[2007]33号

序号	企业名称	所属行业	主要产品及年产量	法人代表	地址	名单公布时间	提交审核报告时间	完成评估时间	完成验收时间	审核咨询服务机构名称	评估验收证明材料
225	秦皇岛首钢板材有限公司	钢压延加工	中厚钢板 52.8 万 t	蒋运安	秦皇岛市建设大街 409 号	2007.3	2007.11		2007.12	秦皇岛市博雅管理咨询有限公司	秦环 [2008] 10 号
226	秦皇岛发电有限责任公司	火力发电	发电	张明	秦皇岛市港城大街东 72 号	2007.3	2007.11		2007.12	秦皇岛市博雅管理咨询有限公司	秦环 [2008] 10 号
227	秦皇岛金茂源纸制品厂	造纸	涂布白板纸：4 万 t 瓦楞纸：2 万 t	赵小勇	抚宁县留守营镇保安庄村	2007.3	2007.10		2007.11	秦皇岛市环境保护科研所	秦环 [2008] 10 号
228	秦皇岛金海粮油工业有限公司	食品制造业	豆油、豆粕	邢录珍	秦皇岛市海港区关海滨路 35 号	2007.3	2007.11		2007.12	秦皇岛市博雅管理咨询有限公司	秦环 [2008] 10 号
229	秦皇岛索坤日用玻璃集团有限公司	玻璃制造	玻璃瓶	陈泉和	昌黎东部工业园	2007.3	2007.10		2007.11	秦皇岛市博雅管理咨询有限公司	秦环 [2008] 10 号
230	河北天成公股份有限卢龙分公司	化工	合成氨	张秀明	卢龙县刘田庄镇南莲花池	2007.3	2007.11		2007.11	秦皇岛市博雅管理咨询有限公司	秦环 [2008] 10 号

序号	企业名称	所属行业	主要产品及年产量	法人代表	地址	名单公布时间	提交审核报告时间	完成评估时间	完成验收时间	审核咨询服务机构名称	评估验收证明材料
231	秦皇岛方圆玻璃有限公司	日用玻璃制造	年产玻璃瓶 13 万 t、中碱玻璃球 11.5 万 t、中碱玻璃纤维纱 1 万 t	张志勇	秦皇岛市抚宁县杜庄乡	2008.2	2008.11	2008.12	2009.6	秦皇岛市博雅管理咨询有限公司	秦环 [2009] 9 号
232	秦皇岛首秦金属材料有限公司	钢压延加工	钢坯：260 万 t 铁水：250 万 t 成品板材：180 万 t	王毅	抚宁县杜庄乡	2008.2	2008.11	2008.12		秦皇岛市博雅管理咨询有限公司	
233	秦皇岛凡南纸业有限公司	造纸	涂布白板纸：4 万 t	金利	抚宁县留守营镇凡南村	2008.2	2008.11	2009.11		秦皇岛市环境保护科学研究所	
234	秦皇岛鹤峰化工有限公司	化工肥料	硫酸：8 万 t 磷肥：10 万 t 复混肥：5 万 t	梁启贺	抚宁县留守营镇西街	2008.2	2008.11	2008.11	2009.6	秦皇岛市环境保护科研所	秦环 [2009] 9 号
235	秦皇岛豪峰企业集团	机械制造	新闻纸：1.25 万 t	陈晓峰	抚宁县留守营北街（北戴河西 10 公里）	2008.2	2008.11	2008.11	2008.11	秦皇岛市博雅管理咨询有限公司	秦环 [2009] 9 号

序号	企业名称	所属行业	主要产品及年产量	法人代表	地址	名单公布时间	提交审核报告时间	完成评估时间	完成验收时间	审核咨询服务机构名称	评估验收证明材料
236	抚宁县宝丰纸业有限公司	造纸	新闻纸：3 万 t	栗文生	抚宁县留守营镇樊各南村	2008.2	2008.11	2008.11	2009.6	秦皇岛市博雅管理咨询有限公司	秦环 [2009] 9 号
237	秦皇岛丰满纸业有限公司	轻工造纸	白板纸、箱板纸：10.6 万 t	郭志满	抚宁县留守营镇南街	2008.2	2008.11	2008.11	2009.6	秦皇岛市博雅管理咨询有限公司	秦环 [2009] 9 号
238	秦皇岛市前韩纸业有限公司	造纸	白板纸：3.2 万 t	李印祥	抚宁县留守营镇前韩村	2008.2	2008.11	2008.11	2008.11	秦皇岛市博雅管理咨询有限公司	秦环 [2009] 9 号
239	秦皇岛市兆丰纸业有限公司	造纸	白板纸：1.6 万 t 新闻纸：2.4 万 t	刘家成	抚宁县留守营镇唐义庄	2008.2	2008.11	2008.11	2009.6	秦皇岛市环境保护科研所	秦环 [2009] 9 号
240	河北抚宁凡南造纸厂	造纸	箱板纸：5 万 t	栗庆生	抚宁县留守营镇凡南村	2008.2	2008.11	2008.11	2009.6	秦皇岛市环境保护科研所	秦环 [2009] 9 号
241	秦皇岛北山宏福发电有限责任公司	火力发电	25 MW/h	贾东伟	抚宁县上庄坨	2008.2	2008.11	2008.11	2009.6	秦皇岛市博雅管理咨询有限公司	秦环 [2009] 9 号
242	秦皇岛北山华实发电股份有限公司	火力发电	24 MW/h	贾东伟	抚宁县上庄坨	2008.2	2008.11	2008.11		秦皇岛市博雅管理咨询有限公司	省厅发文

序号	企业名称	所属行业	主要产品及年产量	法人代表	地址	名单公布时间	提交审核报告时间	完成评估时间	完成验收时间	审核咨询服务机构名称	评估验收证明材料
243	秦皇岛同和热电有限公司	热电	主要产品：热、电 2007 年供电量：25 983.8 万 kW·h；2007 年供热量：1 732 035 GJ	胡英杰	秦皇岛经济技术开发区峨眉山北路 18 号	2008.2	2008.11	2008.11	2009.6	秦皇岛市博雅管理咨询有限公司	秦环 [2009] 9 号
244	秦皇岛华瀛磷酸有限公司	化工	磷酸、设计能力 8 万 t	武四海	秦皇岛市港城大街东段 69 号	2008.2	2008.11	2008.11	2009.6	秦皇岛市博雅管理咨询有限公司	秦环 [2009] 9 号
245	秦皇岛耀华玻璃工业园有限责任公司	建材	浮法玻璃 430 万重箱	藤富泉	秦皇岛市西港北路	2006.2	2006.11		2006.11	秦皇岛市博雅管理咨询有限公司	秦环 [2006] 8 号
246	秦皇岛耀华工业技术玻璃有限公司	建材	中空北路 52 409 m^2 钢化玻璃 254 906 m^2 夹层玻璃 48 334 m^2	计峰	秦皇岛市海港区西港路 62 号	2009.4	2009.11	2009.12	2009.12	秦皇岛市博雅管理咨询有限公司	秦环 [2009] 9 号

序号	企业名称	所属行业	主要产品及年产量	法人代表	地址	名单公布时间	提交审核报告时间	完成评估时间	完成验收时间	审核咨询服务机构名称	评估验收证明材料
247	秦皇岛沅泰纸业有限公司	造纸	200～500 g/m^2 高档涂布白板纸 5.1 万 t；90 ～ 180 g/m^2 高强瓦楞原纸 4.5 万 t	杨振坡	秦皇岛市抚宁县留守营镇西街	2009.4	2009.11	2009.12	2009.12	秦皇岛市博雅管理咨询有限公司	秦 环 [2009] 9 号
248	秦皇岛市抚宁华盛新纸业有限公司	造纸	白板纸、卫生纸，年可产 15 000t	盛云霞	秦皇岛市抚宁县留守营镇北街	2009.4	2009.11	2009.12	2010.5	秦皇岛市博雅管理咨询有限公司	秦 环 [2009] 9 号
249	河北武山水泥有限公司	水泥制造	普通硅酸盐水泥、矿渣硅酸盐水泥	赵振增	秦皇岛市卢龙县石门镇北	2009.4	2009.11	2009.12	2010.5	秦皇岛市博雅管理咨询有限公司	秦 环 [2009] 9 号
250	卢龙圣源玉米开发有限公司	食品加工	淀粉、食用酒精、变性淀粉	马炎	河北省卢龙县石门镇	2009.4	2009.11	2009.12	2010.5	秦皇岛市博雅管理咨询有限公司	秦 环 [2009] 9 号
251	昌黎县昌兴纸业有限责任公司	造纸	箱板纸 7 800t、卫生纸 3 000t	李梦兵	昌黎县朱各庄镇小樊各庄村	2009.3	2009.11	2009.12	2010.5	秦皇岛市博雅管理咨询有限公司	秦 环 [2009] 9 号

序号	企业名称	所属行业	主要产品及年产量	法人代表	地址	名单公布时间	提交审核报告时间	完成评估时间	完成验收时间	审核咨询服务机构名称	评估验收证明材料
252	昌黎县兴昌纸业有限责任公司	轻工造纸	瓦楞纸、箱纸板	张梦世	朱各庄镇小樊各庄	2009.3	2009.11	2009.12	2010.5	秦皇岛市博雅管理咨询有限公司	秦环 [2009] 9 号
253	秦皇岛港股集团								2010.11		
254	唐钢矿业有限公司庙沟铁矿								2010.11		
255	秦皇岛市蓝图水泥有限公司								2010.11		
256	秦皇岛北方玻璃集团有限公司						2011				
257	秦皇岛秦热发电有限责任公司						2011				
258	秦皇岛市天源水泥厂						2011				
259	秦皇岛市第一污水处理厂						2011				
260	秦皇岛市第三污水处理厂						2011				

序号	企业名称	所属行业	主要产品及年产量	法人代表	地址	名单公布时间	提交审核报告时间	完成评估时间	完成验收时间	审核咨询服务机构名称	评估验收证明材料
261	国中（秦皇岛）污水处理有限公司（第四污水处理厂）						2011				
262	秦皇岛市第二污水处理厂						2011				
263	国水（昌黎）污水处理有限公司						2011				
264	抚宁县北方纸业有限公司						破产				
唐山市											
265	开滦（集团）有限责任公司	煤炭	煤 3 285 万 t	张文学	唐山市	2006.5 2007.4 2010.6	2006.12 2008.3 审核中	2006.12 2008.3	2006.12 2008.3	唐山新宇环保科技有限公司	唐环发[2007]20 号 唐环发[2008]119 号
266	唐山市光华造纸厂						拆除				

序号	企业名称	所属行业	主要产品及年产量	法人代表	地址	名单公布时间	提交审核报告时间	完成评估时间	完成验收时间	审核咨询服务机构名称	评估验收证明材料
267	百威啤酒（唐山）有限公司	啤酒			唐山市丰南区	2006.5 2010.6	2006.11 审核中	2006.12	2006.12	唐山新宇环保科技有限公司 河北诺顿环境科技有限公司	唐环发[2007]20号
268	大唐国际唐山热电有限责任公司	电力		张廷森	河北省唐山市路北区滨河路2号	2007.4	2008.1	2008.6	2008.6	南开大学清洁生产中心	冀环科[2009]56号
269	唐山钢铁股份有限公司	钢铁	钢931.7万t、生铁900.6万t	王子林	唐山市路北区	2006.5 2007.4 2008.4 2009.4 2010.6	2006.11 2007.11 2009.4 2009.11 审核中	2006.12 2007.12 2009.5 2009.12	2006.12 2007.12 2009.5 2009.12	河北众德环保科技有限公司 北方设计院 河北众德环保科技有限公司 河北众德环保科技有限公司 河北众德环保科技有限公司	唐环发[2007]20号 冀环科[2008]31号 唐山局2009.5.18文 唐山局2010.3.30文
270	唐山华润热电有限公司	电力		李小晔	唐山市路北区西电路	2006.5	2006.11	2006.12	2006.12	河北省清洁生产中心	唐环发[2007]20号

序号	企业名称	所属行业	主要产品及年产量	法人代表	地址	名单公布时间	提交审核报告时间	完成评估时间	完成验收时间	审核咨询服务机构名称	评估验收证明材料
271	唐山启新水泥有限公司	水泥	水泥 25 万 t	蔡焕荣		2006.5	2006.11	2006.12	2006.12	唐山新宇环保科技有限公司	唐环发[2007]20 号
272	唐山赛德热电有限公司	电力		李小晔	唐山市路北区西电路	2006.5	2006.11	2006.12	2006.12	河北省清洁生产中心	唐环发[2007]20 号
273	河北汇源炼焦制气集团有限公司	焦化	焦炭 64 万 t	徐建国	河北省唐山市古冶区卑家店乡毛山村南	2007.4	2008.4	2008.4	2008.4	唐山新宇环保科技有限公司	唐环发[2008]119 号
274	唐山不锈钢有限责任公司	钢铁	热轧带钢 131 万 t	魏洪如	河北省唐山市古冶区唐家庄	2006.5 2008.4	2006.12 2009.7	2006.12 2009.7	2006.12	河北众德环保科技有限公司 河北众联能源环保科技有限公司	唐环发[2007]20 号 唐山局 2009.9.8 文
275	唐山开滦热电有限责任公司	电力	电 182 448 万 kW·h	权全	唐山市古冶区唐家庄	2006.5 2010.6	2006.11	2006.12	2006.12	唐山新宇环保科技有限公司 秦皇岛市博雅管理咨询有限公司	唐环发[2007]20 号
276	唐山市利丰水泥有限公司	水泥	水泥 7 万 t	朱永洪	河北省唐山市古冶区王辇庄乡西北	2008.4	2008.12	2008.12	2009.12	河北众联能源环保科技有限公司	冀环科[2009]56 号

序号	企业名称	所属行业	主要产品及年产量	法人代表	地址	名单公布时间	提交审核报告时间	完成评估时间	完成验收时间	审核咨询服务机构名称	评估验收证明材料
277	大唐国际发电股份有限公司陡河发电厂	电力		张增广	唐山市开平区栗园村北	2007.4	2007.11	2007.12	2007.12	国家清洁生产中心	唐环发[2008]36号
278	河北唐银钢铁有限公司	钢铁	钢 178万t	于勇	河北省唐山市开平区贾庵子村	2008.4	2009.5	2009.5	2010.10	河北省众联能源环保科技有限公司	唐山局2009.9.8文
279	唐山金峰热电有限公司	电力		张宝峰	唐山市唐马路	2007.4	2008.4	2008.4	2008.4	唐山新宇环保科技有限公司	唐环发[2008]119号
280	唐山市渤海水泥总厂	水泥	水泥 34万t	付永魁	开平区前陡河村东	2008.4	2008.12	2008.12	2009.12	河北众联能源环保科技有限公司	冀环科[2009]56号
281	唐山兴业工贸集团有限公司	钢铁	钢坯 86万t	闫占新	开平区越河镇税后村北	2008.4	2008.12	2008.12	2009.12	秦皇岛市博雅管理咨询有限公司	冀环科[2009]56号
282	丰南区钱家营煤矸石综合利用发电有限公司	电力		毕胜友	唐山市丰南区钱家营镇	2009.4	2009.12	2010.1		河北科技大学	
283	唐山贝氏体钢铁（集团）福丰钢铁有限公司	钢铁	钢坯 586 100t	黄志军	唐山市丰南区经济开发区西外环路128号	2008.4	2008.12	2008.12	2009.12	河北众德环保科技有限公司	冀环科[2009]56号

序号	企业名称	所属行业	主要产品及年产量	法人代表	地址	名单公布时间	提交审核报告时间	完成评估时间	完成验收时间	审核咨询服务机构名称	评估验收证明材料
284	唐山贝氏体钢铁（集团）有限公司	钢铁	带钢 90 万 t	张建得	唐山市丰南区丰南镇四王庄西	2006.5 2009.4	2006.11 2010.3	2006.12 2010.3	2006.12	河北众德环保科技有限公司 河北众德环保科技有限公司	冀环办发[2007]10 号 唐山局 2010.3.30 文
285	唐山国丰钢铁有限公司	钢铁	带钢 2 243 000t	张学武	唐山市丰南区青年路 193 号	2007.4 2009.4	2007.11 2009.1	2007.12 2010.1	2007.12	河北众德环保科技有限公司 河北众德环保科技有限公司	唐环发[2008]36 号 唐山局 2010.3.30 文
286	唐山瑞丰钢铁（集团）有限公司	钢铁	带钢 1 800 000t	冬瑞芹	唐山市丰南区小集镇	2006.5	2006.11	2006.12	2006.12	河北众德环保科技有限公司	冀环办发[2007]10 号
287	唐山三友化工股份有限公司	化工	纯碱 19 万 t	幺志义	唐山市南堡开发区	2009.4	2009.12	2010.1	2010.8	河北众德环保科技有限公司	
288	唐山市丰南区黄各庄镇振兴纸厂	造纸			丰南区	2010.6	审核中			河北诺顿环境科技有限公司	
289	唐山市丰南区开源联合总厂						已停产，准备拆除				

序号	企业名称	所属行业	主要产品及年产量	法人代表	地址	名单公布时间	提交审核报告时间	完成评估时间	完成验收时间	审核咨询服务机构名称	评估验收证明材料
290	唐山市丰南区兴达纸业有限公司						停产				
291	唐山小泊宏宇纸业有限公司	造纸			丰南区	2010.6	审核中			河北诺顿环境科技有限公司	
292	蒙牛乳业（唐山）有限责任公司	奶制品	液态奶 24 万 t	温东	唐山市丰润区外环路奶业科技园区	2007.4	2008.3	2008.4	2008.4	唐山环保研究所	唐环发[2008]119 号
293	唐山宝泰钢铁集团乾城特钢有限公司	钢铁			唐山市丰润区	2010.6	审核中			唐山市环保研究所	
294	唐山宝泰钢铁集团有限公司	钢铁	钢坯 48 万 t	王宝财	唐山市丰润区七树庄镇沙河铺	2007.4	2008.4	2008.4	2008.4	唐山市环境保护研究所	唐环发[2008]119 号
295	唐山发电总厂新区热电厂	电力		李金	唐山市丰润区林荫东路 39 号	2006.5	2006.11	2006.12	2006.12	河北省清洁生产中心	唐环发[2007]20 号

序号	企业名称	所属行业	主要产品及年产量	法人代表	地址	名单公布时间	提交审核报告时间	完成评估时间	完成验收时间	审核咨询服务机构名称	评估验收证明材料
296	唐山冀东水泥股份有限公司	水泥	水泥 417 万 t	张增光	河北省唐山市丰润区林荫路	2008.4 2005 年初	2009.1 2005.11	2009.1 2005.12	2009.12 2005.12	唐山新宇环保科技有限公司	唐山局 2009.5.18 文 唐环发[2006]89 号
297	唐山冀丰水泥有限公司	水泥	水泥 50 万 t	王玉洪	唐山市丰润区沙流河镇沙流河村	2008.4	2008.12	2008.12	2009.12	河北洁源安评环保咨询有限	冀环科[2009]56 号
298	唐山市成旺化工有限公司	化工	硝酸铵 5.8 万 t	何永娜	唐山市丰润区新军屯	2007.4	2007.11	2007.12	2007.12	唐山市新宇环保科技有限公司	唐环发[2008]36 号
299	唐山市丰润区大丰钢铁有限公司	钢铁			丰润区	2010.6	审核中			秦皇岛市博雅管理咨询有限公司	
300	唐山市丰润区正达钢铁有限公司	钢铁			丰润区	2010.6	审核中			唐山市环保研究所	
301	唐山市冀东溶剂有限公司	化工	酒精 1.5 万 t	代淑梅	唐山市丰润区厂前路 1 号	2008.4	2008.11	2008.11	2009.12	唐山环保研究所	冀环科[2009]56 号
302	唐山市金鑫钢铁有限公司	钢铁	型钢 12 万 t	王洪宪	唐山市丰润区丰登坞镇	2009.4	2010.1	2010.1		河北海洋环保咨询有限公司	

序号	企业名称	所属行业	主要产品及年产量	法人代表	地址	名单公布时间	提交审核报告时间	完成评估时间	完成验收时间	审核咨询服务机构名称	评估验收证明材料
303	唐山天柱钢铁集团有限公司	钢铁				2010.6	审核中			唐山市环境经济促进会	
304	唐山新金峰纸业有限公司	造纸	牛皮挂面箱板纸 5.3 万 t	何永胜	唐山市丰润区韩城镇	2008.4	2008.12	2008.12	2009.12	唐山环保研究所	冀环科[2009]56 号
305	唐山鑫海钢铁有限公司	钢铁	型钢 12 万 t	王振福	唐山市丰润区张良各庄	2009.4	2010.1	2010.1		河北众德环保科技有限公司	唐山局 2010.3.30 文
306	唐山燕东集团灰剑水泥有限公司						停产				
307	河北蓝贝酒业集团有限公司	啤酒	啤酒 20 万 t	倪春林	河北省唐山市滦县经济开发区	2006.5	2006.11	2006.12	2006.12	唐山市新宇环保科技有限公司	唐环发[2007]20 号
308	冀东水泥滦县有限责任公司	水泥	水泥 99 万 t	张增光	河北省唐山市滦县杨柳庄镇	2008.4 2006.5	2008.12 2006.11	2008.12 2006.12	2009.12 2006.12	唐山新宇环保科技有限公司 唐山新宇环保科技有限公司	唐环发[2009]1 号 唐环发[2007]20 号
309	唐山安泰钢铁有限公司	钢铁	连铸坯 40 万 t	高雄	河北省唐山市滦县东安各庄镇	2008.4	2008.12	2008.12	2009.12	河北众联环保科技有限公司	冀环科[2009]56 号

序号	企业名称	所属行业	主要产品及年产量	法人代表	地址	名单公布时间	提交审核报告时间	完成评估时间	完成验收时间	审核咨询服务机构名称	评估验收证明材料
310	唐山北极熊建材有限公司	水泥	水泥 17 万 t	张振秋	河北省唐山市滦县雷庄镇招商路174 号	2008.4	2008.12	2008.12	2009.12	河北众联能源环保科技有限公司	冀环科[2009]56 号
311	唐山东海钢铁集团有限公司	钢铁	钢材 455 399t	林国镜	河北省唐山市滦县滦州镇后周庄村西	2008.4	2008.12	2008.12	2009.12	河北众联环保科技有限公司	冀环科[2009]56 号
312	唐山市冀滦纸业有限公司	造纸	凸版印刷纸 3.3 万 t	陈生龙	河北省唐山市滦县响嘡镇张疃村东	2007.4	2007.12	2007.12	2007.12	河北众德环保科技有限公司	冀环科[2008]31 号
313	河北永新纸业有限公司	造纸	机制纸板 25 万 t	李宁	河北省唐山市滦南县城关西马路88 号	2006.5 2008.4	2006.11 2009.7	2006.12 2009.7	2006.12 2009.12	河北众德环保科技有限公司 北方设计院	唐环发[2007]20 号 唐山局2009.9.8 文
314	唐山市荣程钢铁有限公司	钢铁	连铸坯 62 万 t	张祥青	河北省唐山市滦南县奔城镇中大街121 号	2008.4	2008.12	2008.12	2009.12	河北众德环保科技有限公司	冀环科[2009]56 号

序号	企业名称	所属行业	主要产品及年产量	法人代表	地址	名单公布时间	提交审核报告时间	完成评估时间	完成验收时间	审核咨询服务机构名称	评估验收证明材料
315	唐山万浦热电有限公司	电力		廖毅成	河北省滦南县谷家营村	2007.4	2008.1	2008.6	2008.6	南开大学清洁生产中心	冀环科[2009]56号
316	乐亭县奥翔木糖醇有限公司		木糖 4 800t	于军平	河北省乐亭县城南韩坨村	2007.4	2008.3	2008.3	2008.3	北方设计研究院	唐环发[2008]119号
317	乐亭县同乐化工有限公司						已拆除				
318	唐山市明春玉米生物工程有限公司						已停产				
319	唐山中厚板材有限公司	钢铁	钢 255万t	史东日	河北省唐山市乐亭县王滩镇	2007.4	2008.3	2008.3	2008.3	北方设计研究院	唐环发[2008]119号
320	河北津西钢铁股份有限公司	钢铁	钢坯 4 377 801t	朱军	迁西县三屯营镇	2006.5	2006.11	2006.12	2006.12	唐山新宇环保科技有限公司	唐环发[2007]20号
321	唐山诚信水泥制造有限公司	水泥	水泥 50万t	王志惠	玉田县股数镇香椿园村	2008.4	2008.12	2008.12	2009.12	唐山新宇环保科技有限公司	冀环科[2009]56号

序号	企业名称	所属行业	主要产品及年产量	法人代表	地址	名单公布时间	提交审核报告时间	完成评估时间	完成验收时间	审核咨询服务机构名称	评估验收证明材料
322	唐山峰越纸业有限公司	造纸			玉田县	2010.6	审核中			河北众联能源环保科技有限公司	
323	唐山弘也水泥有限公司	水泥	水泥 30万t	赵玉福	玉田县孤树镇孤树村	2008.4	2008.12	2008.12	2009.12	唐山新宇环保科技有限公司	冀环科[2009]56号
324	唐山宇峰纸业有限公司	造纸			玉田县	2010.6	审核中			河北众联能源环保科技有限公司	
325	唐山玉螺水泥有限责任公司	水泥	水泥 40万t	江均永	玉田县大安镇后螺山村	2007.4 2009.4	2008.7 2010.1	2008.7 2010.1	2008.7 2010.1	唐山新宇环保科技有限公司	唐环发[2008]119号 唐山局2010.3.30文
326	玉田县昌荣纸业有限公司	造纸			玉田县	2010.6	审核中			河北众联能源环保科技有限公司	
327	玉田县春城水泥有限公司	水泥	水泥 12万t	高福合	玉田县孤树镇北四村	2008.4	2008.12	2008.12	2009.12	唐山新宇环保科技有限公司	冀环科[2009]56号
328	玉田县大众宝来纸业有限公司	造纸	箱板纸 5万t	贾振兴	散水头镇代家屯村	2007.4	2007.11	2007.12	2007.12	唐山新宇环保科技有限公司	冀环科[2008]31号
329	玉田县大众恒信纸业有限公司	造纸	箱板纸 2万t	王彩斌	散水头镇代家屯村	2007.4	2007.11	2007.12	2007.12	唐山新宇环保科技有限公司	冀环科[2008]31号

序号	企业名称	所属行业	主要产品及年产量	法人代表	地址	名单公布时间	提交审核报告时间	完成评估时间	完成验收时间	审核咨询服务机构名称	评估验收证明材料
330	玉田县代家屯第二造纸厂	造纸				2010.6	审核中			河北众联能源环保科技有限公司	
331	玉田县代家屯第四造纸厂	造纸				2010.6	审核中			河北众联能源环保科技有限公司	
332	玉田县代家屯第一造纸厂	造纸					已关闭				
333	玉田县富兴纸业有限公司	造纸				2010.6	审核中			河北众联能源环保科技有限公司	
334	玉田县宏达造纸厂	造纸				2010.6	审核中			河北众联能源环保科技有限公司	
335	玉田县宏利成功纸业有限公司	造纸				2010.6	审核中			河北众联能源环保科技有限公司	
336	玉田县宏利纸业有限公司	造纸				2010.6	审核中			河北众联能源环保科技有限公司	
337	玉田县华鑫纸业有限公司	造纸				2010.6	审核中			河北众联能源环保科技有限公司	
338	玉田县建华纸业有限公司	造纸	箱板纸 3 万 t	王文华	玉田县散水头镇十里坨村	2008.4	2008.12	2008.12	2009.12	唐山市新宇环保科技有限公司	

序号	企业名称	所属行业	主要产品及年产量	法人代表	地址	名单公布时间	提交审核报告时间	完成评估时间	完成验收时间	审核咨询服务机构名称	评估验收证明材料
339	玉田县金龙纸业有限公司	造纸	箱板纸 2.4 万 t	郝荣合	玉田县鸦鸿桥镇草桥头村	2008.4	2008.12	2008.12	2009.12	唐山市新宇环保科技有限公司	
340	玉田县金螺纸业有限公司					2010.6	审核中			河北众联能源环保科技有限公司	
341	玉田县金鑫纸业有限公司					2010.6	审核中			河北众联能源环保科技有限公司	
342	玉田县隆兴造纸厂						停产				
343	玉田县仁和纸业有限公司						停产				
344	玉田县圣泰纸厂					2010.6	审核中			河北众联能源环保科技有限公司	
345	玉田县盛达造纸厂					2010.6	审核中			河北众联能源环保科技有限公司	
346	玉田县四通纸业有限公司					2010.6	审核中			河北众联能源环保科技有限公司	

序号	企业名称	所属行业	主要产品及年产量	法人代表	地址	名单公布时间	提交审核报告时间	完成评估时间	完成验收时间	审核咨询服务机构名称	评估验收证明材料
347	玉田县腾达纸业有限公司					2010.6	审核中			河北众联能源环保科技有限公司	
348	玉田县鑫达纸业有限公司					2010.6	审核中			河北众联能源环保科技有限公司	
349	河北海丰实业集团唐山信诚浆纸有限公司	造纸	瓦楞原纸 4万t	刘春风	唐海县八农场	2007.4	2007.11	2007.12	2007.12	河北洁源安评环保咨询有限公司	冀环科[2008]31号
350	神伦纸业（唐山）有限公司						已拆除				
351	唐海县晨光纸业有限公司	水泥	箱板纸 12 000t	郑有福	唐海县八农场	2007.4	2007.11	2007.12	2007.12	河北洁源安评环保咨询有限公司	唐环发[2008]36号
352	唐海县国信造纸厂						已拆除				
353	唐海县宏达纸业有限责任公司	造纸	白板纸 1.6万t	李连卫	唐海县八农场	2007.4	2008.6	2008.7	2008.7	河北洁源安评环保咨询有限公司	唐环发[2008]119号
354	唐海县盛大纸业有限公司						已关停				
355	唐山诚源纸业有限公司	造纸	瓦楞纸	高庆江	唐海县八农场	2007.5	2010.3	2010.3		河北洁源安评环保咨询有限公司	唐山局2010.3.30文

序号	企业名称	所属行业	主要产品及年产量	法人代表	地址	名单公布时间	提交审核报告时间	完成评估时间	完成验收时间	审核咨询服务机构名称	评估验收证明材料
356	唐山市诚达纸业有限公司	造纸	书写纸 2.5 万 t	郑振丰	唐海县八农场	2006.4	2007.1	2007.1	2007.1	河北洁源安评环保咨询有限公司	唐环发[2008]36 号
357	唐山市诚信纸业有限公司						已拆除				
358	唐山市华兴纸业有限公司	造纸	白板纸 10 000t	杨广俊	唐海县八农场	2007.4	2007.11	2007.12	2007.12	河北洁源安评环保咨询有限公司	冀环科[2008]31 号
359	中国石油天然气股份有限公司冀东油田分公司	石油	原油 200 万 t	苟三权	唐海县	2007.4 2008.4 2009.4	2007.11 2008.9 2009.10	2007.12 2008.10 2009.10	2007.12 2008.10 2010.6	秦皇岛博雅咨询公司	唐环发[2008]36 号 唐环发[2009]1 号 唐山局 2010.3.30 文
360	河北大唐国际王滩发电有限责任公司	电力		安洪光	唐山海港开发区东海路西侧	2007.4	2007.11	2007.12	2007.12	唐山新宇环保科技有限公司	唐环发[2008]36 号
361	唐山三友集团化纤有限公司	化工	黏胶短纤维 10 万 t	幺志义	唐山市南堡开发区	2007.4 2008.4	2007.12 2008.12	2007.12 2008.12	2007.12 2009.12	河北众德环保科技有限公司 河北众德环保科技有限公司	唐环发[2008]36 号 冀环科[2009]56 号

序号	企业名称	所属行业	主要产品及年产量	法人代表	地址	名单公布时间	提交审核报告时间	完成评估时间	完成验收时间	审核咨询服务机构名称	评估验收证明材料
362	唐山三友碱业（集团）有限公司	热电		曾宪国	唐山市南堡开发区	2008.4	2009.1	2009.1	2009.12	唐山市新宇环保科技有限公司	唐山局2009.5.18文
363	唐山相林晓昌皮革有限公司	皮革	牛皮革 39万t	崔世林	唐山市南堡开发区	2008.4	2008.11	2008.11	2009.12	唐山环境经济促进会	冀环科[2009]56号
364	华润电力（唐山曹妃甸）有限公司	电力			唐山曹妃甸	2010.6	审核中			北京百灵天地环保科技有限公司	
365	河北美客多食品集团有限公司	食品			河北省遵化市	2010.6	审核中			秦皇岛市博雅管理咨询有限公司	
366	唐山港陆钢铁有限公司	钢铁	钢坯 2 380 318t	杜振增	河北省遵化市建明镇穆家庄村南	2006.5 2009.4	2006.11 2010.1	2006.12 2010.3	2006.12	河北众德环保科技有限公司 河北众德环保科技有限公司	唐环发[2007]20号 唐山局2010.3.30文
367	唐山港陆焦化有限公司	焦化	焦炭 726 544t	池占江	河北省遵化市建明镇穆家庄村南	2007.4 2009.4	2007.11 2010.1	2007.12 2010.3	2007.12	河北众德环保科技有限公司 河北众德环保科技有限公司	唐环发[2008]36号 唐山局2010.3.30文

序号	企业名称	所属行业	主要产品及年产量	法人代表	地址	名单公布时间	提交审核报告时间	完成评估时间	完成验收时间	审核咨询服务机构名称	评估验收证明材料
368	唐山建龙实业有限公司	钢铁	钢坯 166 万 t	张志祥	河北省遵化市建设南路 32 号	2006.5	2006.11	2006.12	2006.12	河北众德环保科技有限公司	唐环发[2007]20 号
369	唐山金百利啤酒饮料有限公司	啤酒	啤酒 68 000 kL	毕俊辉	河北省遵化市西二环南路	2007.4 2010.6	2008.4 审核中	2008.4	2008.4	河北洁安泰科技服务有限公司 秦皇岛市博雅管理咨询有限公司	唐环发[2008]119 号
370	遵化新利能源开发有限公司	电力			遵化市		停产				
371	河北迁安化肥股份有限公司	化工	合成氨 9.7 万 t	郑宝海	河北省迁安市马兰庄镇	2006.5	2006.11	2006.12	2006.12	河北省环境科学研究院	唐环发[2007]20 号
372	河北省首钢迁安钢铁有限责任公司	钢铁	钢 200 万 t	徐凝	河北省迁安市杨店子镇	2006.5	2006.11	2006.12	2006.12	河北省环境科学研究院	唐环发[2007]20 号
373	迁安恒晖热电有限公司（原胜科热电）	电力		李振金	迁安市迁安镇阚庄村东	2007.4	2007.11	2007.12	2007.12	河北圣洁环境生物科技工程有限公司	冀环科[2008]31 号

序号	企业名称	所属行业	主要产品及年产量	法人代表	地址	名单公布时间	提交审核报告时间	完成评估时间	完成验收时间	审核咨询服务机构名称	评估验收证明材料
374	迁安联钢津安钢铁有限公司	钢铁	烧结矿 133.01 万 t	孟照勤	迁安市大五里乡曹官营村南	2007.4	2007.11	2007.12	2007.12	河北众德环保科技有限公司	唐环发[2008]36 号
375	迁安市大壮工贸有限公司						已拆除				
376	迁安市恒茂纸业有限公司	造纸			迁安市	2010.6	审核中			河北众德环保科技有限公司	
377	迁安市鸿霖纸业有限公司	造纸			迁安市	2010.6	审核中			河北众德环保科技有限公司	
378	迁安市华泰纸业有限责任公司	造纸	机制纸 17 500t	赵小明	河北省迁安市迁安镇丰乐大路 12 号	2007.4	2007.11	2007.12	2007.12	河北省清洁生产中心	冀环科[2008]31 号
379	迁安市九江线材有限公司	钢铁	钢坯 84 万 t	赵玉乔	迁安市木厂口镇松汀村南	2007.4	2007.11	2007.12	2007.12	河北众德环保科技有限公司	唐环发[2008]36 号
380	迁安市联钢燕山钢铁有限责任公司	钢铁	钢坯 202 万 t	王树立	迁安市赵店子镇	2007.4	2007.11	2007.12	2007.12	河北众德环保科技有限公司	唐环发[2008]36 号

序号	企业名称	所属行业	主要产品及年产量	法人代表	地址	名单公布时间	提交审核报告时间	完成评估时间	完成验收时间	审核咨询服务机构名称	评估验收证明材料
381	迁安市荣信工贸有限责任公司	钢铁	烧结矿 106 万 t	宫万芹	河北省迁安市沙河驿镇管庄子	2007.4	2007.11	2007.12	2007.12	河北众德环保科技有限公司	唐环发[2008]36 号
382	迁安市四通纸业有限公司	造纸	胶版印刷纸 2 万 t	杨士伟	迁安市迁安镇余家村	2008.4	2008.11	2008.11	2009.12	北方设计院	冀环科[2009]56 号
383	迁安轧一钢铁集团有限公司	钢铁	铁 165 万 t	孟照勤	迁安蔡园镇新庄村	2008.4	2008.12	2008.12	2009.12	河北众德环保科技有限公司	冀环科[2009]56 号
384	首钢矿业公司	矿业	铁精矿 473.63 万 t	郝树华	河北省迁安市	2007.4 2008.4	2007.11 2008.12	2007.12 2008.12	2007.12 2009.12	河北众德环保科技有限公司	唐环发[2008]36 号 唐环发[2009]1 号
385	唐山建源钢铁有限公司	钢铁	钢坯 10 万 t	马林建	迁安市杨店子镇东	2008.4	2008.12	2008.12		河北众德环保科技有限公司	冀环科[2009]56 号
386	唐山松汀钢铁有限公司	钢铁	生铁 124.8 万 t	孙瑞红	河北省迁安市木厂口镇木厂口村西北	2007.4	2007.11	2007.12	2007.12	河北众德环保科技有限公司	唐环发[2008]36 号
387	唐山市西郊污水处理二厂										

序号	企业名称	所属行业	主要产品及年产量	法人代表	地址	名单公布时间	提交审核报告时间	完成评估时间	完成验收时间	审核咨询服务机构名称	评估验收证明材料
388	唐山市东郊污水处理厂										
389	唐山市北郊污水处理厂										
390	唐山宏源污水处理有限责任公司										
391	唐山市丰南区利源污水处理有限公司										
392	唐山城市排水有限公司丰润污水处理厂										
393	滦县东城水务运营有限责任公司										
394	唐山旭成水质净化有限公司（迁西县污水处理厂）										

序号	企业名称	所属行业	主要产品及年产量	法人代表	地址	名单公布时间	提交审核报告时间	完成评估时间	完成验收时间	审核咨询服务机构名称	评估验收证明材料
395	唐山城市排水有限公司唐海运营公司										
396	南堡开发区污水处理厂										
397	遵化国祯污水处理有限公司										
398	迁安市城市污水处理有限公司										
399	唐山众业不锈钢有限公司	钢铁	钢坯 20 万 t	刘强	开平镇半壁店村	2009.4	2009.12	2009.12	2010.10	唐山环境经济促进会	
400	唐山市清泉钢铁（集团）有限公司	钢铁	钢坯 63 万 t	冯玉权	唐山市丰南区钱营镇闫庄村	2009.4	2009.12	2010.1	2010.10	河北众德环保科技有限公司	
401	唐山友明金属制品有限公司（唐山瑞丰钢铁（集团）金友钢铁有限公司）	钢铁			丰南区	2010.6	审核中			河北众德环保科技有限公司	

序号	企业名称	所属行业	主要产品及年产量	法人代表	地址	名单公布时间	提交审核报告时间	完成评估时间	完成验收时间	审核咨询服务机构名称	评估验收证明材料
402	滦县荣义钢铁有限公司				滦县		高炉拆除，停产				
403	唐山钢铁集团华西钢铁有限公司	钢铁	钢坯 147万t	何建南	河北省唐山市滦南县奔城镇靳营村北	2009.4	2010.1	2010.1		河北众德环保科技有限公司	唐山局2010.3.30文
404	唐山友利焦化有限公司	焦化			迁西县	2010.6	审核中			唐山市环境经济促进会	
405	唐山三友热电有限责任公司	热电		曾宪国	唐山市南堡开发区	2008.4	2009.1	2009.1	2009.12	唐山市新宇环保科技有限公司	唐山局2009.5.18文
406	河北圣雪大成唐山制药有限责任公司	制药			丰润区	2010.6	审核中			河北众德环保科技有限公司	
407	玉田县绿源污水处理有限公司										
408	唐山德龙钢铁有限责任公司（原唐山市恒安实业有限公司）	钢铁	钢坯 35万t	丁立权	唐山市乐亭县汀流河镇	2009.4	2010.1	2010.1		唐山市新宇环保科技有限公司	

序号	企业名称	所属行业	主要产品及年产量	法人代表	地址	名单公布时间	提交审核报告时间	完成评估时间	完成验收时间	审核咨询服务机构名称	评估验收证明材料
409	唐山市昌盛纸业有限公司	造纸	黄板纸 3 万 t	郑永胜	唐海县八农场	2007.4	2008.6	2008.7	2008.7	河北洁源安评环保咨询有限公司	唐环发[2008] 119 号
410	唐山市丰达纸业有限责任公司	造纸	黄板纸 2 万 t	范恩洪	唐海县八农场	2008.4	2008.6	2008.7	2008.7	河北洁源安评环保咨询有限公司	唐环发[2008] 119 号
411	唐山中润煤化工有限公司	煤化工	焦炭 108 万 t	房承宣	唐山海港开发区 3 号路南	2008.4	2009.1	2009.1		唐山新宇环保科技有限公司	唐山局 2009.5.18 文
412	唐山市清泉钢铁集团津丰钢铁有限公司（北阳钢铁）	钢铁	钢坯 456 513t	安慧民	丰南区钱营镇	2009.4	2009.12	2010.1		河北科技大学	
413	唐山东华开钢铁（集团）泰丰钢铁有限公司	钢铁			丰南区	2010.6	审核中			河北众德环保科技有限公司	
414	唐山瑞丰钢铁（集团）粤丰钢铁有限公司	钢铁	钢坯 17 万 t	孙荣才	唐山市丰南区西葛镇工业区	2008.4	2008.12	2008.12	2009.12	河北众德环保科技有限公司	冀环科[2009] 56 号

序号	企业名称	所属行业	主要产品及年产量	法人代表	地址	名单公布时间	提交审核报告时间	完成评估时间	完成验收时间	审核咨询服务机构名称	评估验收证明材料
415	唐山惠达陶瓷（集团）股份有限公司	陶瓷	卫生洁具 1 000 万件	王惠文	唐山市丰南区黄各庄镇	2007.4	2007.12	2007.12	2007.12	河北众德环保科技有限公司	唐环发[2008] 36 号
416	唐山海港开发区污水处理有限公司										
廊坊市											
417	廊坊华日家具有限公司	木质家具制造	年产家具 30 万套	周旭恩	廊坊开发区		2005.10		2005.12.6		廊坊市环保局验收意见
418	固安县永丰新型建材有限公司	非金属矿物制造业	年产砂砖 1.8 亿块，水泥 30 万 t、加气砼 20 万 m^3	陈勇	固安县固安镇北三华里	2006.5.10	2006.10		2006.11.29	河北丽安评价技术咨询有限公司	廊坊市环保局验收意见 廊环科[2006] 9 号
419	永清县天成化工有限公司	化工	年产 1 000t 木糖	潘新丽	廊坊市永清县城东侧	2006.5.10	2006.11		2006.11.28	廊坊市格瑞环保科技开发有限公司	廊坊市环保局验收意见 廊环科[2006] 9 号
420	香河通利达福利纸业有限公司	造纸	已停产								

序号	企业名称	所属行业	主要产品及年产量	法人代表	地址	名单公布时间	提交审核报告时间	完成评估时间	完成验收时间	审核咨询服务机构名称	评估验收证明材料
421	廊坊派皇工贸集团有限公司	制革	年产成品革100万张	李四德	廊坊市文安县	2009.3.2	2009.1.12	2009.12		廊坊市格瑞环保科技开发有限公司	廊环科[2009]2号
422	河北凯跃化工集团有限公司	化工	年产甲醛 40万t	肖跃进	文安县左各庄镇	2009.3.2	2009.1.12	2009.11		廊坊市格瑞环保科技开发有限公司	廊环科[2009]2号
423	河北前进钢铁集团有限公司	黑色金属冶炼及压延加工	年产钢200万t	马西波	霸州市胜芳镇东部	2007.4	2007.10		2008.1.7	河北众联能源环保科技有限公司	廊坊市发改委验收意见
424	梅花生物科技集团股份有限公司	轻工	年产味精 10万t	孟庆山	霸州市东段经济技术开发区	2007.4	2007.11		2008.1.7	河北众德环保科技有限公司	廊坊市发改委验收意见
425	华润雪花啤酒（河北）有限公司	轻工	年产啤酒40万kL	王群	三河市燕郊开发区	2009.3.2	2009.10	2009.12.4	2010.2.19	中环联合环保技术咨询有限公司	廊环科[2010]3号
426	三河发电有限责任公司	火电	2005 年发电量45.6亿 kW·h	宿旭	三河市燕郊开发区	环保部门未下达任务 企业自愿审核	2006.11		2006.11.30	北京 ISO 咨询公司	廊坊市环保局验收意见

序号	企业名称	所属行业	主要产品及年产量	法人代表	地址	名单公布时间	提交审核报告时间	完成评估时间	完成验收时间	审核咨询服务机构名称	评估验收证明材料
427	三河市汇福粮油集团有限公司	轻工	年产大豆油 34 万 t	石克荣	三河市燕郊汇福路西侧	2007.4	2007.11		2008.1.8	河北省清洁生产指导中心	廊坊市发改委验收意见
428	廊坊凯发新泉水务有限公司	水污染治理	日处理污水 8 万 t	王兴贵	廊坊市安次区龙河工业园高孟庄村南	2010.6.28	2010.10	2010.10.14		廊坊市格瑞环保科技开发有限公司	廊环科[2010]15 号
429	廊坊经济技术开发区供水中心污水处理厂	水污染治理	日处理污水 3 万 t	张永忠	廊坊开发区云鹏道与南营干渠间	2010.6.28	2010.10	2010.10.20		廊坊市环科院	廊环科[2010]15 号
430	固安县污水处理厂	水污染治理	日处理污水 1.5 万 t	王文学	廊坊市固安南工业园区	2010.6.28	2010.10			石家庄昊瑞科技有限公司	廊环科[2010]15 号
431	香河三强污水处理厂	水污染治理	日处理生活污水 1.6 万 t	王尚新	香河县淑阳工业园东侧	2010.6.28	2010.10	2010.10.13		廊坊市格瑞环保科技开发有限公司	廊环科[2010]15 号
432	文安县建源污水处理厂	水污染治理	日处理污水 2 万 t		文安县赵各庄	2010.6.28	2010.10	2010.10.19		石家庄海航认证咨询有限公司	廊环科[2010]15 号
433	左各庄镇第一污水处理厂（左各庄镇人民政府）	水污染治理	日处理污水 1 000t	左各庄镇政府	文安县左各庄镇	2010.6.28	2010.10	2010.10.19		石家庄海航认证咨询有限公司	廊环科[2010]15 号

序号	企业名称	所属行业	主要产品及年产量	法人代表	地址	名单公布时间	提交审核报告时间	完成评估时间	完成验收时间	审核咨询服务机构名称	评估验收证明材料
434	霸州市溢昇水务科技有限公司	水污染治理	日处理生活污水 4 万 t	高全生	霸州市太平桥西堤南 1.5 公里	2010.6.28	2010.10			中环联合环保技术咨询有限公司	廊环科[2010]15 号
435	霸州市嘉诚水质净化有限公司	水污染治理	日处理生活污水 2 万 t	李玮	霸州市胜芳镇芳津道 688 号	2010.6.28	2010.10			中环联合环保技术咨询有限公司	廊环科[2010]15 号
436	三河市鼎盛水业发展有限公司	水污染治理	日处理污水 4 500t	赵玉利		2010.6.28	2010.10	2010.10.12		廊坊市格瑞环保科技开发有限公司	廊环科[2010]15 号
437	霸州盛方水务有限公司	水污染治理		傅晓宁	霸州市胜芳镇红光街	2010.6.28	2010.10			中环联合环保技术咨询有限公司	廊环科[2010]15 号
438	三河市龙源水业有限公司	水污染治理	日处理污水 5 万 t	周春生	三河市南环路南红娘港北岸	2010.6.28	2010.10	2010.10.12		廊坊市格瑞环保科技开发有限公司	廊环科[2010]15 号
439	三河市龙源水业有限公司	水污染治理	日处理污水 1.3 万 t	周春生	燕郊开发区电厂西侧	2010.6.28	2010.10	2010.10.12		廊坊市格瑞环保科技开发有限公司	廊环科[2010]15 号
440	三河市金桥水业有限公司	水污染治理	日处理污水 5 万 t	乔俊明	三河市自来水公司综合楼	2010.6.28	2010.10	2010.10.12		廊坊市格瑞环保科技开发有限公司	廊环科[2010]15 号

序号	企业名称	所属行业	主要产品及年产量	法人代表	地址	名单公布时间	提交审核报告时间	完成评估时间	完成验收时间	审核咨询服务机构名称	评估验收证明材料
441	河北燕新建材发展有限公司	水泥	年产水泥 4 500t	张洁	燕郊经济技术开发区	2010.6.28	2010.10	2010.10.16		中环联合环保技术咨询有限公司	廊环科[2010]15号
保定市											
442	大唐保定热电厂	火电行业	发电供热 12.069万kW·h	于保生	保定市新市区光明路1号		2008.2	2008.5	待验收	河北圣洁环境生物科技工程有限公司	冀环科[2008]194号
443	中国石化集团保定石油化工厂	原油加工	蒸气 438 303t	夏军伟	保定市隆兴西路1791号		2008.12	2009.3	2009.9	保定绿缘环保技术评估中心	冀环科[2008]194号
444	保定钞票纸厂	印钞币纸	钞票纸	李晓伟	保定市纸厂路98号		2008.10	2008.11	2008.11	保定绿缘环保技术评估中心	冀环科[2008]194号
445	保定天鹅化纤有限公司	化纤	黏胶长丝	王东兴	保定盛兴西路1369号		2007.10	2007.11	2007.11	河北众联能源环保科技有限公司	冀发改环资[2007]431号
446	河北省眺山化工厂	无机盐	碳酸钾 11 500t	王连华	满城县环城北路		2008.11	2008.11	2009.4	保定市绿缘环保技术评估中心	冀环科[2008]194号
447	徐水县龙源纸业有限公司	造纸行业	卫生纸	赵振海	徐水县		2007.11	2007.12	2007.12	保定市绿缘环保技术评估中心	[2007]保环9号
448	河北省保定太行毛纺集团有限公司	洗毛	洗净羊毛 23 000t	郄国来	徐水县崔庄镇南邵庄村		2009.10	2009.12	2010.5	河北省自动化研究所	冀环科[2009]232号

序号	企业名称	所属行业	主要产品及年产量	法人代表	地址	名单公布时间	提交审核报告时间	完成评估时间	完成验收时间	审核咨询服务机构名称	评估验收证明材料
449	河北保定市东方造纸有限公司	造纸行业	双胶纸等 100 000t	刘振有	徐水县巨力路		2009.6	2009.7	2010.5	河北省自动化研究所	冀环科[2009]118 号
450	定兴县强力水泥有限责任公司	水泥石灰	32.5、42.5 等级矿渣硅	张广田	河北省定兴县国道北大街 192 号		2008.10	2008.12	2010.5	河北科技大学	冀环科[2008]194 号
451	河北八达集团白合水泥有限责任公司	水泥粉磨	水泥 4 500t	李建伟	唐县白合镇		2007.11	2007.12	2007.12	保定市绿缘环保技术评估中心	[2007]保环 9 号
452	涞源县奥宇钢铁有限公司	炼铁	生产铁 12 000t	李金生	涞源县城北		2007.11	2007.12	2007.12	保定市绿缘环保技术评估中心	[2007]保环 9 号
453	涞源爱和特种水泥有限责任公司	水泥行业	水泥 75 000t	苑大海	涞源县北石佛艾河村		2009.5	2009.6	2009.6	保定绿缘环保技术评估中心	冀环科[2009]118 号
454	涞源新昌发电有限责任公司	火电行业	电力 10 280.32 万 kVA	刘风云	涞源县北屯村		2009.5	2009.6	2009.6	保定绿缘环保技术评估中心	冀环科[2009]118 号
455	河北田原化工有限公司	合成氨	液氨、尿素	谷发义	曲阳县复兴街		2007.11	2009.10	2010.5	保定绿缘环保技术评估中心	冀发改环资[2007]431 号
456	河北蠡县耿庄五洋皮革有限公司	制革	制革加工 750 万张	刘占国	河北蠡县留史镇耿庄村		2008.10	2008.11	2009.5	河北东方卓越技术发展有限公司	冀环科[2008]194 号

序号	企业名称	所属行业	主要产品及年产量	法人代表	地址	名单公布时间	提交审核报告时间	完成评估时间	完成验收时间	审核咨询服务机构名称	评估验收证明材料
457	涿州市东立纸业有限公司	板纸行业	面纸板 21 235t	张超英	涿州市刁沃塔照村南		2008.10	2008.11	2009.5	河北省自动化研究所	冀环科[2008]194号
458	涿州市长虹造纸有限公司	工业	牛皮箱板、瓦楞纸	王江	涿州市东仙坡镇下胡良东		2008.11	2008.12	2010.5	河北省自动化研究所	冀环科[2009]232号
459	河北（涿州）新兴化工有限公司	化工行业	氧乐果等 25 450t	王文学	河北省涿州市松林店镇		2008.10	2008.11	2009.5	保定绿缘环保技术评估中心	冀环科[2008]194号
460	定州伊利乳业有限责任公司	食品制造业	“UHT”灭菌乳	孙东宏	定州市伊利工业园区		2008.6	2008.9	2010.5	河北众德环保科技有限公司	冀环科[2009]232号
461	河北旭阳焦化有限公司	炼焦行业	焦炭 12 000t	杨雪岗	定州市西城区		2007.11	2007.12	2007.12	河北省自动化研究所	[2007]保环9号
462	河北国华定州发电有限公司	电力	发电90万kW·h	单群英	定州市开元镇东忽村		2008.10	2008.12	2009.5	河北省石家庄市节能技术咨询公司	冀环科[2008]194号
463	高碑店市澳斯蒂建材有限公司	水泥行业	水泥	薛振彪	高碑店市北大街		2008.12	2009.1	2009.4	保定绿缘环保技术评估中心	冀环科[2008]194号
464	蠡县正忠制革污水处理有限公司	制革	制革加工 1 000万张	余老正	河北蠡县留史镇留史村口		2008.10	2008.11	2009.5	河北绿华环境科技服务有限公司	冀环科[2008]194号

序号	企业名称	所属行业	主要产品及年产量	法人代表	地址	名单公布时间	提交审核报告时间	完成评估时间	完成验收时间	审核咨询服务机构名称	评估验收证明材料
465	保定市三联纸业有限公司	造纸			新市区						
466	河北宝硕股份有限公司氯碱分公司	化工									
467	保定市排水总公司鲁岗污水处理厂	污水处理									
468	保定市排水总公司银定庄污水处理厂	污水处理									
469	保定市溪源污水处理厂	污水处理									
470	定兴县第二水泥厂	水泥			定兴县						
471	涞源县龙泉造纸有限责任公司	造纸			涞源县						
472	涞源县水泥厂	水泥									

序号	企业名称	所属行业	主要产品及年产量	法人代表	地址	名单公布时间	提交审核报告时间	完成评估时间	完成验收时间	审核咨询服务机构名称	评估验收证明材料
473	涞源县污水处理厂	污水处理									
474	保定市太行和益水泥有限公司	水泥			易县						
475	易县钰泉城市建设开发有限公司	污水处理									
476	蠡县朱佐华北制革厂	制革			蠡县						
477	蠡县辛兴纺织城综合开发有限公司	污水处理									
478	蠡县大百尺污水处理厂	污水处理									
479	保定润达纸业有限公司	造纸			满城县						
480	保定鑫盛纸业有限公司	造纸									
481	河北天润纸业有限公司	造纸									

序号	企业名称	所属行业	主要产品及年产量	法人代表	地址	名单公布时间	提交审核报告时间	完成评估时间	完成验收时间	审核咨询服务机构名称	评估验收证明材料
482	河北亚太环境科技发展股份有限公司清苑分公司	污水处理			清苑县						
483	涞水县滨河城市污水处理中心	污水处理			涞水县						
484	高阳县碧水蓝天水务局有限公司	污水处理			高阳县						
485	容城县生态污水处理厂	污水处理			容城县						
486	安新县污水处理厂	污水处理			安新县						
487	涿州市中科国益水务有限公司（西厂）	污水处理			涿州市						
488	涿州市中科国益水务有限公司（东厂）	污水处理									
489	安国市污水处理厂	污水处理			安国市						

序号	企业名称	所属行业	主要产品及年产量	法人代表	地址	名单公布时间	提交审核报告时间	完成评估时间	完成验收时间	审核咨询服务机构名称	评估验收证明材料
沧州市											
490	中国石油化工股份有限公司沧州分公司	石化	轻制油	卢立勇	沧州市		2008.7		2008.9	自审	
491	沧州华润热电有限公司	电力		唐成	沧州市		2009.10		2009.11	河北众联公司	
492	沧州市运西明珠造纸厂	造纸		白玉珠	沧州市				停产		
493	河北沧州大化股份有限公司	化肥	尿素	赵桂春	沧州市		2008.10		2008.12	泊头环保所	
494	沧县顺通纸业制品厂	造纸	包装纸	徐长发	沧县				未审核		
495	沧州大化 TDI 有限责任公司	化工	TDI	赵桂春	沧县		2008.10		2008.12	河北科技大学	
496	沧州科润化工有限公司	化工	农药	吴学军	沧县		2009.9		2009.11	河北诺顿公司	
497	小洋人生物乳业集团有限公司	乳制品	饮料	陈世勇	青县		2010.4		2010.6	沧州金桥	

序号	企业名称	所属行业	主要产品及年产量	法人代表	地址	名单公布时间	提交审核报告时间	完成评估时间	完成验收时间	审核咨询服务机构名称	评估验收证明材料
498	华北石油管理局第一机械厂	机械	钻杆	冯林先	青县		2007.11		2007.12	河北省环科院	
499	河北东光化工有限责任公司	化工	尿素	王治河	东光县		2007.10		2007.12	泊头环保所	
500	河北华戈染料化学股份有限公司	化工	DSD 酸	张保平	东光县		2007.10		2007.11	河北省自动化研究所	
501	唐山三友集团东光浆粕有限责任公司	化纤	浆粕	毕绍新	东光县		2008.10		2008.12	河北省自动化研究所	
502	沧州汇河纸业有限公司	造纸	包装纸	李占亭	盐山县				停产		
503	河北省吴桥县宏光纸业有限公司	造纸	新闻纸	陈玉龙	吴桥县		2008.11		2008.11	河北众联公司	
504	吴桥大鹏医药化工有限公司	医药化工	二甲基苯胺	陶彦葆	吴桥县		2008.11		2008.12	河北省自动化研究所	
505	吴桥顺达化工有限责任公司	化工		刘国强	吴桥县				未审核		
506	吴桥县东方纸业有限公司	造纸	包装纸	冯国臣	吴桥县				未审核		

序号	企业名称	所属行业	主要产品及年产量	法人代表	地址	名单公布时间	提交审核报告时间	完成评估时间	完成验收时间	审核咨询服务机构名称	评估验收证明材料
507	河北日新制瓶有限公司	玻璃	酒瓶	祝景伦	献县		2006.11		2006.11	自审核	
508	河北燕京啤酒有限公司	制酒	啤酒	王启林	献县		2008.11		2008.11	沧州金桥	
509	任丘市天友纸业有限公司	造纸	包装纸		任丘市				未审核		
510	任丘市中良造纸厂	造纸	包装纸	王忠良	任丘市				未审核		
511	中国石油天然气股份有限公司华北石化分公司	石化	轻质油	刘存柱	任丘市		2009.12		2009.12	河北众德公司	
512	沧州大化集团黄骅氯碱有限责任公司	化工	烧碱 液氯	武洪才	黄骅市		2009.11		2009.12	沧州金桥	
513	河北国华沧东发电有限责任公司	电力		毛迅	渤海新区		2010.4		2010.5	河北省清洁生产技术服务中心	
514	河北金牛化工股份有限公司树脂分公司	化工	聚氯乙烯	祁泽民	渤海新区		2009.9		2009.9	泊头环科所	

序号	企业名称	所属行业	主要产品及年产量	法人代表	地址	名单公布时间	提交审核报告时间	完成评估时间	完成验收时间	审核咨询服务机构名称	评估验收证明材料
515	河北中捷石化集团有限公司	石化	轻质油	董孝利	渤海新区		2006.11		2006.11	自审核	
516	中国石油大港油田第六采油厂	石油	原油	赵志勇	渤海新区		2008.12		2008.12	北方设计院	
517	河间市保久纸业有限公司	造纸	包装纸	扬赞斗	河间市		2008.12		2008.12	自审核	
518	河间市伟业纸业有限公司	造纸	包装纸	韦艳	河间市				审核中		
519	河间瀛州化工有限责任公司	化工	尿素	常润兰	河间市		2006.10		2006.11	泊头环科所	
520	沧州市运东污水处理厂			刘金征	沧州市				未审核		
521	青县城西污水处理厂			戴秀芬	青县				未审核		
522	肃宁县第一污水处理有限公司			王立君	肃宁县				未审核		
523	吴桥县污水处理厂			李景峰	吴桥县				未审核		

序号	企业名称	所属行业	主要产品及年产量	法人代表	地址	名单公布时间	提交审核报告时间	完成评估时间	完成验收时间	审核咨询服务机构名称	评估验收证明材料
524	黄骅市金华化工有限责任公司	化工	烧碱 液氯 盐酸	罗金城					审核中		
衡水市											
525	邯钢集团衡水薄板有限责任公司	金属深加工	钢板钢管 60 万 t	李文彬	衡水市	2008 年 4 月	2008 年 11 月	2008 年 12 月	2009 年 7 月	石家庄博威企业管理咨询有限公司	衡环科[2009]6 号
526	衡水市京华制管有限公司	机械加工	钢管	杜双华	衡水市	2008 年 4 月	2008 年 10 月	2008 年 11 月	2009 年 7 月	石家庄博威企业管理咨询有限公司	冀环科[2009]56 号
527	河北冀衡化学股份有限公司	化工	消毒剂 5 万 t	肖秋生	衡水市	2008 年 4 月	2008 年 10 月	2008 年 11 月	2009 年 7 月	河北洁源安评环保咨询有限公司	冀环科[2009]56 号
528	衡水东风化工有限责任公司	化工	葵二酸 2 万 t	韩厚义	衡水市	2008 年 4 月	2008 年 10 月	2008 年 11 月	2009 年 7 月	河北科技大学	冀环科[2009]56 号
529	冀州市春风铸业有限责任公司	铸造机械加工	铸件 55 万 t	孔令东	冀州市	2008 年 4 月	2008 年 11 月	2008 年 12 月	2009 年 7 月	衡水市环保研究所	衡环科[2009]6 号
530	冀州市银海化肥有限责任公司	化工	化肥 3 万 t	聂平海	冀州市	2008 年 4 月	2008 年 10 月	2008 年 11 月	2009 年 7 月	衡水市环保研究所	冀环科[2009]56 号

序号	企业名称	所属行业	主要产品及年产量	法人代表	地址	名单公布时间	提交审核报告时间	完成评估时间	完成验收时间	审核咨询服务机构名称	评估验收证明材料
531	河北油棉针染厂	化工		李殿顺	冀州市	2008年4月	2008年10月	2008年11月	2009年7月	衡水市环保研究所	衡环科[2009]6号 已破产
532	河北冀衡化学股份有限公司武邑分公司	化工	消毒剂 1万t	肖辉	武邑县	2008年4月	2008年10月	2008年11月	2009年7月	河北洁源安评环保咨询有限公司	冀环科[2009]56号
533	河北美利达股份有限公司	化工	颜料	李进栓	桃城区	2008年4月	2008年10月	2008年11月	2009年7月	衡水市环保研究所	冀环科[2009]56号
534	河北省景县津龙良种猪养殖有限公司	养殖	生猪 4.1万头	贾连海	景县	2008年4月	2008年10月	2008年11月	2009年7月	河北省自动化研究所	衡环科[2009]6号
535	阜城县华兴服装有限公司	加工	服装印染 5 000万m	高秀娟	阜城县	2008年4月	2008年10月	2008年11月	2009年7月	衡水市环保研究所	冀环科[2009]56号
536	河北学洋明胶蛋白厂		明胶	宋海新	阜城县	2008年4月	2009年6月	2009年7月	2009年11月	河北东方卓越技术发展有限公司	衡环科[2009]8号
537	河北裕丰实业股份有限公司京安分公司	养殖	生猪 15万头	魏志民	安平县	2009年3月	2008年10月	2009年11月	2009年11月	河北省自动化研究所	衡环科[2009]7号

序号	企业名称	所属行业	主要产品及年产量	法人代表	地址	名单公布时间	提交审核报告时间	完成评估时间	完成验收时间	审核咨询服务机构名称	评估验收证明材料
538	衡水京华化工厂	化工	葵二酸	赵国庆	衡水市	2008年4月	2008年11月	2009年12月	2010年4月	石家庄博威企业管理咨询有限公司	
539	衡水老白干酿酒集团有限公司	轻工	白酒 8万t	张新广	衡水市	2008年4月	2008年11月	2009年12月	2010年4月	衡水市环保研究所	
540	河北省冀州市热电厂	电力	电	王海江	冀州市	2008年4月	2008年11月	2009年12月	2010年4月	衡水市环保研究所	
541	衡丰发电有限责任公司	电力	电 300×2MW	张新广	衡水市	2006年4月	2006年11月		2006年12月	河北省清洁生产指导中心	
542	衡水恒兴发电有限责任公司	电力	电 300×2MW	王津生							
543	河北冀衡集团（药业）有限公司	化工	原料药 1 950t	王平生	衡水市	2006年4月	2006年11月		2006年12月	河北众德环保科技有限公司	
544	深州市化肥总厂	化工	化肥 10万t	王占礼	深州市	2007年4月	2007年11月		2007年12月	石家庄	冀环科[2008]31号
545	河北环达纸业有限公司	造纸	纸	王志成	景县	2007年4月	2007年11月		2007年12月	河北省自动化研究所	冀环科[2008]31号

序号	企业名称	所属行业	主要产品及年产量	法人代表	地址	名单公布时间	提交审核报告时间	完成评估时间	完成验收时间	审核咨询服务机构名称	评估验收证明材料
546	河北天沣肥业有限公司	化工	化肥	牛二服	深州市	2006年3月	2006年11月		2006年12月		衡环科[2006]10号停产
547	衡水华泰明胶有限公司	加工业	工业明胶	孙海军	阜城县	2006年3月	2006年11月		2006年12月		衡环科[2006]10号
548	冀州市华阳化工有限责任公司	化工	甘氨酸 300t	冯秀强	冀州市	2006年3月	2006年11月		2006年12月		衡环科[2006]10号
549	沈阳东北助剂化工有限公司	化工	橡胶助剂 1万t	游路军	武强县	2006年3月	2006年11月		2006年12月		衡环科[2006]10号
550	河北景化化工有限公司	化工	化肥 85万t	鲜卫东	景县龙华镇	2005年4月	2005年11月		2005年12月		衡环科[2005]8号
551	河北瑞鑫化工有限公司	化工	碱性品绿 1 500t	刘瑞明	武强县	2006年3月	2006年11月		2006年12月		衡环科[2006]7号
552	饶阳县通达色纺织厂	纺织	布 500t	王平托	饶阳县	2006年3月	2006年11月		2006年12月		衡环科[2006]7号
553	阜城县福原食品有限公司	食品	淀粉	高玉森	阜城县大白乡	2005年4月	2005年11月		2005年12月		衡环科[2005]8号停产

序号	企业名称	所属行业	主要产品及年产量	法人代表	地址	名单公布时间	提交审核报告时间	完成评估时间	完成验收时间	审核咨询服务机构名称	评估验收证明材料
554	河北衡水远大集团棉纺织总厂	纺织	布	梁洪路	衡水市	因改制，基本处于停产状态					
555	衡水华兴养殖有限公司	养殖	生猪				政府关停				
556	衡水市新冀热电有限公司	电力	电 2×12MW	蔡龙海	衡水市	以前未开展清洁生产审核					
557	河北冀衡（集团）化肥有限公司	化工	化肥 20 万 t	张满才	衡水市	以前未开展清洁生产审核					
558	衡水市污水处理厂	污水处理	10 万 t/d	高树国	衡水市	以前要求可不开展清洁生产审核					
559	饶阳县喜奥保健食品有限公司	食品	萝卜汁	李士峰	饶阳县	以前未开展清洁生产审核；胡萝卜汁生产线已拆除，现在只灌装	停产				

序号	企业名称	所属行业	主要产品及年产量	法人代表	地址	名单公布时间	提交审核报告时间	完成评估时间	完成验收时间	审核咨询服务机构名称	评估验收证明材料
560	饶阳县新源布业有限公司	纺织	布		饶阳县	以前未开展清洁生产审核	停产				
561	安平县京涛养殖有限公司	养殖	生猪 3 万头	刘振	安平县	以前未开展清洁生产审核					
562	故城县城北帆布轧染厂	印染	绿帆布 600 万 m	刁其言	故城县	以前未开展清洁生产审核					
563	故城县彩虹帆布染整厂	印染	绿帆布		故城县	以前未开展清洁生产审核	停产				
564	阜城县刘南工业明胶一厂		工业明胶			以前未开展清洁生产审核	停产				
565	河北三叶生物技术有限公司					以前未开展清洁生产审核	停产				

序号	企业名称	所属行业	主要产品及年产量	法人代表	地址	名单公布时间	提交审核报告时间	完成评估时间	完成验收时间	审核咨询服务机构名称	评估验收证明材料
566	深州市污水处理厂	污水处理	2.5 万 t/d	刘廷良	深州市	以前要求可不开展清洁生产审核					
567	枣强县大营镇污水处理厂	污水处理	1.5 万 t/d	袁文虎	枣强县大营镇	以前要求可不开展清洁生产审核					
邢台市											
568	德龙钢铁有限公司烧结厂	钢铁	生铁 180 万 t、钢坯 200 万 t、钢材 200 万 t	丁立国	邢台县	2006	2006	2006	2009	河北众德环保科技有限公司	
569	邢台未来冶炼铸造有限公司	钢铁	铁 50 万 t	吴树岭	内邱县	2006	2006	2006	2009	河北众联能源环保科技有限公司	
570	内邱顺达冶炼铸造有限责任公司	钢铁	生铁 20 万 t	宋国民	内邱县	2006	2006	2006	2009	河北众联能源环保科技有限公司	
571	邢台钢铁有限责任公司	钢铁	烧结矿 378.1 万 t、球团矿 91.9 万 t、铁水 232.0 万 t、钢坯 237.8 万 t、线材 231.1 万 t	袁世臻	邢台市	2006	2006	2006	2009	河北众联能源环保科技有限公司	

序号	企业名称	所属行业	主要产品及年产量	法人代表	地址	名单公布时间	提交审核报告时间	完成评估时间	完成验收时间	审核咨询服务机构名称	评估验收证明材料
572	河北宁纺集团有限公司	纺织	染色面料 2 000 万 m	苏瑞广	宁晋县	2006	2006	2006	2009	河北海天环保工程有限公司	
573	河北大光明实业集团	化工	炭黑 4 万 t	赵增校	沙河市	2006	2006	2006	2009	河北省地理科学研究所	
574	河北健民淀粉糖业有限公司	淀粉工业	淀粉 20 万 t 葡萄糖 6 万 t	孙秋英	宁晋县	2008	2008	2008	2010	河北省科学院自动化研究所	
575	河北奎山水泥集团有限公司	建材	水泥 124 万 t	宋利平	隆尧县	2007	2007	2007	2009	河北众联能源环保科技有限公司	
576	沙河市久发纸业有限公司	造纸	箱板纸 4.1 万 t	张贤军	沙河市	2007	2007	2007	2009	河北众联能源环保科技有限公司	
577	河北航宇集团有限公司	造纸	书写纸、有光纸、双胶纸等，年产量约 5.8 万 t	刘同林	南和县	2007	2007	2007	2009	河北省鸿祥科技开发有限公司	
578	河北燕南食品有限公司	食品	国标特级玉米淀粉 21t、高麦芽糖 8 万 t、各类高、中档糖果 2 万 t	王永计	巨鹿县	2007	2007	2007	2009	河北省科学院自动化研究所	

序号	企业名称	所属行业	主要产品及年产量	法人代表	地址	名单公布时间	提交审核报告时间	完成评估时间	完成验收时间	审核咨询服务机构名称	评估验收证明材料
579	中钢集团邢台机械轧辊（集团）有限公司	机械制造	年产各类轧辊6.26万t	薛灵虎	邢台市	2007	2007	2007	2009	河北众联能源环保科技有限公司	
580	河北金牛能源股份有限公司东庞矿矸石电厂	煤炭	原煤250万t，洗精煤193万t，发电1.14亿kW·h	杜士波	内邱县	2007	2007	2007	2009	河北省科学院自动化研究所	
581	沙河市安全实业有限公司	玻璃	浮法玻璃231万重量箱	姚建龙	沙河市	2007	2007	2007	2009	河北众联能源环保科技有限公司	
582	河北省华远冶金有限公司	钢铁	生铁60万t 机烧130万t	王佩行	沙河市	2008	2008	2008	2009	河北洁源安评环保咨询有限公司	
583	河北金牛能源股份有限公司章村矿矸石电厂	煤炭	烟煤产量119.4万t，发电量28 551万kW·h	吴红林	沙河市	2008	2008	2008	2009	河北众联能源环保科技有限公司	
584	隆尧华瑞热电有限公司	电力	发电量为26 400万kW·h年供热369.05万GJ	韩国照	隆尧县	2008	2008	2008	2009	河北众联能源环保科技有限公司	
585	国营邢台能源开发有限公司邢东热电厂	电力	年发电量1.44×10^8kW·h，供热275万GJ	王国厚	邢台市	2008	2008	2008	2009	河北洁源安评环保咨询有限公司	

序号	企业名称	所属行业	主要产品及年产量	法人代表	地址	名单公布时间	提交审核报告时间	完成评估时间	完成验收时间	审核咨询服务机构名称	评估验收证明材料
586	河北金隆水泥集团有限公司	水泥	水泥 26.95 万 t	宋国平	隆尧县	2008	2008	2008	2009	河北众联能源环保科技有限公司	
587	河北金牛能源股份有限公司矸石热电厂	电力	发电量 35 493 万 kW·h，供热量 162 万 GJ	李永生	邢台市桥西区	2008	2008	2008	2009	河北众联能源环保科技有限公司	
588	沙河市恒源造纸厂	造纸	年产沙管纸 6 万 t	姚进才	沙河市	2008	2008	2008	2009	河北海天环保设备工程有限公司	
589	邢台市天虹化工有限公司	化工	年产染料 3 200t	王卫朝	任县	2008	2008	2008	2009	河北科技大学	
590	河北玉锋淀粉糖业集团有限公司	淀粉工业	生产淀粉 20 万 t，口服葡萄糖 3 万 t	王玉锋	宁晋县	2008	2008	2008	2009	北方设计研究院	
591	河北兴泰发电有限责任公司	电力	发电量 90 多亿 kW·h	韩国照	邢台市桥西区	2008	2008	2008		河北众德环保科技有限公司	
592	建滔（河北）焦化有限责任公司	化工	焦炭产量为 108.63 万 t	韩国凯	内邱县	2008	2008	2008		河北众联能源环保科技有限公司	
593	邢台龙海钢铁集团有限公司	钢铁	铁、钢、材年产量将达到各 500 万 t	王朝军	内邱县	2008	2008	2008		河北众联能源环保科技有限公司	

序号	企业名称	所属行业	主要产品及年产量	法人代表	地址	名单公布时间	提交审核报告时间	完成评估时间	完成验收时间	审核咨询服务机构名称	评估验收证明材料
594	邢台金柏浆粕有限公司				柏乡县	2009	2009	2009		河北省科学院自动化研究所	
595	河北中联水泥有限公司				内丘县	2007	2007	2007			
596	沙河市东方纸业有限公司				沙河市	2008	2008	2008			
597	沙河市光华造纸厂				沙河市	2008	2008	2008			
598	沙河市锦馨纸业有限公司				沙河市	2008	2008	2008			
599	今麦郎食品有限公司				隆尧县	2007	2007	2007			
600	河北邢台晶牛玻璃股份有限公司				邢台市	2009	2009	2009			
601	河北金牛能源股份有限公司钾碱分公司				邢台市	2007	2007	2007	2010	河北众联能源环保科技有限公司	
602	河北金牛能源股份有限公司显德汪矿矸石电厂				邢台市	2009	2009	2009	2010	河北省科学院自动化研究所	

序号	企业名称	所属行业	主要产品及年产量	法人代表	地址	名单公布时间	提交审核报告时间	完成评估时间	完成验收时间	审核咨询服务机构名称	评估验收证明材料
603	邢台旭阳焦化有限公司				邢台市	2007	2007	2007			
604	河北中煤旭阳焦化有限公司				邢台县	2007	2007	2007			
605	河北兴茂轮胎有限责任公司				邢台市	2007	2007	2007			
606	临城县三阳焦化有限公司				临城县	2009					
607	河北吉泰特钢有限公司				邢台市	2007	2007	2007			
608	河北龙星化工集团有限责任公司				沙河市	2009	2009	2009			
609	沙河市长城玻璃有限公司				沙河市	2009	2009	2009			
610	河北天福水泥				临城县	2010					
611	河北金牛能源股份有限公司水泥厂				邢台市	2010					

序号	企业名称	所属行业	主要产品及年产量	法人代表	地址	名单公布时间	提交审核报告时间	完成评估时间	完成验收时间	审核咨询服务机构名称	评估验收证明材料
612	河北中明纸业有限公司				邢台市	2010					
613	丰源特种纸业有限公司				柏乡县	2010					
614	河北迎新集团矸石热电有限公司				沙河市	2010					
615	河北奎山集团临城水泥有限公司				临城县	2010					
616	邢台市农药有限公司				任县	2010					
617	沙河市恒森涂布纸有限公司				沙河市	2010					
618	沙河市恒利纸业有限公司				沙河市	2010					
619	河北安仁实业集团热电有限公司				沙河市	2010					
620	沙河市燕王矸石发电有限公司				沙河市	2010					

序号	企业名称	所属行业	主要产品及年产量	法人代表	地址	名单公布时间	提交审核报告时间	完成评估时间	完成验收时间	审核咨询服务机构名称	评估验收证明材料
621	河北中达集团有限责任公司矸石热电厂				内丘县	2010					
622	内丘县顺达焦化有限责任公司				内丘县	2010					
623	河北中达集团有限责任公司水泥厂				内丘县	2010					
624	河北东方热电有限公司				清河县	2010					
625	沙河市鑫源涂布纸厂										
626	柏乡县金地纸业有限公司										
627	柏乡县金东纸业有限公司										
628	临西县银宏纸业有限责任公司										

序号	企业名称	所属行业	主要产品及年产量	法人代表	地址	名单公布时间	提交审核报告时间	完成评估时间	完成验收时间	审核咨询服务机构名称	评估验收证明材料
629	临西县春光木纹板纸厂										
630	河北省沙河市纸业公司										
631	邢台市污水处理厂										
632	邢台市小黄河围寨河管理处胜利水厂										
633	邢台市小黄河围寨河管理处金华污水处理厂										
634	邢台市小黄河围寨河管理处南小汪污水处理厂										
635	邢台市小黄河围寨河管理处围寨河污水处理厂										

序号	企业名称	所属行业	主要产品及年产量	法人代表	地址	名单公布时间	提交审核报告时间	完成评估时间	完成验收时间	审核咨询服务机构名称	评估验收证明材料
636	河北金牛能源股份有限公司邢台矿污水处理厂										
637	河北金牛能源股份有限公司东庞矿污水处理厂										
638	内丘县污水处理厂										
639	宁晋县碧源污水处理厂										
640	清河县污水处理厂										
641	南宫嘉诚水质净化有限公司										
642	沙河市污水处理厂										
邯郸市											
643	河北马头发电有限责任公司	发电	发电量 59.1 亿 kW·h	—	邯郸市马头生态工业城	2007.4.5	2007.11.20	—	2007.12.1	河北众德环保科技有限公司	市局 [2008] 56 号文件

序号	企业名称	所属行业	主要产品及年产量	法人代表	地址	名单公布时间	提交审核报告时间	完成评估时间	完成验收时间	审核咨询服务机构名称	评估验收证明材料
644	中国国电集团公司邯郸热电厂	热电	供热发电	—	邯郸市	—	—	—	发改委07年	—	—
645	新兴铸管股份有限公司	铸管	离心球墨铸铁管生产达到135万t	—	武安市	2008.4.1	2009.1.1	2009.1.9	2010.5.18	河北众德环保科技有限公司	市局出具验收意见，铸管分厂
646	邯郸钢铁集团有限责任公司	钢铁	钢铁	—	邯郸市	—	—	—	—	河北众德环保科技有限公司	市局文件、市局出具验收意见，2006—2009年8个分厂开展过
647	河北太行水泥股份有限公司	水泥	硅酸盐水泥240万t	—	峰峰矿区	2008.4.1	2008.12.19	2008.12.29	2010.2.2	河北科技大学	市局出具验收意见
648	河北邯峰发电有限责任公司	发电	发电量74.3亿kW·h	—	峰峰矿区	2008.4.1	2009.1.5	2009.1.15	2010.2.7	河北众联能源环保科技有限公司	市局出具验收意见
649	邯郸市峰峰矿区华瑞热电有限责任公司	—	—	—	峰峰矿区	—	—	—	—	—	

序号	企业名称	所属行业	主要产品及年产量	法人代表	地址	名单公布时间	提交审核报告时间	完成评估时间	完成验收时间	审核咨询服务机构名称	评估验收证明材料
650	天津天铁冶金集团有限公司	钢铁	钢铁	—	涉县	2008.4.1	2009.11.1	2009.11.8	2009.11.8	河北众联能源环保科技有限公司	
651	国电河北龙山发电有限责任公司	—	—	—	涉县	—	—	—	—	—	
652	邯郸市市政污水处理有限责任公司	—	—	—	邯郸市	—	—	—	—	—	
653	邯郸市市政污水处理有限责任公司	—	—	—	邯郸市	—	—	—	—	—	
654	邯郸通用污水处理有限责任公司	—	—	—	邯郸市	—	—	—	—	—	
655	冀中能源峰峰集团有限公司薛村矸石热电厂	热电	年发电量 27×10^{8} MWh 年供热量 27.09×10^{4} GJ	—	峰峰矿区	2009.4	2009.10.20	2009.10.29	2009.10.29	河北省自动化研究所	市局出具验收意见
656	冀中能源峰峰集团有限公司孙庄矸石热电厂	热电	热电	—	峰峰矿区	2007.4.5	2007.11.20	—	2007.12.1	河北省自动化研究所	市局[2008]56号文件，省厅验收

序号	企业名称	所属行业	主要产品及年产量	法人代表	地址	名单公布时间	提交审核报告时间	完成评估时间	完成验收时间	审核咨询服务机构名称	评估验收证明材料
657	邯郸峰煤电业有限公司	热电	供热 72.5×10^4 GJ 电 $17\,280\times10^4$ kW·h	—	峰峰矿区	2008.4.1	2008.12.19	2008.12.29		河北省自动化研究所	市局[2009]31号文件
658	邯郸市九龙热电有限公司	热电	供热发电	—	峰峰矿区	—	—	—	发改委2009年8月28日	—	—
659	邯矿集团陶二矸石热电厂	热电	发电41 107万kW·h、供热$311\,600\times10^6$ kJ	—	武安市	2008.4.1	2008.12.19	2008.12.29	—	河北众德环保科技有限公司	市局[2009]31号文件
660	邯郸矿业集团云宁矸石热电有限公司	热电	年供电量 5.5×10^8 MWh 年供热量 2.98×10^5 GJ	—	武安市	2009.4	2009.12.20	2009.12.29	2009.12.29	丽安评价技术咨询有限公司	市局出具验收意见
661	武安市鑫山钢铁有限公司	钢铁	年产40万t烧结矿	—	武安市	2008.4.1	2008.12.13	2008.12.23	2009.11.4	丽安评价技术咨询有限公司	市局出具验收意见
662	武安市顶峰热电有限公司	热电	供热发电	—	武安市	2008.4.1	2008.12.14	2008.12.24	2009.9.16	鸿祥科技开发公司	市局出具验收意见

序号	企业名称	所属行业	主要产品及年产量	法人代表	地址	名单公布时间	提交审核报告时间	完成评估时间	完成验收时间	审核咨询服务机构名称	评估验收证明材料
663	河北普阳冶金铸造有限公司	钢铁	粗钢生产能力200t	—	武安市	2006.4.4	2006	—	2006	河北科技大学	市局[2007]22号文件
664	河北新金钢铁有限公司	钢铁	生铁 150×10^4 t 粗钢 150×10^4 t	—	武安市	2007.4.5	2007.12.1	—	2007.12.8	北方设计研究院	市局[2008]56号文件
665	河北玉洲煤化工业股份有限公司	煤化工	年产焦炭85万t、煤焦油3万t、日产煤气量24万 m^3	—	武安市	2006.4.4	2006.12.20	—	2006.12.28	河北科技大学	市局[2007]22号文件
666	河北东山冶金工业有限公司	钢铁	钢坯200万t、生铁150万t	—	武安市	2007.4.5	2007.12.1	—	2007.12.8	北方设计研究院	市局[2008]56号文件
667	河北文丰钢铁有限公司	钢铁	中宽带钢60万t、宽厚板80万t	—	武安市	2007.4.5	2007.12.9	—	2007.12.29	河北洁源安评环保咨询有限公司	市局[2008]56号文件
668	武安市裕华钢铁有限公司	钢铁	生铁120万t、钢坯70万t	—	武安市	2007.4.5	2008.3.1	—	2008.3.4	河北洁源安评环保咨询有限公司	市局[2008]56号文件
669	武安市烘熔钢铁有限公司	钢铁	钢铁	—	武安市	2007.4.5	2007.12.1	—	2007.12.8	北方设计研究院	市局[2008]56号文件
670	元宝山（邯郸）钢铁能源有限公司	钢铁	钢铁	—	武安市	2007.4.5	2007.12.9	—	2007.12.29	武安市环保研究所	市局[2008]56号文件

序号	企业名称	所属行业	主要产品及年产量	法人代表	地址	名单公布时间	提交审核报告时间	完成评估时间	完成验收时间	审核咨询服务机构名称	评估验收证明材料
671	河北亿丰热电有限公司	—	—	—	武安市	—	—	—	—	—	
672	武安市神华水处理有限公司	—	—	—	武安市	—	—	—	—	—	
673	河北兴华钢铁有限公司	钢铁	钢铁	—	武安市	2008.4.1	2009.9.20	2009.9.29	—	市环保研究所	市局出具验收意见
674	邯郸市筑宏水泥有限责任公司	水泥	矿渣硅酸盐水泥、生产能力30万t	—	峰峰矿区	2008.4.1	2008.12.2	2008.12.10	2009.12.23	河北洁源安评环保咨询有限公司	市局出具验收意见
675	峰峰矿区彭楠焦化有限公司	焦化	焦炭年产62t	—	峰峰矿区	2008.4.1	2008.11.15	2008.11.30	2009.12.22	河北众联能源环保科技有限公司	市局出具验收意见
676	峰峰矿区合信钢铁有限公司	钢铁	生铁年产 27万t	—	峰峰矿区	2008.4.1	2008.12.4	2008.12.14	2009.12.23	邯郸市环保研究所	市局出具验收意见
677	邯郸市荣喜钢铁有限公司	—	—	—	峰峰矿区	—	—	—	—	—	
678	华瑞（邯郸）冶金铸造有限公司	冶金	生铁、生产能力75万t	吴建民	峰峰矿区	2008.4.1	2008.12.4	2008.12.14	2009.12.22	邯郸市环保研究所	市局出具验收意见
679	峰峰矿区宝信钢铁有限公司	钢铁	生铁60万t	—	峰峰矿区	2009.4	2009.12	2010.1.6	2010.1.6	河北圣洁环境生物科技工程有限公司	市局出具验收意见

序号	企业名称	所属行业	主要产品及年产量	法人代表	地址	名单公布时间	提交审核报告时间	完成评估时间	完成验收时间	审核咨询服务机构名称	评估验收证明材料
680	峰峰众鑫煤焦化有限责任公司	焦化	冶金焦 60 万 t	—	峰峰矿区	2008.4.1	2008.11.15	2008.11.30	2009.12.22	河北省自动化研究所	市局出具验收意见
681	峰峰矿区峰峰供水有限责任公司	—	—	—	峰峰矿区	—	—	—	—	—	
682	邯郸成晟水务有限公司	—	—	—	峰峰矿区	—	—	—	—	—	
683	河北省永年县化肥厂	化肥	碳酸氢铵能力达到 28 万 t/a	—	永年县	2008.4.1	2009.1.1	2009.1.3	2009.11.26	河北省自动化研究所	市局出具验收意见
684	邯郸市紫山特钢集团有限公司	钢铁	年炼特钢 20 万 t	—	永年县	2009.4	2009.12	2010.1.15	2010.1.15	河北省自动化研究所	市局出具验收意见
685	永年县永美热电有限公司	热电	年发电 1.32 亿 kW·h，供热量 218 GJ	—	永年县	2009.4	2009.12	2010.1.15	2010.1.15	河北省自动化研究所	市局出具验收意见
686	河北永洋钢铁有限公司	钢铁	钢铁	—	永年县	2008.4.1	2009.11.1	2009.11 7	2009.11.7	河北省自动化研究所	
687	永年县县城污水处理厂	污水处理	日处理 3 万 t	—	永年县	2009.4	2009.12.1	2009.12 30	2009.12.30	河北省鸿祥科技开发有限公司	市局出具验收意见

序号	企业名称	所属行业	主要产品及年产量	法人代表	地址	名单公布时间	提交审核报告时间	完成评估时间	完成验收时间	审核咨询服务机构名称	评估验收证明材料
688	河北纵横钢铁集团有限公司	钢铁	—	—	邯郸县	—	—	—	发改委2007年	—	
689	邯郸市第二印染厂	—	—	—	—	—	—	—	—	—	
690	刘二庄造纸厂	—	—	—	—	—	—	—	—	—	
691	磁县六合工业有限公司矸石发电分公司	—	—	—	—	—	—	—	—	—	
692	磁县申家庄煤矿矸石电厂	—	—	—	—	—	—	—	—	—	
693	磁县宏鹏化工实业有限公司硫磷厂	—	—	—	—	—	—	—	—	—	
694	磁县景明水洗城开发有限公司	—	—	—	—	—	—	—	—	—	
695	崇利制钢有限公司	钢铁	钢铁	—	涉县	2007.4.5	2007.12.1	—	2007.12.15	市环境保护研究所	市局[2008]56号文件

序号	企业名称	所属行业	主要产品及年产量	法人代表	地址	名单公布时间	提交审核报告时间	完成评估时间	完成验收时间	审核咨询服务机构名称	评估验收证明材料
696	天铁生活区更乐镇生活污水处理厂	—	—	—	—	—	—	—	—	—	
697	涉县清漳污水处理厂	—	—	—	—	—	—	—	—	—	
698	大名县张集乡南庄砖厂	—	—	—	—	—	—	—	—	—	
699	大名县黄金堤乡王乍村砖厂	—	—	—	—	—	—	—	—	—	
700	大名县星光精细化工有限责任公司	—	—	—	—	—	—	—	—	—	
701	河北凯发面业集团有限公司	—	—	—	—	—	—	—	—	—	
702	大名污水处理厂	—	—	—	—	—	—	—	—	—	
703	嘉禾木科技有限公司临漳分公司	—	—	—	—	—	—	—	—	—	
704	临漳污水处理厂	—	—	—	—	—	—	—	—	—	
705	邯郸市龙港化工有限责任公司	化工	化肥	—	邱县	2007.4.5	2007.12.3	—	2007.12.13	邯郸市环保研究所	市局[2008]56号文件

序号	企业名称	所属行业	主要产品及年产量	法人代表	地址	名单公布时间	提交审核报告时间	完成评估时间	完成验收时间	审核咨询服务机构名称	评估验收证明材料
706	邱县板纸厂	—	—	—	—	—	—	—	—	—	
707	邱县原生纸业有限责任公司	—	—	—	—	—	—	—	—	—	
708	邱县污水处理厂	—	—	—	—	—	—	—	—	—	
709	鸡泽县天赐灯芯绒有限公司	—	—	—	—	—	—	—	—	—	
710	鸡泽污水处理厂	—	—	—	—	—	—	—	—	—	
711	河北省魏县奥东纸业有限公司	造纸	挂面箱板纸年生产能力 1 万 t	—	魏县	2008.4.1	2008.12.9	2008.12.19	2009.12.	河北洁源安评环保咨询有限公司	市局出具验收意见
712	邯郸永丰果蔬汁有限公司	果蔬加工	果蔬汁	—	魏县	2008.4.1	2009.12	2009.12.15	2009.12.15	河北洁安泰科技服务有限公司	市局出具验收意见
713	邯郸冀南化工股份有限公司	化工	合成氨 8 万 t	—	魏县	2007.4.5	2007.12.1	—	2007.12.5	邯郸市环保研究所	市局 [2008] 56 号文件
714	魏县污水处理厂	—	—	—	—	—	—	—	—	—	
715	河北省广平县昌盛造纸有限公司	造纸	棉浆粕、生产能力 8 万 t	—	广平县	2008.4.1	2008.12.1	2008.12.8	—	河北省自动化研究所	市局 [2009] 31 号文件关停
716	成安县环洁公司	—	—	—	—	—	—	—	—	—	
717	馆陶污水处理厂	—	—	—	—	—	—	—	—	—	
718	曲周污水处理厂	—	—	—	—	—	—	—	—	—	